Daniel Diehl

Mittelalterliche Möbel selber bauen

DragonSys – Lebendiges Mittelalter im G&S Verlag:
Bücher zum „Selbst-Erleben“ einer faszinierenden Epoche.
Fundierte Informationen zu Kleidung, Lebensweise,
Musik, Waffen, Möbeln und vielem mehr!

Überall im Buchhandel erhältlich

Einzelheiten, Informationen, Ankündigung von Neuerscheinungen, Bestellmöglichkeiten etc. können Sie unserem aktuellen Prospekt oder dem Internet entnehmen:
http://www.gus-verlag.de

MITTELALTERLICHE MÖBEL SELBER BAUEN
von Daniel Diehl

Titel der Originalausgabe: Constructing Medieval Furniture: Plans and Instructions with Historical Notes

Übersetzung: Michael Störmer
Satz: Verlagsservice Marion Mühlbauer
Coverbild: Ausschnitt aus „Karl der Große in der Schlacht“ von A. Verard
Illustrationen: Lina Barz (nach historischen Vorlagen)

ISBN 978-3-925698-82-8

LEBENDIGES MITTELALTER BAND I
EINFACH · BESSER · WISSEN

DANIEL DIEHL

MITTELALTERLICHE MÖBEL

SELBER BAUEN

*Für meine Mutter, die ihr Leben lang
an mich geglaubt hat, aber die Veröffentlichung
dieses Buches nicht mehr erleben durfte.*

Inhalt

Danksagung

Um wirklich etwas zu erreichen, muss man lernen, mit anderen gemeinsam zu arbeiten und zu spielen. So hätte ein Einzelner ein Werk wie das vorliegende nicht vollenden können. Mein Dank gilt also all den Menschen und Institutionen, die mir großzügig Zugang zu ihren Besitztümern und Archiven gewährt haben:

Dr. William Wixom vom Metropolitan Museum, Daniel Kletke von "The Cloisters", John O'Brien von Haddon Hall, Dave Clodfelter von English Heritage, Dr. Sarah Bendall und den Mitgliedern des Merton College in Oxford, Dr. Dean Walker vom Philadelphia Museum of Art, Dan Mehn und Nick Humphrey vom Victoria and Albert Museum. Ohne ihre Mithilfe gäbe es dieses Buch nicht.

Vielen Dank auch an Sally Atwater und Kyle Weaver, meine Lektoren bei Stackpole Books, für ihren Glauben an dieses Projekt; an Alison Leopold, die mir über die Jahre öfter geholfen hat als ich zählen kann, an meinen Vater, an dessen Seite ich ein Vierteljahrhundert in der Werkstatt stand und besonders an meinen Freund und literarischen Partner Mark Donelly, der das Manuskript und meine Konstruktionszeichnungen korrigiert hat und die treibende Kraft ist, die meinen Traum am Leben erhält.

Einführung

Ich hatte nicht immer vor, ein Buch darüber zu schreiben, wie man mittelalterliche Möbel selber bauen kann. Erst als ich feststellte, dass es noch kein solches Buch gab, reifte der Gedanke dazu in mir heran. Während meiner Forschungsarbeiten war ich erstaunt, wie spärlich die mittelalterliche Tischlerkunst dokumentiert ist. Sogar die besseren lexikalischen Werke über Möbel schenken dem Mittelalter nur wenig Aufmerksamkeit. Von den Möbeln der alten Ägypter, Griechen und Römer führen sie meist direkt in die italienische Renaissance. Sollen wir also glauben, dass man für mehr als 800 Jahre immer die selben Möbeltypen benutzte?
Trotz der archäologischen und literarischen Gegenbeweise möchten uns viele Kunsthistoriker weismachen, unsere mittelalterlichen Vorfahren hätten nichts besseres zu tun gehabt, als Burgen zu bauen und ihre Nachbarn abzuschlachten.
Geschichte besteht aber aus mehr als Daten, Orten und den Namen berühmter Personen. Nur wenn wir etwas über das tägliche Leben der Menschen der Vergangenheit lernen, können wir begreifen, dass diese ganz so wie wir selbst waren, auch wenn sie unter anderen sozialen und politischen Umständen lebten.
Auch wenn ich mir niemanden vorstellen kann, der ernsthaft die politischen Gegebenheiten des Mittelalters wieder aufleben lassen möchte, übt die Ritterzeit auf viele Menschen doch einen romantischen Einfluss aus. Turniere, die Minne und prachtvolle Bankette fesseln unsere Vorstellungskraft auch noch nach Jahrhunderten.

Obwohl es eine fast unüberschaubare Flut an Büchern über die verschiedensten Aspekte des Lebens im Mittelalter gibt, wurde meines Wissens nach noch kein Buch über die greifbarsten Überbleibsel des täglichen Lebens geschrieben – die Möbel. Vor Ihnen liegt deshalb nun eine Sammlung mittelalterlicher Möbel für fast jeden Raum in einem Schloss oder Herrenhaus.
Die Möbel in diesem Buch gehören zu den schönsten erhaltenen Exemplaren aus fast der ganzen Epoche des Mittelalters. Sie befinden sich heute in öffentlichen Sammlungen in den USA und Großbritannien. Bei jeder Abbildung finden Sie eine Beschreibung des Möbelstückes und seines derzeitigen Aufstellungsortes, der, zumindest in England, oft noch dem entspricht, für den es ursprünglich hergestellt wurde.
Einige Stücke stammen offenbar aus einem nordeuropäischen Land, aber berücksichtigt man den regen kulturellen Austausch, friedlich und anderweitig, zwischen England, Frankreich und den Niederlanden, kann man sich vorstellen, dass auch in diesem Teil der Welt ähnliche Möbelformen Verwendung fanden.
Die Maßangaben der Zeichnungen, die jede Abbildung begleiten, werden für den Wissenschaftler genauso interessant sein, wie für den Amateurhistoriker oder Tischler. Der Leser kann dadurch vielleicht zum ersten Mal verstehen, wie ein mittelalterlicher Handwerker Möbel bauen konnte, die den Jahrhunderten ohne die Segnungen von Leim und Schrauben, ja manchmal sogar ohne Nägel, trotzen konnten.

Die Illustrationen verdeutlichen die Bauweise der Originalmöbel und wurden, mit wenigen Ausnahmen, direkt vom Originalstück abgeleitet. Wegen der damaligen Konstruktionsmethoden und der Last der Jahrhunderte sind die meisten erhaltenen Möbel nicht immer rechtwinklig oder exakt symmetrisch. Aus diesem Grund musste ich dann und wann auf standardisierte Dimensionen zurückgreifen. Wenn möglich wurde die Maserung des Holzes abgebildet, einerseits um die Zeichnungen interessanter zu gestalten, andererseits um ihren Verlauf anzugeben.

Im Text finden Sie immer wieder Vorschläge für Veränderungen, die es dem modernen Handwerker erleichtern, ein mittelalterliches Möbel zu bauen. Einige der Konstruktionszeichnungen unterscheiden sich von dem heutigen Erscheinungsbild des Möbelstückes. Das kommt daher, dass einige Stücke über die Jahrhunderte hinweg immer wieder verändert wurden und deshalb nicht mehr dem mittelalterlichen Zustand entsprechen. Darüber hinaus habe ich zwischen den Spuren altertümlicher Herstellungsweisen und Abnutzungserscheinungen unterschieden. Erstere fanden Aufnahme in die Konstruktionszeichnungen, letztere nicht. Daher sollte sich ein fertiges Möbel nicht von seinem mittelalterlichen Vorbild unterscheiden – bis auf die sechs- bis siebenhundert Jahre Verschleiß.

Die Zeichnungen sind allesamt maßstabsgerecht. Wenn sehr komplexe Schnitzmuster oder feine Details abgebildet sind, können diese mit Hilfe eines Fotokopierers leicht auf die gewünschte Größe vergrößert und als Schablonen verwendet werden.

Die benötigten Tischlerfähigkeiten reichen je nach Möbelstück von rudimentär bis hoch entwickelt. Die Kapitel dieses Buches sind deshalb, beginnend mit dem einfachsten Möbelstück bis hin zum komplexesten, geordnet. Dem geübten Tischler mögen einige der Bauanleitungen vielleicht etwas simpel vorkommen, aber für denjenigen, der gerade erst dabei ist, seine handwerklichen Fähigkeiten zu entwickeln, sollten sie ausreichend klar abgefasst sein. Die Bauzeit einiger Möbelstücke kann um einiges verkürzt werden, wenn man auf die ornamentalen Schnitzarbeiten verzichtet. Auf keinen Fall benötigt man aber eine professionell ausgestattete Werkstatt, denn alle Stücke wurden per Hand und ohne die Hilfe elektrisch betriebener Gerätschaften hergestellt.

Bevor Sie mit dem Bau eines Möbels beginnen, lesen Sie sich bitte gründlich die einleitenden Kapitel über Metall- und Holzarbeiten, Oberflächenbehandlung sowie die gesamte Bauanleitung durch. Haben Sie das ganze Vorhaben verstanden, können Sie sich viele unnötige Probleme beim Bau ersparen.

Einige der Stücke in diesem Buch sind im engeren Sinne keine Möbel, aber sie wären vielleicht in einem Raum zu finden gewesen, in dem auch die Möbel aus diesem Buch gestanden haben. Falls Sie sich eine komplette mittelalterliche Stube einrichten wollen, werden diese Stücke sicher zur Authentizität des Raumes beitragen.

Bemerkungen zur Holzbearbeitung

Hier sind einige allgemeine Bemerkungen und Vorschläge zu den Holzbearbeitungsmethoden, die sich für den Bau der meisten Möbelstücke in diesem Buch anbieten.

Reproduktionstechniken

Einige der mittelalterlichen Tischlertechniken kann auch ein moderner Handwerker übernehmen. So sehen die meisten Möbel aus diesem Buch besser – oder zumindest authentischer – aus, wenn sie ohne maschinelle Hilfsmittel gebaut werden. Außerdem lernt man auf diese Weise viel eher die Meisterschaft der mittelalterlichen Handwerker und die kunstvolle Ausführung ihrer Erzeugnisse zu schätzen.

Wenn Sie aber die Arbeit mit einfachen mechanischen Werkzeugen nicht gewohnt sind, bietet es sich an, zunächst einmal an Abfall- oder Restholz den Umgang mit ihnen zu üben und sich nicht sofort auf das speziell zugeschnittene Eichenholz zu stürzen.

Allgemeine Konstruktionstechniken

Die meisten Konstruktionstechniken in diesem Buch sind ziemlich einfach. Wegen der begrenzten Auswahl an Werkzeugen, die dem mittelalterlichen Tischler zur Verfügung standen, war es wichtig die Konstruktion eines Möbels simpel zu halten. Die einzige Technik in diesem Buch, die eher etwas für Fortgeschrittene ist, ist die Schwalbenschwanzverbindung zweier Bauteile.

Holzdübel

Egal welches Holz Sie verwenden, um eines der Möbelstücke nachzubauen, empfehle ich Ihnen die Verwendung von Holzdübeln aus Birke oder Ahorn. Die meisten heute im Fachhandel erhältlichen Holzdübel sind aus Ahorn gefertigt und in fast jedem Bastel- oder Heimwerkerladen erhältlich.

Um zwei Bauteile mit Holzdübeln zu verbinden, halten Sie diese in der gewünschten Position aneinander und sichern sie mit einer Schraubzwinge, sodass die Teile nicht verrutschen können. Dann nehmen Sie einen Bohrer, dessen Durchmesser dem des Holzdübels entspricht und bohren gemäß der Konstruktionszeichnung ein Loch in die Bauteile.

Nun müssen Sie den Holzdübel vorbereiten. Schneiden Sie den Dübel so zurecht, dass er 25 mm länger ist als das Bohrloch tief und runden ein Ende des Dübels ab, damit er sich leicht in das Bohrloch treiben

lässt. Vielleicht müssen Sie ihn ein wenig mit Sandpapier abschleifen, wenn das Bohrloch allzu haargenau dem Durchmesser des Dübels entspricht.
Um den Dübel in das vorgebohrte Loch zu treiben, verwenden Sie am besten einen Holzhammer. Schlagen Sie aber nicht zu fest zu. Nach vier bis fünf leichten Schlägen sollte er sitzen, denn ein zu fest sitzender Dübel könnte brechen, bevor er ganz im vorgebohrten Loch verschwunden ist oder durch das arbeitende Holz zersplittern. Sitzt er hingegen zu lose, kann er die Bauteile des Möbels nicht dauerhaft verbinden.

Schraubzwingen

Zum Bau der Möbel in diesem Buch benötigen Sie immer wieder Schraubzwingen, um Einzelteile während des Bauvorgangs zusammenzuhalten. Achten Sie darauf, dass Sie solche verwenden, die sich weit genug öffnen lassen, damit auch große Bauteile sicher am gewünschten Platz gehalten werden.
Sie dürfen nicht vergessen zwischen Schraubzwinge und Werkstück immer ein weiteres Stück Holz zu schieben. So vermeiden Sie unschöne Kratzer und Beschädigungen auf den Oberflächen des fertigen Möbelstückes.

Holz

Während des Mittelalters wurden die meisten Möbel aus Eichen- oder Kiefernholz hergestellt. Wenn ein Möbel aus diesem Buch aus einem anderen Holz angefertigt werden soll, wird das entsprechend in der Materialliste vermerkt sein.
Wenn Sie Eichenholz verwenden, sollten Sie das der Weißeiche anstatt Roteichenholz verarbeiten. Obwohl es etwas teurer ist, hat es eine viel geradere und feinere Maserung. Deshalb lässt es sich besser glätten und, falls erwünscht, besser beschnitzen. Eine unregelmäßige Maserung macht Schnitzarbeiten sehr schwierig und das Resultat ist immer ein wenig unvorhersehbar. Darüber hinaus ähnelt das Holz der Weißeiche mehr dem englischen Eichenholz der mittelalterlichen Originale.
Wenn Sie Kiefernholz verwenden wollen, suchen Sie sich solches mit einer möglichst gleichmäßigen, geraden Maserung aus. Je gleichmäßiger die Maserung ist, desto geringer ist die Gefahr, dass sich ein Brett später verwirft.

Der Hauptunterschied zwischen heutigen und mittelalterlichen Bauhölzern liegt aber nicht in der Art des Holzes, sondern in der Art, wie es zurechtgesägt wurde. Im Mittelalter waren die Bretter allgemein stärker und breiter als die Bretter, die wir heute im Baumarkt kaufen können. Deshalb muss man sich die zum Möbelbau benötigten Bretter oft speziell zusägen lassen und kann nicht auf das übliche Warensortiment im Laden zurückgreifen.
Manchmal können Sie günstiges Holz aus dem Baumarkt verarbeiten. Der Unterschied zum Original ist dann rein ästhetischer Natur. Manchmal müssen Sie aber speziell zurechtgesägtes Holz verwenden, da davon die Stabilität des fertigen Möbels ganz entscheidend abhängt.
Wenn Sie vor den Kosten für speziell zurechtgesägte Bretter zurückschrecken, können Sie auch Standardhölzer auf die von Ihnen benötigten Maße zusammenleimen lassen. Fragen Sie einfach in einem örtlichen Sägewerk oder in einem Baumarkt nach.
Sie können die Standardbretter aber natürlich auch selbst zusammenleimen. Dazu streichen Sie Tischlerleim dünn und gleichmäßig auf die Holzoberfläche und lassen ihn drei oder vier Minuten antrocknen. Dann drücken Sie die Holzflächen aneinander und sichern das Ganze mit Schraubzwingen. Seien Sie dabei aber vorsichtig, da die mit Leim bestrichenen Flächen leicht gegeneinander verrutschen, wenn Sie zuviel Leim verwendet haben. Wischen Sie den an den Kanten austretenden Leim ab und lassen die verleimten Bretter über Nacht trocknen.
Wollen Sie aus zwei schmalen Brettern ein breiteres machen, funktioniert das im Großen und Ganzen genauso. Die Kanten werden mit Leim bestrichen, aneinandergedrückt und die beiden Bretter mit Schraubzwingen fixiert. Am besten legen Sie die Bretter zum Trockenen auf eine völlig ebene Unterlage. Sie sollten sich aber darüber im klaren sein, dass diese Verbindung niemals so fest ist wie ein einteiliges Brett und bei Belastung oder durch den Trocknungsprozess des Holzes leicht reißen kann. Wenn Sie die beiden Bretter noch zusätzlich mit Holzdübeln ausstatten, verstärkt das natürlich die Verbindung.

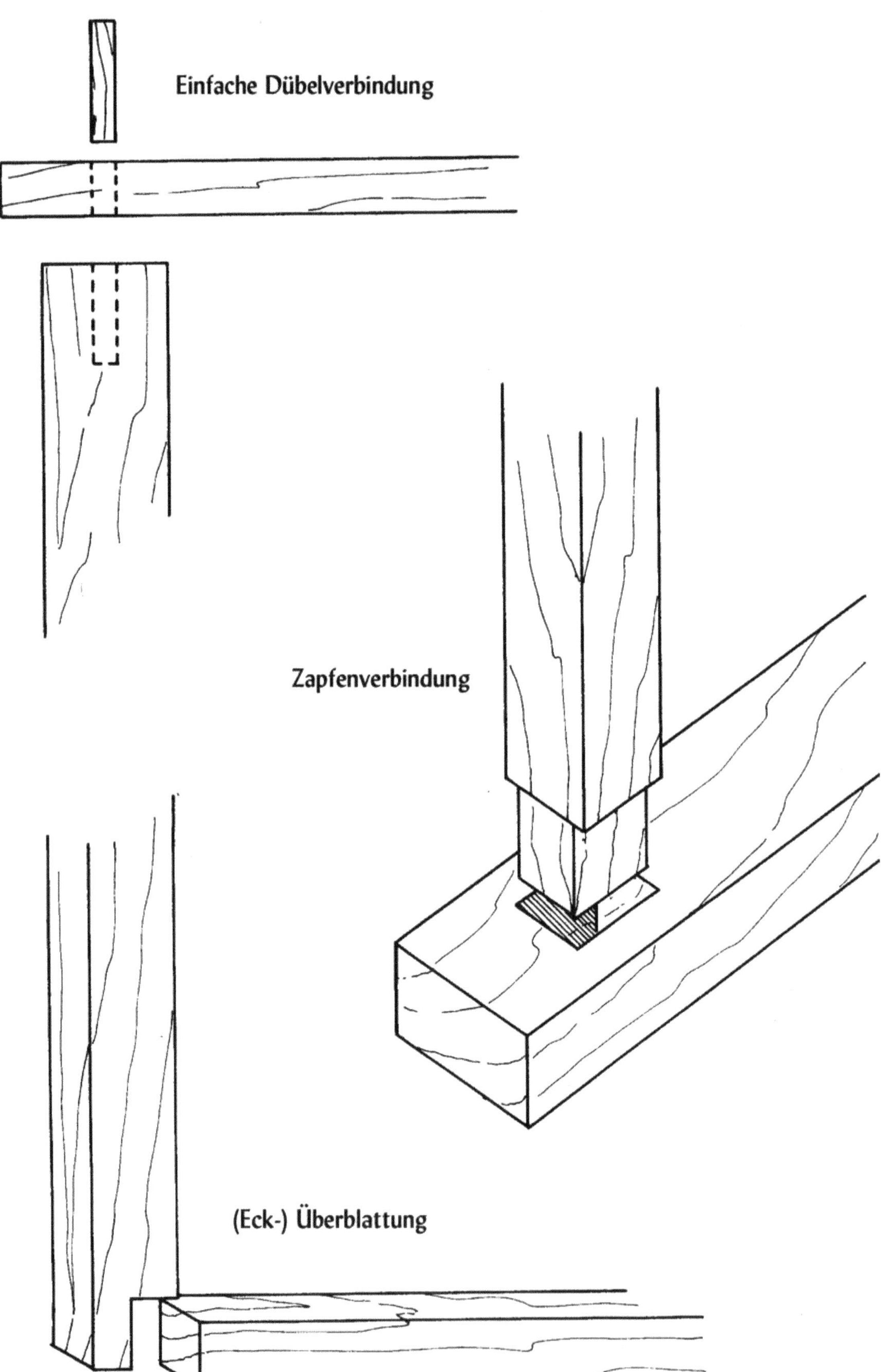
Einfache Dübelverbindung
Zapfenverbindung
(Eck-) Überblattung

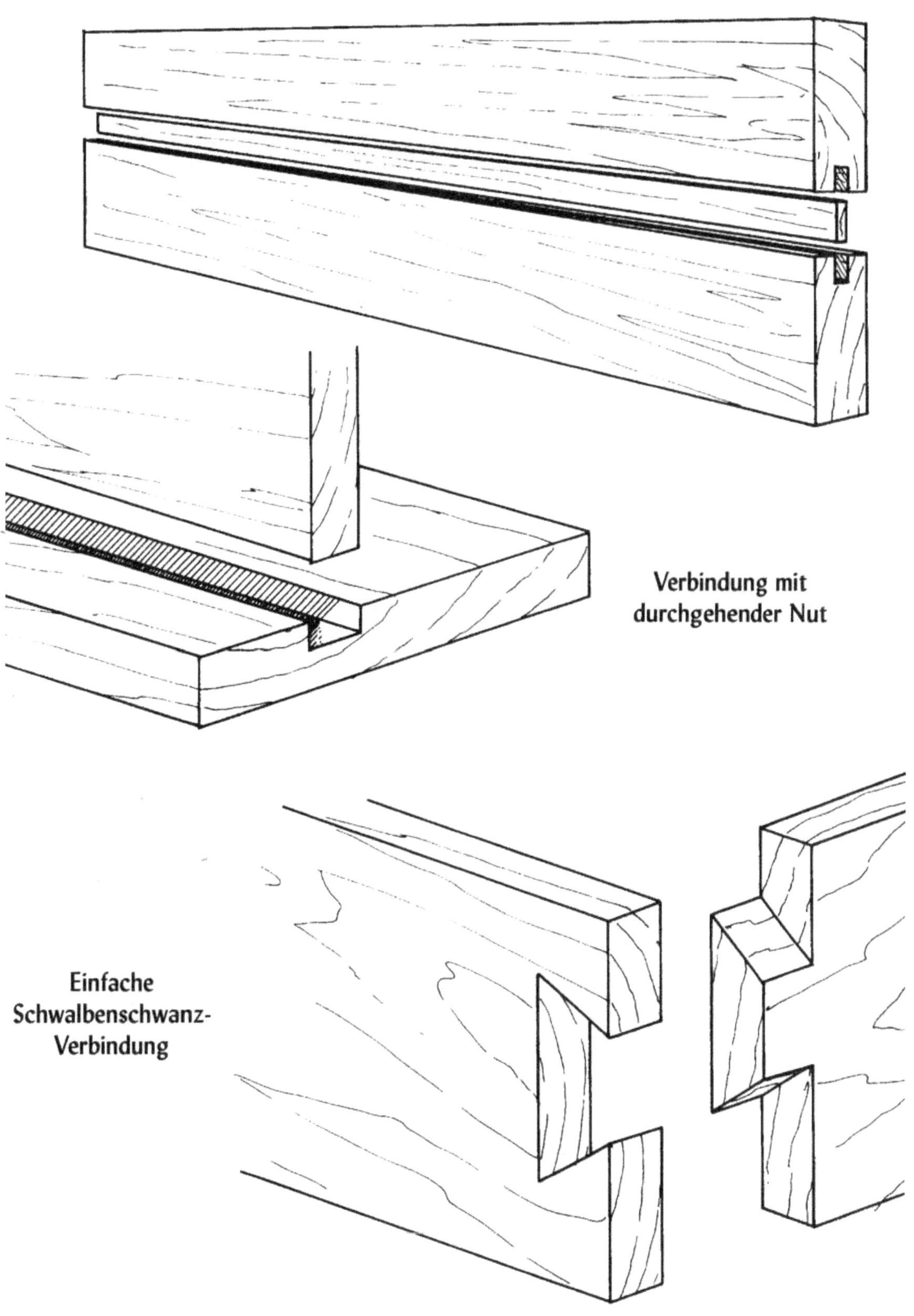
Gefederte Fuge
Verbindung mit
durchgehender Nut
Einfache
Schwalbenschwanz-
Verbindung

Bemerkungen zur Metallbearbeitung

Die meisten der für die Möbel in diesem Buch benötigten Metallteile lassen sich in die folgenden Kategorien einteilen: Scharniere, Bänder, Schlossplatten, geschmiedete Nägel und Griffe. Da sich die Herstellung dieser Teile von Möbel zu Möbel nicht unterscheidet, soll Ihnen dieses Kapitel einige Hinweise zur Metallbearbeitung geben. Sollten bei einigen Möbelstücken weitere Metallarbeiten nötig sein, wird dies in dem entsprechenden Kapitel beschrieben.

Werkzeuge

Im Mittelalter hätte ein Schmied die für ein Möbel benötigten Metallteile in seiner Schmiede auf seinem Amboss hergestellt. Obwohl man diese natürlich auch heute noch so anfertigen könnte, haben doch die wenigsten von uns Zugang zu einer Schmiede. Mit Hilfe moderner Werkzeuge können wir aber ähnliche Resultate erzielen.

Alle Metallarbeiten in diesem Buch lassen sich mit einigen einfachen Werkzeugen ausführen. Um das Metall zu schneiden, benötigen wir eine Metallsäge oder eine Stichsäge mit einem für Metall geeigneten Sägeblatt. Zusätzlich benötigen Sie einen schweren Schraubstock und zwei Treibhämmer. Diese sollten keine Klauenhämmer sondern solche mit einer ausgeprägten Finne sein. Einer sollte ein Gewicht von 280 g bis 350 g, der andere eines von 450 g bis 500 g haben. Ein weiterer Hammertyp mit einer runden Seite ist für einige Schmiedearbeiten ebenfalls sehr hilfreich.

Für die endgültige Bearbeitung der Metallteile benötigen Sie noch grobe und feine Feilen in je drei unterschiedlichen Querschnitten: Flach, rund und dreieckig. Wenn Sie diese Feilen noch in unterschiedlichen Größen zur Hand hätten, wäre das ebenfalls hilfreich.

Um das Metall zu erhitzen und es dann in die gewünschte Form zu bringen, benötigen Sie ein Schweißgerät. Es gibt zwei Arten von Schweißgeräten, die sich für die hier angesprochenen Arbeiten eignen. Ein Oxygen-Acetylen-Schweißgerät ist allerdings am besten geeignet, da es in kurzer Zeit sehr viel Hitze produziert und deshalb den Metallbearbeitungsprozess sehr schnell und einfach gestaltet. Sie können natürlich auch ein Acetylen-Schweißgerät verwenden, das für die meisten in diesem Buch angesprochenen Arbeiten genügend Hitze produziert. Allerdings dauert es damit ein bisschen länger, bis das Metall so heiß ist, dass es mit einem Hammer geformt werden kann. (Kleine tragbare Propan-Schweißgeräte entwickeln dagegen nicht genügend Hitze.)

Um das Metall zu biegen, benötigen Sie noch eine Biegevorrichtung, d.h. einen Metallstift um den ein Metallstück in eine dekorative Form gebogen werden kann. Falls Sie keine Biegevorrichtung parat haben, können Sie recht einfach eine herstellen. Sie besteht aus nichts anderem als zwei Metallstäben von 3mm Durchmesser und 51 mm Länge, die in eine metallene Basisplatte eingelassen sind. Rostfreier oder kalt gewalzter Stahl eignet sich für eine Biegevorrichtung am besten, da diese Metalle nicht weich werden, wenn sie der Hitze des Schweißgerätes ausgesetzt sind. Schneiden Sie gemäß der Zeichnung eine 25 mm dicke Stahlplatte von 100 mm bis 120 mm Länge aus. Sie muss so breit sein, dass sie sich gut in Ihren Schraubstock einspannen lässt. Eine Breite von 25 mm ist meist ausreichend. Mit einem geeigneten Bohrer bohren Sie nun drei 13 mm tiefe Löcher in die Platte, deren Durchmesser dem der einzusetzenden Stahlstäbe entspricht. Zwei der Löcher sollten 6 mm von einander entfernt liegen, das dritte 13 mm vom zweiten entfernt. Die Stäbe sollten fest in den Löchern sitzen, aber nicht so fest, dass man sie nicht mehr herausziehen und umsetzen könnte.

Falls Sie keinen Zugang zu der benötigten Ausrüstung haben oder sich nicht an die Metallbearbeitung wagen, können Sie natürlich auch einen ortsansässigen Schmied oder Schlosser beauftragen, die benötigten Beschläge für Ihre mittelalterlichen Möbel herzustellen.

Biegevorrichtung

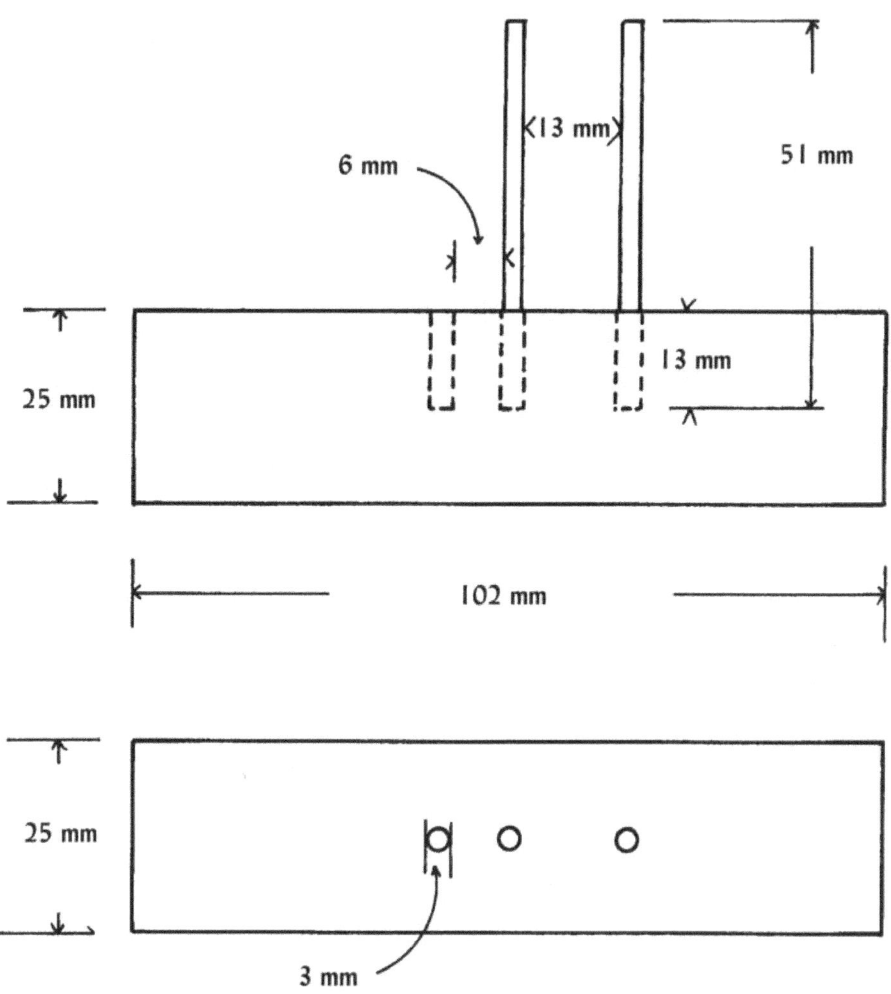

Materialien

Für die Möbelprojekte in diesem Buch benötigen Sie Band- oder Flachstahl, den Sie in jedem Baumarkt in der gewünschten Stärke und Breite bekommen können. Die Menge und die Maße des benötigten Materials erfahren Sie immer in dem jeweiligen Kapitel, das sich mit dem Bau eines Möbelstücks befasst.

Metalle schmieden

Wenn Sie sich mit dem Schmieden nicht auskennen, üben Sie lieber an einigen Probestücken, bevor Sie sich an die Beschläge für ein Möbel wagen. Eine gute Übung ist es, ein Stück Bandstahl von 32 mm Breite und 3 mm Stärke in einen gewünschten Winkel zu biegen, da diese Maße denen der meisten Scharniere und Bänder an den Möbeln in diesem Buch entsprechen. Versuchen Sie zuerst, einen rechten Winkel zu fertigen. Das ist einfach und jedes Mal, wenn ein Scharnier oder ein Band die Kante eines Möbels umschließt, werden Sie dies benötigen.

Rechte Winkel

Spannen Sie ein Stück Bandstahl von mindestens 300 mm Länge vertikal in Ihren Schraubstock ein. 50 bis 70 mm sollten unten aus dem Schraubstock herausstehen, der Rest oberhalb. Achten Sie darauf, dass der Bandstahl genau im rechten Winkel in den Schraubstock eingespannt ist, sonst wird er nach dem Biegen verzogen sein.

Erhitzen Sie die ersten 50 mm des Metalls unmittelbar oberhalb der Backen des Schraubstockes. Halten Sie dabei aber die Flamme des Schweißgerätes nicht stur auf einen Punkt gerichtet, sondern bewegen Sie die Flamme über die gesamte Fläche, die Sie erhitzen möchten, hinweg, sonst könnte das Metall beginnen zu schmelzen. Wenn das Metall beginnt, hellrot zu glühen, kann es verformt werden. Am besten arbeiten Sie beim Biegen des Metalls zu zweit. So kann einer das Metall erhitzen, während der andere die eigentliche Schmiedearbeit übernimmt. Das Metall bleibt so immer heiß genug und kann schneller und einfacher bearbeitet werden.

Um den Bandstahl in die richtige Form zu bringen, schlagen Sie mit dem Hammer auf den Punkt des glühenden Eisens, an dem es aus dem Schraubstock heraustritt. Dabei ziehen Sie es mit der anderen Hand leicht auf Ihre Schmiedefläche (in diesem Fall den Schraubstock) zu. Wenn der Bandstahl schließlich in einem rechten Winkel gebogen ist, schlagen Sie noch zwei- oder dreimal dort auf den Winkel selbst ein, wo das Eisen auf dem Schraubstock aufliegt. So erhalten Sie eine exakte Kante, die später das Holz des Möbels eng umschließt. Sie benötigen dafür vielleicht ein wenig Übung, aber das Resultat rechtfertigt diesen Aufwand ganz bestimmt.

Gebrauch der Biegevorrichtung

Der wichtigste Verwendungszweck der Biegevorrichtung ist es, die Schenkel eines Scharniers ringförmig zu biegen, sodass später der Splint hindurch gesteckt werden kann, der das Scharnier zusammen hält. Genauso gut kann man mit ihrer Hilfe aber auch Scharniere und Bänder mit kunstvollen Ornamenten versehen.

Um den Gebrauch der Biegevorrichtung zu üben, erhitzen Sie 50 bis 70 mm am Ende eines Stückes Bandstahl und stecken diesen Teil zwischen die zwei so dicht wie möglich nebeneinander stehenden Stifte der Biegevorrichtung. Sie erhitzen das Metall weiter und ziehen vorsichtig am kalten Ende des Metallstückes, während Sie das erhitzte Metall mit dem Hammer bearbeiten. Das Metall kann so zu einem Ring mit jedem gewünschten Durchmesser geformt werden. Je heißer das Metall ist, desto leichter lässt es sich formen. Mit etwas Übung werden Sie den Bandstahl schließlich so eng um den Metallstift der Biegevorrichtung legen können, dass er den Splint eines Scharniers aufnehmen kann.

Die Enden von Verstärkungsbändern an Möbeln wurden oft in dekorative Formen ausgeschmiedet. Das wird deutlicher, wenn wir uns die Metallbeschläge der Truhe und der Gewandtruhe näher ansehen. Die dekorativen T-förmigen Enden der Bänder auf der Truhe sind relativ einfach zu formen. Schneiden Sie ein Stück Bandstahl von 3 mm Stärke, 32 mm Breite und der in der Illustration gezeigten Länge aus. Schneiden Sie ein Ende des Bandstahles etwa 89 mm tief ein, sodass zwei gleich breite Streifen entstehen. Das geschieht entweder mit einer Metallsäge oder Sie erhitzen das Metall und spalten es mit einem Meißel.

Eine zweite Methode ist etwas aufwändiger, dafür entspricht sie aber eher der historischen Vorgehensweise. Sägen Sie aus dem Bandstahl ein keilförmiges, 82 mm langes Stück Metall heraus, sodass zwei spitz zulaufende Streifen entstehen. Nun biegen Sie die Enden der

Streifen mit Hilfe der Biegevorrichtung, deren Stifte 13 mm auseinander stehen sollten, zu zwei Halbkreisen. Gehen Sie dabei aber vorsichtig zu Werke, da das Metall leicht brechen kann, wenn es nicht ausreichend erhitzt wird.

Wenn Sie das Material mit einem Meißel gespalten haben, müssen Sie die Enden der beiden entstandenen Metallstreifen schmaler ausschmieden und das Metall strecken, während Sie es um die Stifte der Biegevorrichtung krümmen. Diese Technik sollten Sie zunächst an einem Probestück üben, bevor Sie sich an ein Möbelstück wagen. Wenn Ihre Schmiedeversuche nicht ganz symmetrisch sind, machen Sie sich keine Gedanken – das waren sie im Mittelalter auch nicht immer.

Die Spitzen der beiden Metallstreifen sollten so eng eingerollt sein, dass ein Nagel hindurch passt, der das Band an seinem Platz hält. Sollten Sie beim ersten Schmiedevorgang zu groß ausfallen, kann man das Metall immer wieder erhitzen und mit einer Zange enger zusammen drücken. Bei den dekorativen Metallbändern für die Gewandtruhe gehen Sie in ähnlicher Weise vor.

Scharniere

Die meisten Truhendeckel und Türen in diesem Buch werden mit Scharnieren geschlossen, deren Befestigungsbänder in die Verstärkungsbänder der Möbelstücke übergehen. Für unsere Nachbauten verwenden wir dazu Bandstahl von 3 mm Stärke.

Die Scharniere bestehen meist aus drei ringförmig gebogenen Schenkeln, durch die ein Splint geschoben wird. Am längeren Ende des Scharniers befinden sich dabei zwei, am kürzeren ein Schenkel. Die Schenkel können Sie, wie auf den Zeichnungen zu sehen ist, mit einer Metallsäge aussägen. Feilen Sie nach dem Zusägen die Grate von den Schenkeln und biegen diese mit Hilfe Ihrer Biegevorrichtung, wie bereits beschrieben, ringförmig zurecht.

Die Scharniere der Möbelstücke in diesem Buch können sich leicht voneinander unterscheiden. Dem wird aber in den einzelnen Kapiteln Rechnung getragen. Halten Sie sich in jedem Fall genau an die Anweisungen, damit das fertige Scharnier nachher auch korrekt funktioniert.

In diesem Buch werden hauptsächlich zwei verschiedene Arten von Scharnieren verwendet: Bei der einen liegen die ringförmigen Schenkel mittig, bei der anderen auf einer Seite der Scharnierbänder, ansonsten gleichen sie sich in ihrer Konstruktionsweise.

Für den Scharniersplint verwenden Sie ein Stück Rundstab, der gut aber nicht zu knapp durch die beiden Scharnierteile passt. Schneiden Sie das Stück so zu, dass es 25 mm länger ist als das Scharnier breit. Spannen Sie es dann fest in Ihren Schraubstock ein, sodass 3 mm oben aus den Backen heraus schauen. Anschließend wird der überstehende Teil erhitzt und mit der flachen Seite des Schmiedehammers bearbeitet, bis er in etwa wie ein Pilz aussieht. Danach werden die Kanten mit der runden Seite des Hammers abgerundet.

Nachdem der Splint abgekühlt ist, können Sie ihn durch die beiden Scharnierteile hindurch stecken. Das noch unbearbeitete Ende des Splintes sollte 6 mm heraus stehen und kann, falls nötig, gekürzt werden. Dann legen Sie das Scharnier umgedreht auf den Amboss, erhitzen das unbearbeitete Ende des Splintes und flachen auch dieses ab. Seien Sie dabei aber vorsichtig, da sich das Scharnier verziehen könnte.

Metallbänder

Wenn Sie Scharnierbänder oder Verstärkungsbänder herstellen, die mehrere Seiten eines Möbels umschließen sollen, müssen Sie immer ein paar Zentimeter hinzugeben, da ein Teil der Gesamtlänge des Bandstahles bei Biegevorgängen verloren geht.

Die Längenverluste eines Bandes, die beim Erhitzen und Biegen auftreten sind nur schwer vorhersehbar. Deshalb sollten Sie in jedes Band erst dann eine weitere Biegung einfügen, wenn Sie die vorhergehende dem Möbelstück angepasst haben, d.h. schmieden Sie erst eine Biegung, legen dann das Band an Ihr Möbel an und zeichnen auf dem Band die nächste Biegung an.

Metalloberflächen

Damit Ihr moderner Bandstahl das Aussehen von handgeschmiedetem Eisen erhält, legen Sie Ihr Material auf einen Amboss, erhitzen es immer wieder in Abschnitten von 70 bis 100 mm und bearbeiten die Oberfläche und die Kanten mit der runden Seite Ihres Schmiedehammers. Auf diese Weise beseitigen Sie das allzu "saubere" Aussehen fabrikmäßig hergestellten Metalls. Am besten lässt sich das erledigen, wenn Ihr Material bereits zugeschnitten aber noch nicht gebogen ist. Achten Sie

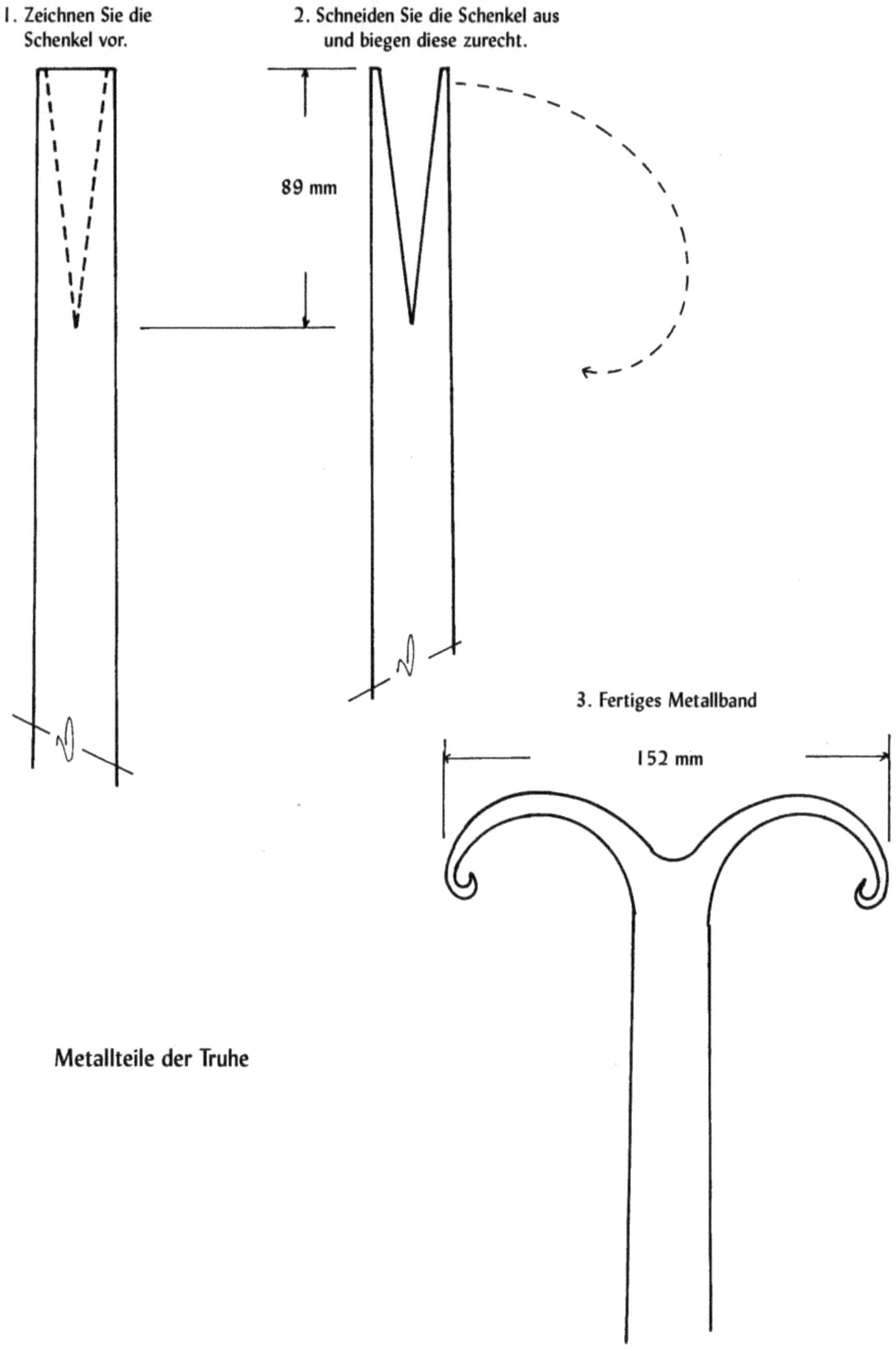

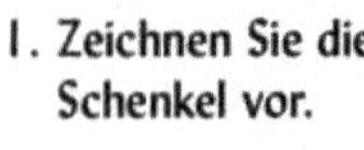

Metallteile der Truhe

Metallteile der Kleidertruhe

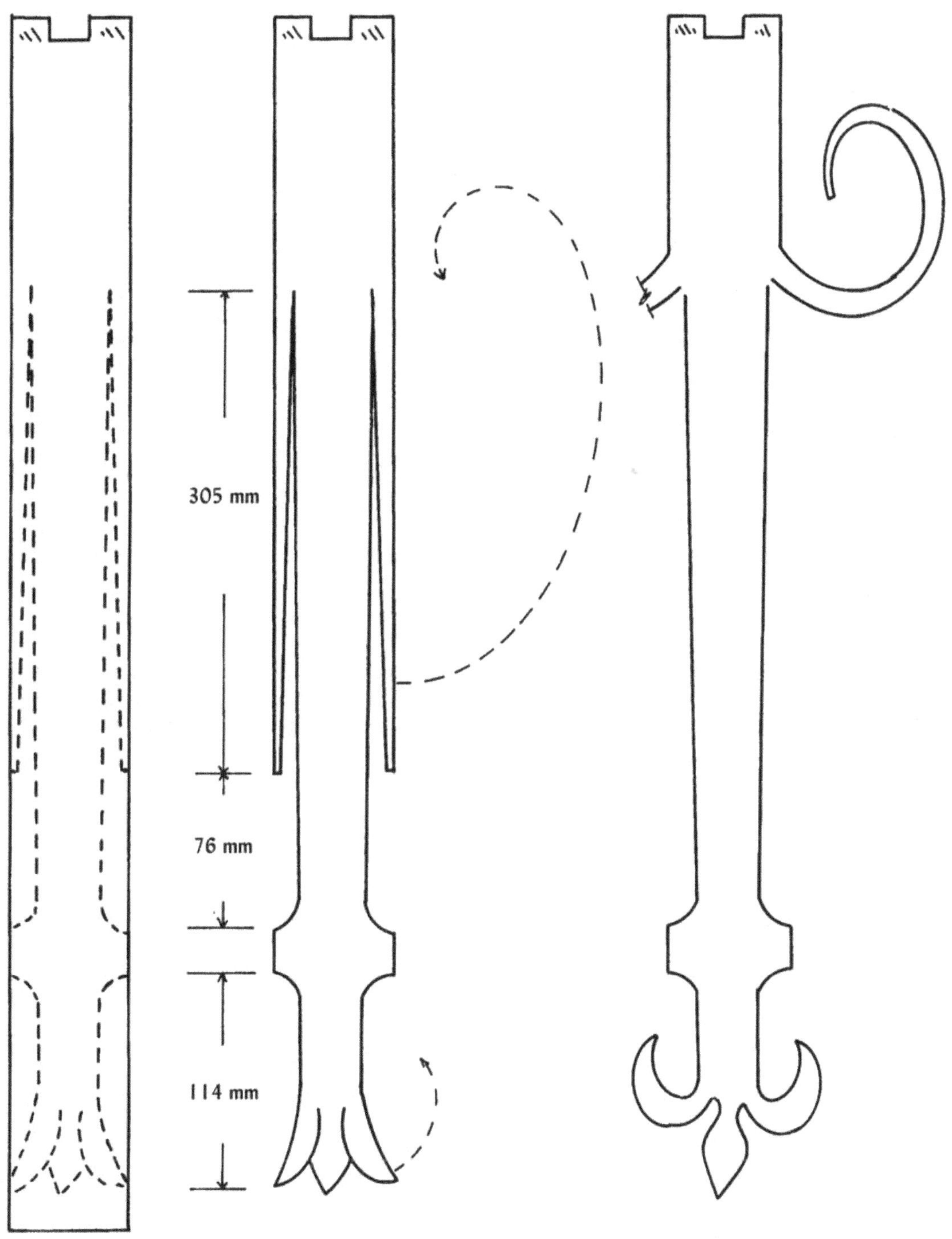

Bau eines Scharnieres

Ausschmieden eines Anschlagscharnieres

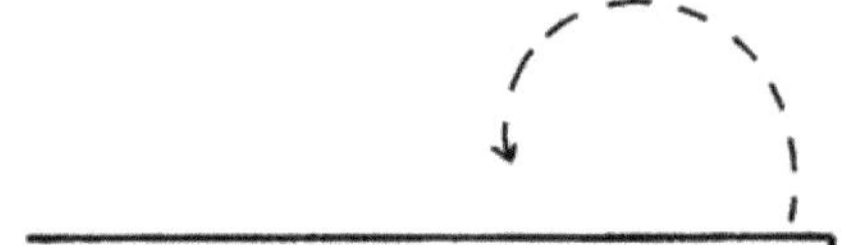

Seitenansicht der beiden fertigen Teile eines Anschlagscharnieres

Draufsicht auf beide Teile eines Scharnieres

Fertigungsschritte eines Splintes

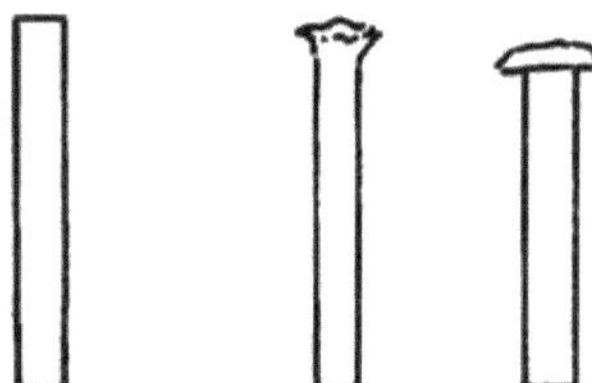

Fertiges Scharnier

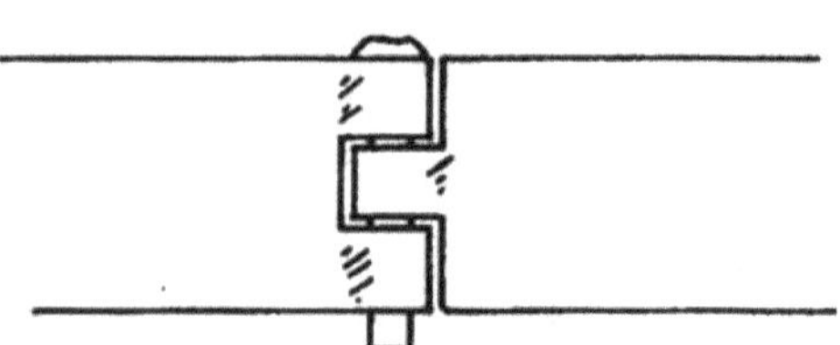

darauf, dass sich der Bandstahl bei diesem Arbeitsschritt nicht verwirft oder verbiegt.

Schloßplatten

Eine Schlossplatte schützt den Teil der Oberfläche eines Möbels, der sich um das Schlüsselloch herum befindet und meist aus viel dünnerem Material als die Bänder besteht, die das ganze Möbelstück umschließen. Wenn nicht anders angegeben, können Sie für alle Schlossplatten in diesem Buch 2 mm starkes Blech verwenden. In welche Form Sie das Blech dann zuschneiden müssen, erfahren Sie in den entsprechenden Kapiteln.

Schlösser

Die meisten der Schlösser, die ursprünglich den Inhalt der Truhen und Schränke in diesem Buch beschützten, wurden schon vor langer Zeit entfernt, so sind heute nur noch die dekorativen Schlossplatten übrig. Deshalb finden wir an manchen mittelalterlichen Möbelstücken einfach massive Knäufe, obwohl man eigentlich ein Schloss erwarten würde.

Möchte man aber einige der in diesem Buch vorgestellten Möbel wieder mit einem Schloss versehen, kann man auf Türschlösser aus dem 19. Jahrhundert zurückgreifen, die man vielleicht auf einem Flohmarkt noch finden kann. Mit ein paar kleinen Veränderungen sehen diese Schlösser recht authentisch aus.

Dazu öffnen Sie das Schloss und entfernen den Mechanismus für die Türklinke, sodass nur der Schlossbolzen und die eigentlichen Schlossteile übrig bleiben, die mit dem Schlüssel bewegt werden. Nun können Sie das Schloss so von innen an die Tür Ihres mittelalterlichen Möbels schrauben, dass das Schlüsselloch in der Tür mit dem Schlüsselloch des Schlosses übereinstimmt.

Nägel

Für die Anbringung der Scharniere und der Metallbänder brauchen Sie beim Bau mittelalterlicher Möbel große Mengen von Nägeln. Der Durchmesser der Köpfe moderner Nägel ist allerdings nicht ausreichend, um all diese massiven, schweren Metallteile sicher zu befestigen. Sie sollten deshalb lieber auf handgeschmiedete Nägel mit großen Köpfen zurückgreifen, die Sie mittlerweile bei Schmieden, die sich auf mittelalterliche Techniken spezialisiert haben, auf Mittelaltermärkten oder vereinzelt auch im Heimwerkermarkt erhalten können.

Im Mittelalter waren die im Möbelbau verwendeten Nägel vielfach länger als die Stärke des Holzes in das sie geschlagen wurden. Deshalb bog man sie einfach mit ein paar Hammerschlägen auf der Innenseite des Möbels um, was der ganzen Konstruktion oft noch zusätzliche Stabilität verlieh. Diese Technik sollten Sie aber zunächst an einem Holzbrett üben, bevor Sie sich an ein Möbelstück wagen, da einige der heute geschmiedeten Nägel dafür zu spröde sind und leicht brechen.

Oberflächenbehandlung

Das Konzept eines klaren, durchsichtigen Oberflächenfinishs, wie wir es bei heutigen Möbeln kennen, war im Mittelalter völlig unbekannt. Die Oberflächen eines Möbels wurden entweder mit einem Hobel geglättet und das fertige Möbel anschließend sofort in Gebrauch genommen oder es wurde in bunten Farben bemalt und mit Mustern verziert.

Um die Abnutzungserscheinungen der Jahrhunderte nachzuahmen, können Sie Ihr neu gebautes Möbelstück natürlich künstlich altern. Mit einer Raspel können Sie die Kanten etwas abtragen oder mit einer Kette ein wenig hier und da auf die Holzoberfläche einschlagen. Sie können sogar mit einem Sandstrahlgerät vorsichtig die weicheren Partikel der Holzmaserung wegnehmen.

Haben Sie den künstlichen Alterungsprozess dann beendet, sollten Sie die Holzoberfläche aber noch einmal schleifen, damit die Beschädigungen nicht zu neu und scharfkantig aussehen.

Klare Oberflächenbehandlung

Der weiche Oberflächenglanz eines heute noch erhaltenen mittelalterlichen Möbelstückes ist das Resultat von Jahrhunderten des Gebrauchs und der Reinigung. Meist reinigte man das Holz damals mit einem öligen Lappen, eine Prozedur, die über Jahre hinweg für genügend Feuchtigkeit im Holz sorgte. Das Holz trocknete so erst gar nicht aus und man verhinderte Sprünge und Risse.

Wenn Ihr Möbelstück so richtig mittelalterlich aussehen soll, bearbeiten Sie die Oberfläche nicht mit Sandpapier, sondern verwenden Sie einen geeigneten Hobel. Dadurch sieht die Oberfläche nicht nur authentischer aus, sie eignet sich auch viel besser für ein Ölfinish. Dazu verwenden Sie am besten Leinsamenöl. Tragen Sie das Öl solange in dünnen Schichten auf, bis das Holz nichts mehr aufnimmt und polieren es anschließend mit einem weichen Lappen, bis ein matter Glanz entsteht.

Für ein besonders tief einziehendes Oberflächenfinish verwenden Sie zunächst eine Mixtur aus vier Teilen Leinsamenöl und einem Teil Terpentin. Damit diese Mixtur gut in das Holz einziehen kann, sollten Sie diese erwärmen, wobei sie allerdings nicht kochen darf. (Aus Sicherheitsgründen sollten Sie das Ganze auf einem Elektroherd und nicht auf einem Gasherd mit offener Flamme erhitzen.) Wenn Sie das Holz Ihres Möbels ein wenig abdunkeln möchten, können Sie der Leinsamenöl/Terpentin-Mixtur auch ein wenig Farbstoff zusetzen, wie er zum Abtönen von Wandfarben verwendet wird. Seien Sie aber sparsam mit dem Farbstoff, da bereits kleine Mengen den Farbton der Ölmixtur stark verändern. Haben Sie diesen Arbeitsschritt beendet, tragen Sie noch eine weitere Schicht Öl auf.

Im Laufe der Zeit sollten Sie Ihr Möbelstück immer wieder mit Öl abreiben, um ein Austrocknen zu verhindern. In den ersten beiden Jahren tun Sie dies am besten alle drei bis vier Monate, später brauchen Sie

diese Prozedur nur noch ein bis zweimal pro Jahr wiederholen.
Zwischenzeitlich müssen Sie Ihr mittelalterliches Möbelstück aber gelegentlich reinigen. Dazu verwenden Sie eine gute Möbelpolitur, die Zitronenöl enthält. Das Zitronenöl sorgt dafür, dass die Politur gut vom Holz aufgesogen wird. (Verwenden Sie bitte keine Polituren, die Wachse enthalten.)

Farbige Oberflächenbehandlung

Vor der Erfindung der Ölfarben im späten 14. Jahrhundert verwendete man außer bei Freskomalereien fast ausschließlich Temperafarben. Damit bemalte man damals Holz, Papier, Leder, Leinwand und sogar Metall. Deshalb können Sie solche Farben auch für alle Möbel, die in diesem Buch vorgestellt werden, verwenden.
Viele der Ingredienzien, die im Mittelalter zur Farbherstellung verwendet wurden, sind extrem giftig. Heute stehen uns Pigmente zur Verfügung, die den selben Zweck erfüllen, aber völlig ungefährlich sind.
Für den Gebrauch von Temperafarben muss die Malfläche zunächst eine gleichmäßige Kreidegrundierung erhalten. Achten Sie darauf, dass die Pinselstriche, mit der die Grundierung aufgetragen wird, gleichmäßig und immer in die gleiche Richtung verlaufen.
Um eine moderne Temperafarbe herzustellen, verwenden Sie frisches Eigelb, Farbpigmente (im Künstlerbedarfshandel erhältlich) und destilliertes Wasser.
Reines Eigelb, das benötigt wird, um die Farbpigmente mit der Grundierung zu verbinden, erhalten Sie, indem Sie es vorsichtig wiederholt von einer Hand in die andere gleiten lassen und dabei das überschüssige Eiweiß abtropfen lassen. Diesen Vorgang wiederholen Sie so lange, bis nur noch das Eigelb vorhanden ist. Nachdem Sie es acht- bis zehnmal von einer Hand in die andere haben gleiten lassen, entwickelt das Eigelb eine feste Oberfläche. Nehmen Sie es nun vorsichtig zwischen zwei Finger und halten es ebenso vorsichtig über eine saubere Schale. Durchstechen Sie die fest gewordene Oberfläche mit einem scharfen Messer und lassen das flüssige reine Eigelb in die Schüssel tropfen.
Jetzt können Sie beginnen, Farbpigmentpulver und Eigelb zu vermischen, bis der gewünschte Farbton erreicht ist. Dazu verwenden Sie einen Mörser oder verreiben das Eigelb mit dem Pigment auf einer Glasplatte. Wenn die Pigment/Eigelb-Mischung zu fest wird, geben die nach Belieben einige Tropfen destilliertes Wasser hinzu. Statt des Wassers können Sie auch denaturierten Alkohol verwenden. Dadurch trocknet die Farbe nicht nur schneller, sondern der Alkohol wirkt zusätzlich als Konservierungsstoff. Aber auch durch den Zusatz von Alkohol bleiben Temperafarben auf Eibasis nur fünf bis sechs Tage haltbar und müssen immer im Kühlschrank aufbewahrt werden.
Bis man den Bogen bei der Arbeit mit Temperafarben raus hat, muss man ein wenig üben. Wenn man ein ganzes Möbelstück bemalen möchte, kann der Arbeitsprozess ein bisschen mühselig werden – aber so wurde im Mittelalter nun mal gearbeitet.
Als Alternative können Sie auch Künstlerölfarben oder Ölinnenfarben verwenden. Sie sollten aber darauf achten, dass Sie matte Farben bekommen.

Bank aus dem 15. Jahrhundert

Bänke, wie dieses Beispiel aus Frankreich, waren das am weitesten verbreite Möbelstück in allen Schichten der mittelalterlichen Gesellschaft. Neben einem Tisch waren einfache Bänke oder Schemel oft die einzigen Möbelstücke im Heim eines Bauern. In einem Bürgerhaus stellten Bänke, mit Ausnahme eines Lehnstuhles für den Herrn und die Herrin des Hauses, die einzige Sitzgelegenheit dar und auch in der Werkstatt oder im Laden des Handwerkers ließ man sich auf Bänken nieder. In Abteien und Klöstern saßen die Mönche während der Messe und im Refektorium auf Bänken oder kauerten auf hohen Schemeln an ihren Schreibpulten, während sie an illuminierten Handschriften arbeiteten. In den Burgen und Schlössern der Adeligen symbolisierte die Art der Sitzgelegenheit peinlich genau den sozialen Status. Der Schlossherr, seine Frau und die Ehrengäste saßen während des Mahles in reich verzierten Lehnstühlen, während hohe Hofbeamte und privilegierte Kaufleute eher auf Stühlen ohne Armlehnen Platz nahmen. Geringere Gäste saßen auf Schemeln und die Dienerschaft schließlich, wenn sie an einer Festivität teilnehmen durfte, musste mit langen Bänken vorlieb nehmen.

Die hier vorgestellte Bank befindet sich heute im Metropolitan Museum of Art.

Bemerkungen zur Konstruktion

Diese kunstvoll gestaltete kleine Bank ist in ihrer Konstruktion sehr einfach und kommt ganz ohne Metallverbindungen und Leimungen aus. Einzig und allein vier kleine Holzdübel sorgen für die Stabilität. Aus diesem Grund ist diese Bank auch hervorragend für Anfänger geeignet, die zum ersten Mal ein mittelalterliches Möbel nachbauen wollen.

Betrachtet man das Original genauer, erkennt man die Qualität der mittelalterlichen Tischlerarbeit, da die Bank auch heute noch in einem ausgezeichneten Zustand ist.

Benötigtes Holz

Die fünf Bretter, die man für den Bau der Bank benötigt, bestehen aus 25 mm starkem Weißeichenholz. Die Bretter für die Beine sind relativ breit und lassen sich am besten nachbauen, wenn man zwei Bretter aneinander leimt. (Dem wurde in der Materialliste Rechnung getragen.)

Vorarbeiten

Vor dem Zusammenbau sägen Sie die Beine, die Stege und die Sitzfläche gemäß der in der Zeichnung gezeigten Form aus. Wenn Sie die unteren Kanten der Stege anfasen möchten, sollten Sie das tun, bevor die Sitzfläche befestigt wird, da die Bank danach nicht mehr zerlegt werden kann.

Beine und Stege

Beine und Stege der Bank sind miteinander verbunden. Die Beine sind mit Vertiefungen versehen, welche die Stege aufnehmen. Dementsprechend müssen die Stege ebenfalls mit kleineren Vertiefungen versehen werden, welche die Konstruktion so versteifen, dass sich die fertige Bank nicht seitlich verwinden kann.

Schneiden Sie die Beine zuerst aus und vergewissern sich, dass die Stege gut in die Vertiefungen hinein passen. Die Bauteile sollten so ineinander passen, dass man sie durch den Druck zweier Finger wieder voneinander lösen kann.

Beachten Sie, dass die Zapfen für die Sitzfläche, wie in der Zeichnung angegeben, oben drei Millimeter breiter sind als an ihrer Basis. Dadurch wird die Sitzfläche später fest an ihrem Platz gehalten. Am einfachsten lässt sich dies bewerkstelligen, wenn die Zapfen einfach rechteckig ausgesägt und anschließend mit einem Schnitzmesser oder einer Raspel nach unten verjüngt werden.

Beim Aussägen der Stege verwenden Sie am besten die Zeichnung in diesem Buch wie eine Schablone, indem die Zeichnung solange mit Hilfe eines Fotokopierers vergrößern, bis sie die gewünschte Größe erreicht hat.

Beine und Stege können immer wieder zusammengesteckt und zerlegt werden, um die Passform zu prüfen, bevor die Bank endgültig zusammengebaut wird.

Sitzfläche

Damit Sie anzeichnen können, an welcher Stelle die Zapfenlöcher in die Sitzfläche geschnitten werden müssen, setzen Sie die Stege und die Beine zusammen und stellen diesen Teil der Konstruktion umgekehrt auf die Sitzfläche. Rücken Sie Beine und Stege so zurecht, bis sie, wie in der Zeichnung zu sehen, gleichmäßig mit der Sitzfläche abschließen. Dann zeichnen Sie die Position der Zapfenlöcher ein, indem Sie einfach mit einem Stift um die Zapfen herumfahren. Beim Aussägen der Zapfenlöcher müssen Sie aber darauf achten, diese drei Millimeter kleiner zu fertigen – gemäß der Breite der Zapfen an ihrer Basis (s.o.). Sind Sie sich nicht ganz sicher, dass Sie so präzise Sägearbeiten meistern können, sägen Sie die Zapfenlöcher vorsorglich einfach etwas kleiner aus und passen diese mit Hilfe von Raspel und Sandpapier nachträglich den Zapfen an.

Pressen der Zapfen

Damit die keilförmigen Zapfen in die vorgesehenen Löcher passen, müssen sie leicht zusammengepresst

Bank; Frankreich, 15. Jahrhundert; Eiche, Höhe: 533 mm, Länge: 965 mm, Tiefe: 311 mm.
Cloisters Collection, Metropolitan Museum of Art, New York.

werden. Dazu legen Sie eine Schraubzwinge um die Zapfen und ziehen diese an, bis die Zapfen an ihrem oberen Ende so breit sind wie an ihrer Basis. Lassen Sie die Schraubzwingen für drei bis vier Stunden an ihrem Platz, damit sich das Holz an den Druck gewöhnen kann.

Zusammenbau

Der endgültige Zusammenbau der Bank muss innerhalb von zehn Minuten geschehen, da die Zapfen sich wieder in ihre ursprüngliche Größe ausdehnen, wenn die Schraubzwingen erst einmal abgenommen worden sind. Bauen Sie zuerst die Beine und die Stege zusammen und stellen Sie das Ganze auf. Dann platzieren Sie die Sitzfläche darüber.

Bringen Sie ein Zapfenloch direkt über einen der Zapfen und schlagen Sie mit einem Hammer auf die Sitzfläche, bis sich das Zapfenloch über den Zapfen zu senken beginnt. Damit sich die Konstruktion beim Verzapfen der Bauteile nicht verziehen kann, gehen sie dabei quasi über kreuz vor, d.h. wenn sie auf der einen Seite der Bank am linken Zapfen arbeiten, nehmen sie sich als nächstes den rechten auf der gegenüberliegenden Seite vor usw. Dadurch senken sie nach und nach die Sitzfläche auf die Beine der Bank, bis alle Teile fest miteinander verbunden sind. Um das Holz zu schützen, sollten Sie immer ein Stück Restholz zwischen Hammer und Sitzfläche legen.

Will ein Zapfen nicht sofort in das vorgesehen Loch passen, versuchen Sie es nicht mit Gewalt. Vielleicht müssen Sie noch ein bisschen Material mit Sandpapier abtragen oder den Zapfen nochmals zusammenpressen, wenn die Schraubzwingen vor mehr als ein paar Minuten abgenommen wurden.

Sind Beine und Sitzfläche erst einmal miteinander verzapft, nehmen die Zapfen nach und nach wieder ihre ursprüngliche Form an und halten Beine und Sitzfläche fest und dauerhaft zusammen. In drei oder vier Stunden, nachdem die Schraubzwingen abgenommen wurden, sollte dieser Vorgang abgeschlossen sein. Ist das nicht der Fall, sondern die Verzapfung zu locker, feuchten Sie die freiliegenden Enden der Zapfen gut an und lassen diese über Nacht langsam trocknen.

Holzdübel

Folgen Sie den Anweisungen in Kapitel I (Abschnitt "Holzdübel") und verbinden auf diese Weise die Beine und die Stege miteinander. Stellen Sie aber vorher sicher, dass die Bauteile rechtwinklig zueinander ausgerichtet sind.

Oberflächenbehandlung

Obwohl die Oberfläche der Bank im Laufe der Jahrhunderte ziemlich verwittert ist, scheint sie doch seinerzeit nur eine einfache geölte Oberfläche gehabt zu haben. Eine Ausnahme bildet nur der untere angefaste Rand der Stege, der anscheinend dunkelgrün gefasst war. Wenn Sie Ihre fertige Bank ebenso bemalen wollen, müssen Sie die Fase zuerst grundieren und dann mit Temperafarbe bemalen, bevor die Bank mit einem Ölfinish versehen werden kann.

Materialliste

Holz

Alle Teile sind aus Eichenholz. Die Holzdübel bestehen aus Ahorn oder Birke.

Teil	Anzahl	Stärke	Breite	Länge
Sitzfläche	1	25 mm	311 mm	965 mm
Stege	2	25 mm	114 mm	940 mm
Beine	2	25 mm	368 mm	508 mm
Holzdübel		5 mm (rund)		457 mm

Frontansicht

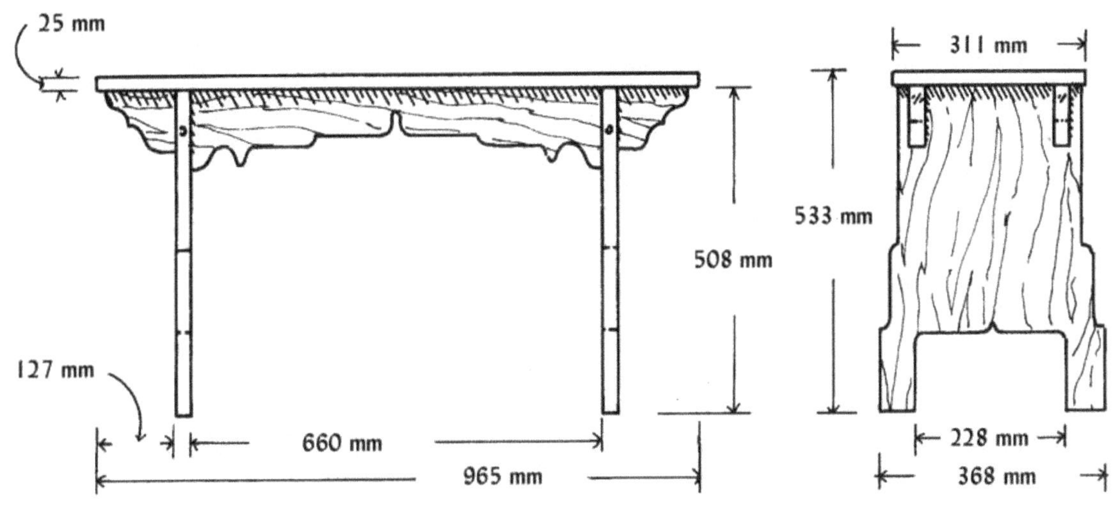

Draufsicht

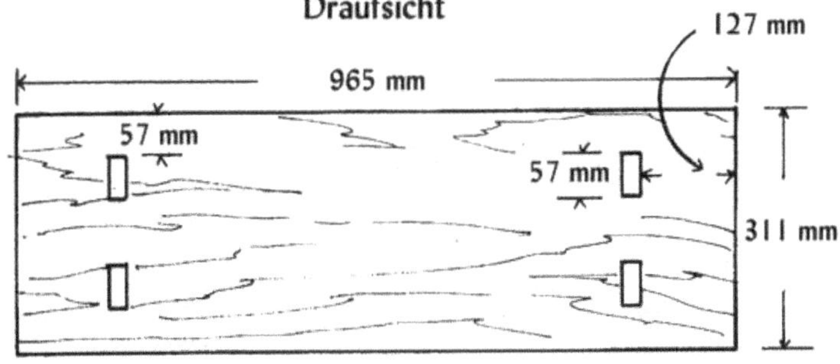

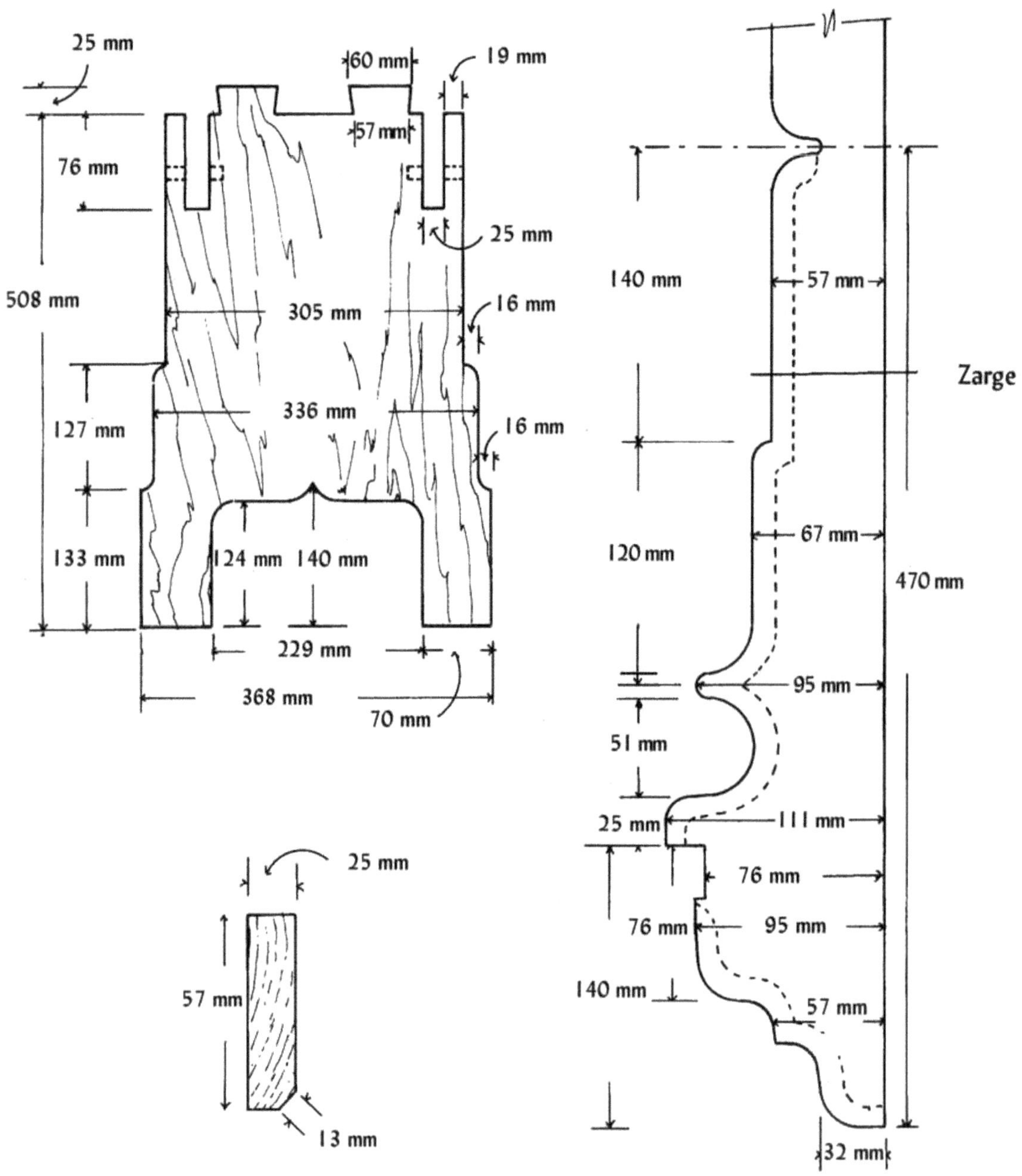

Bein
25 mm
60 mm
19 mm
57 mm
76 mm
25 mm
508 mm
305 mm
16 mm
127 mm
336 mm
16 mm
133 mm
124 mm
140 mm
229 mm
368 mm
70 mm
25 mm
57 mm
13 mm
140 mm
57 mm
Zarge
120 mm
67 mm
470 mm
95 mm
51 mm
25 mm
111 mm
76 mm
76 mm
95 mm
140 mm
57 mm
32 mm

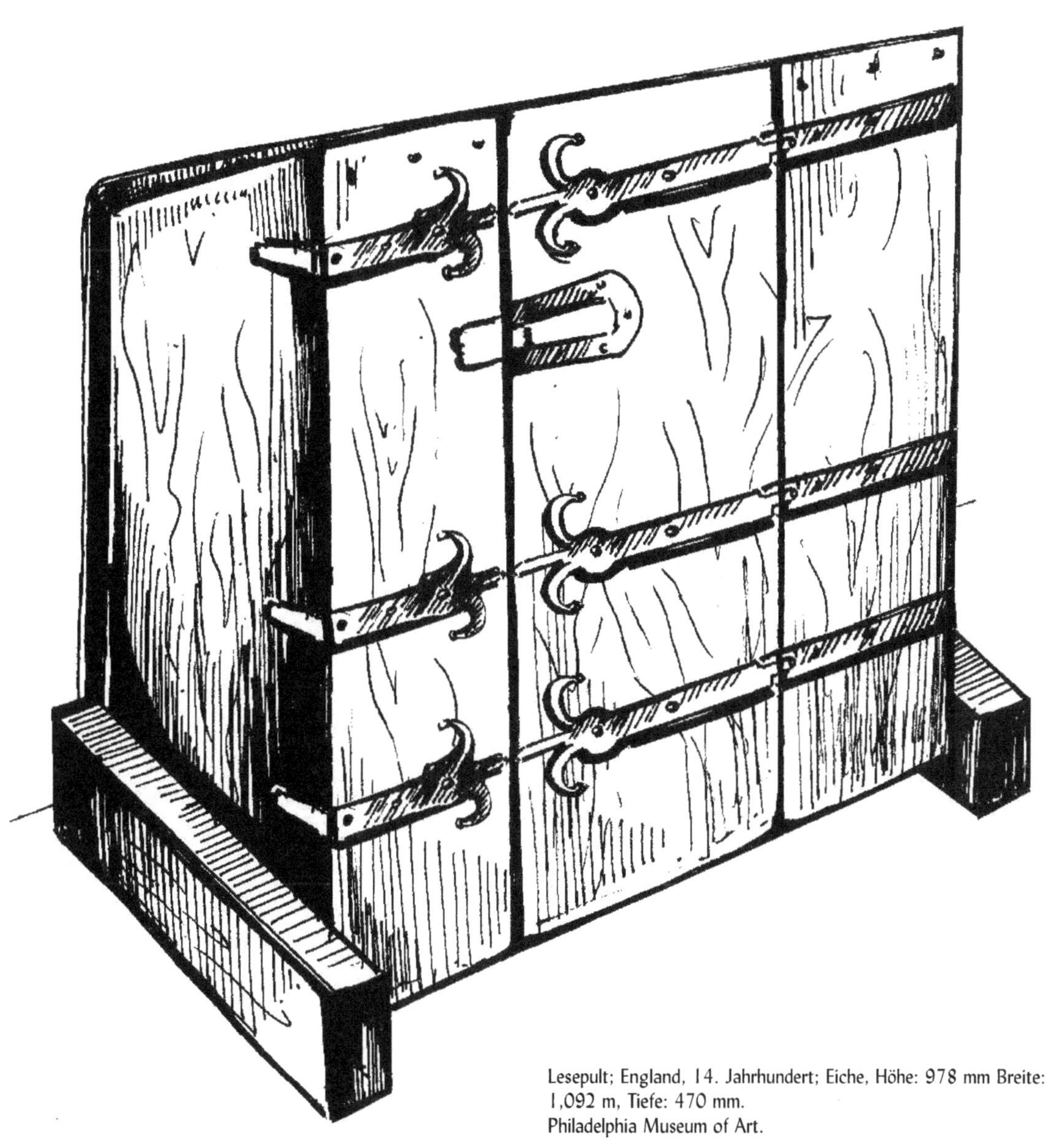

Lesepult; England, 14. Jahrhundert; Eiche, Höhe: 978 mm Breite: 1,092 m, Tiefe: 470 mm.
Philadelphia Museum of Art.

Lesepult aus dem 14. Jahrhundert

Dieses interessante Möbel stammt wahrscheinlich aus einem geistlichen Umfeld. Diese Vermutung wird nicht nur durch die einfache Konstruktion bestärkt, sondern auch durch die Tatsache, dass im Mittelalter nur wenige Menschen außerhalb der Kirche überhaupt lesen konnten.

Die exakte Aufgabe dieses Lesepultes ist nicht so eindeutig. Bei seiner Höhe könnte ein durchschnittlich großer Mensch hinter dem Tisch stehen, während er irgendetwas ab- oder vorliest. Das Lesepult könnte deshalb in einer Klosterschule oder in einem Refektorium als Rednerpult gedient haben, von dem während der Mahlzeiten aus der Heiligen Schrift gelesen wurde. Der kleine Absatz, der von der Rückwand des Lesepultes geformt wird, sorgt dafür, dass Bücher oder Papiere, die darauf abgelegt werden, nicht herunter rutschen können und die Innenfächer bieten Stauraum für Bücher, Pergamente und Schreibutensilien. Das Möbelstück wurde im Laufe der Jahrhunderte immer wieder verändert und repariert. Das Design der eisernen Verstärkungsbänder lässt vermuten, dass man das Lesepult zerlegen konnte, um es leichter von einem Ort zum anderen transportieren zu können.

Dieses seltene und ungewöhnliche Zeugnis mittelalterlicher literarischer Bestrebungen kann heute im Philadelphia Museum of Art bestaunt werden.

Bemerkungen zur Konstruktion

Die Konstruktion des hölzernen Korpus dieses attraktiven Möbelstückes ist extrem einfach. Dagegen stellen die ornamentalen Metallbeschläge eine kleine Herausforderung an den Hobbyschmied dar.

Obwohl das Lesepult in den letzten Jahrhunderten immer wieder verändert wurde, stützen sich die hier wiedergegebenen Pläne auf das ursprüngliche mittelalterliche Design. Falls Sie aber lieber den heutigen Zustand kopieren wollen, sollte sich das mit ein paar kleinen Veränderungen relativ leicht bewerkstelligen lassen. Die deutlichste Veränderung des Originalzustandes ist die Tür, die heute aus zwei übereinander angeordneten Hälften besteht. Ursprünglich bestand sie wohl aus einem Stück.

Als die Tür geteilt wurde, wurde ein weiteres Scharnier nötig. Es ist anzunehmen, dass sich das zweite Scharnier von oben ursprünglich am unteren Ende der Tür befand und das Scharnier, dass heute an dieser Stelle angebracht ist, eine spätere Zutat ist.

Materialien

Das Lesepult wurde komplett aus englischer Eiche hergestellt. Erstaunlicherweise sind die meisten Bretter, mit Ausnahme der Füße, nur 19 mm stark, sodass man beim Nachbau Standardbretter aus dem Baumarkt verwenden kann und trotzdem die nötige historische Akkuratesse nicht vernachlässigen muss.

Bei der Breite der Bretter sieht es leider etwas anders aus. Im Idealfall können Sie jemanden ausfindig machen, der Ihnen Bretter von 457 mm Breite zusägt. Realistischer ist aber, dass Sie zwei schmalere Bretter miteinander längs verbinden müssen (s. Kapitel 1), wenn Sie das Lesepult nachbauen.

Die beiden Fußbretter müssen Sie ebenfalls aus Bauhölzern in Standardmaßen, entsprechen den Angaben in der Materialliste zusammen leimen (zwei Bretter, 50 x 200 mm und 25 x 200 mm).

Der ganze hölzerne Korpus wird von 25 mm langen Nägeln (wenn nicht speziell als Holzdübelverbindung angegeben) zusammen gehalten. Beim Original stehen die Spitzen der Nägel zwar ins Innere des Lesepultes vor, wurden aber einfach umgebogen, was dem Möbel zusätzliche Festigkeit verleiht.

Vorarbeiten

Da der Aufbau dieses Möbelstückes so einfach ist, kann man das gesamte benötigte Holz bereits vor dem eigentlichen Zusammenbau zuschneiden. Beschriften Sie jedes einzelne Brett, sodass es klar zugeordnet werden kann. Dazu nehmen Sie am besten Kreide, die man nach dem Zusammenbau problemlos wieder abwischen kann. Geben Sie bei der Breite des Brettes, das später die Lesepultoberfläche ergeben soll, 2 cm in der Breite hinzu, damit Sie es am Schluss noch so zurechtschneiden können, dass es einwandfrei passt. Die Seitenbretter müssen ebenfalls etwas länger sein, damit sie in die Fußbretter eingezapft werden können.

Ausschneiden der Zapfenlöcher

Das Ausschneiden der Zapfenlöcher aus den Fußbrettern ist die mühseligste Arbeit bei diesem Möbelstück, aber sie muss getan werden, bevor man mit dem Zusammenbau beginnen kann. Dabei sind die Zapfenlöcher für die Seitenbretter blind, die für die Bodenplatte durchgängig. Nach dem Ausschneiden müssen die Zapfenlöcher mit einem Stemmeisen so bearbeitet werden, dass sie später genau rechteckig sind.

Das Bodenbrett sitzt in ganzer Breite in einem blinden, 25 mm tiefen Zapfenloch und wird durch einen einzelnen Zapfen, der in einem durchgängigen, entsprechend platzierten Zapfenloch sitzt, fixiert.

Achten Sie darauf, dass die blinden Zapfenlöcher für die Seitenbretter gut ausgeglättet sind, da die Seitenbretter direkt darin aufsitzen. Sind sie zu uneben ausgearbeitet, kann dadurch die ganze Konstruktion instabil werden.

Ein weiterer wichtiger Punkt ist, dass die beiden Fußbretter, nachdem alle Zapfenlöcher ausgeschnitten worden sind, nicht identisch, sondern spiegelverkehrt sein müssen, da Sie eine rechte und eine linke Fußleiste benötigen. Sind Sie mit dem Ausschneiden fertig, können Sie die Verzierungen an der Vorderseite der Fußleiste aussägen.

Wenn Sie mit den Zapfen und Zapfenlöchern fertig sind, überprüfen Sie, ob sie gut ineinander passen. Ein fester Schlag mit der Handfläche oder einem Holzhammer sollte ausreichen, um beides miteinander zu verbinden.

Bodenkonstruktion

Da das Innenleben des Lesepultes nicht nachträglich verändert oder ausgebaut werden kann, muss das gesamte Möbelstück sozusagen von unten nach oben zusammengebaut werden – um die Innenböden herum. Verbinden Sie zuerst das Bodenbrett mit den Fußbrettern. Legen Sie dazu das Fußbrett mit der Oberseite nach unten hin (sodass die Zapfenlöcher für die Seitenbretter zum Boden zeigen) und passen das Bodenbrett in die entsprechenden Zapfenlöcher der Fußbretter ein, halten Sie das Ganze mit einer Zwinge zusammen. Anschließend bohren Sie ein Loch mit einem Durchmesser von 13 mm durch die Mitte des durchgängigen Zapfenloches und das Bodenbrett, wie in der Zeichnung gezeigt. Ist das geschehen, schlagen Sie einen Holzdübel in das Bohrloch ein und sägen ihn plan zur Fußleiste ab. Nun können Sie den zusammengebauten Boden des Lesepultes richtig herum aufstellen.

Seitenbretter

Damit das Seitenbrett in das Zapfenloch des Bodenbrettes passt, müssen Sie an beiden Seiten 13 mm entfernen, sodass ein Zapfen entsteht, der den Maßen des Zapfenloches im Fußbrett entspricht. Darüber hinaus müssen Sie noch an der Außenseite des Brettes Material abnehmen, d.h., ist das Brett 19 mm stark und die

Zapfen dürfen nur 13 mm stark sein, müssen Sie 6 mm Material von der Außenseite des Seitenbrettes abnehmen.

Sind die Zapfen soweit ausgeschnitten, können sie in die vorgesehenen Zapfenlöcher der Fußbretter eingesetzt werden. Haben Sie sorgfältig gearbeitet, sollten die Seitenbretter ohne Unterstützung fast senkrecht stehen. Nun müssen Sie aber noch entscheiden, wie die Innenböden platziert werden sollen. Zeichnen Sie dazu die gewünschten Stellen an, entfernen Sie die Seitenbretter wieder aus den Fußbrettern und bohren kleine Führungslöcher für die Nägel.

Setzen Sie die Seitenbretter wieder ein und bohren zwei Löcher mit 13 mm Durchmesser in die Fußbretter, wie in der Zeichnung zu sehen, durch die Zapfenlöcher hindurch. Schlagen Sie nun wieder Holzdübel ein und schneiden diese plan ab. Zuletzt können Sie eventuell überstehende Reste der Holzdübel mit Sandpapier abschleifen.

Innenböden

Nageln Sie die Regalböden nun an den bereits durch die Führungslöcher gekennzeichneten Positionen fest. Seien Sie dabei aber vorsichtig, damit die Holzdübelverbindungen nicht zu sehr durch Verdrehen oder Zug an den Seitenbrettern belastet werden.

Rückwand

An der Rückwand des Lesepultes – die Seite an der der Lesende stehen würde – wurden im Laufe der Jahrhunderte mindestens drei Bretter ersetzt, sodass die Breite der Bretter nicht mit der der originalen Rückwandbretter übereinstimmt. Sollten Sie also Bretter gewählt haben, die in der Breite von denen in der Zeichnung abweichen, ändert das nichts an der Authentizität Ihres Möbelstückes.

Legen Sie fest, welche Bretter die Rückwand rechts und links abschließen sollen. Diese Bretter müssen Sie unten links bzw. unten rechts so ausschneiden, dass sie über die Kanten der Fußbretter passen. Die Bretter der Rückwand müssen die hintere, niedrigere Ecke der Seitenwand um 44 mm überragen, damit später ein Absatz von 25 mm bleibt, der Bücher und Papiere am Herabrutschen hindert.

Bevor Sie die Rückwandbretter endgültig anbringen, sollten Sie die Innenseite der oberen Brettkante anfasen, welche den Absatz formt (s. Detail B der Zeichnung). Die Fase des Absatzes ist beim Original recht unregelmäßig und lässt sich demgemäß am besten mit einem Zugmesser nachbilden.

Wenn Sie die Fase ausgeschnitten haben, können die Rückwandbretter angebracht werden. Befestigen Sie zuerst die äußeren Bretter links und rechts und gehen bei den restlichen von links nach rechts vor. Nachdem Sie zuvor die Löcher für die Befestigungsnägel wieder vorgebohrt haben, nageln Sie die Bretter der Rückwand am Bodenbrett, den Seitenbrettern (nur die beiden äußeren Rückwandbretter) und dem mittleren Innenboden fest.

Oberseite

Das Brett für die Oberseite kann nun ebenfalls angebracht werden. Schneiden Sie es in der Länge zurecht und legen es auf den Korpus des Lesepultes. An beiden Seiten sollte das Brett um 13 mm überstehen. Der Absatz sorgt dafür, dass es nicht abrutschen kann. Die niedriger liegende Seite des Brettes muss allerdings noch so zugeschnitten werden, dass sie sauber mit dem Absatz abschließt. Für diese Arbeit eignet sich, wie beim Original, ein Zugmesser am besten.

Liegt das Brett nun sauber am Absatz an, müssen Sie es noch an der Vorderseite des Lesepultes abschneiden, damit sich eine ebene Fläche ergibt. Nun können Sie wieder die Führungslöcher für die Nägel bohren, welche das Brett fest mit dem Korpus verbinden.

Vorderseiten und Türen

Verfahren Sie mit den seitlichen Brettern der Vorderseite wie mit denen für die Rückseite des Lesepultes, d.h. Sie müssen auch diese rechts bzw. links unten ausschneiden, damit sie über die Kanten der Fußbretter passen. Diese Bretter müssen mit der höheren, vorderen Kante der Seitenbretter abschließen und sie an den Seiten um 13 mm überragen. Sie sind oben aber im rechten und nicht in einem spitzen Winkel zugeschnitten.

Auf der Innenseite der Vorderseitenbretter müssen Sie die Position der Innenböden anzeichnen und auf der Außenseite die Stelle, an der die Ausschnitte für die Scharnierbänder liegen müssen. Nehmen Sie die Bretter nun wieder ab, bohren Sie Führungslöcher für die Nägel und sägen die Ausschnitte für die Scharnierbänder aus (s. Detail C).

Jetzt können Sie die Bretter der Vorderseite festnageln und die Bretter für die Tür zuschneiden. Planen Sie dabei aber genügend Spiel ein, sodass sich die Tür später auch sauber öffnen lässt. In der Regel lässt sich das erreichen, wenn das Türbrett 5 mm schmaler als die vorgesehene Öffnung ist.

Bänder und Beschläge

Schmieden Sie die Metallbeschläge gemäß den Anweisungen in Kapitel 2. Für die großen Kreisornamente an den Enden der Scharnierbänder verwenden Sie breiteren Bandstahl als für die eigentlichen Scharniere des Lesepultes benötigt wird und schneiden daraus auch die Form des Scharniers aus. Sie können die Ornamente des Scharnierbandes alternativ dazu auch aus einem separaten breiteren Metallstück formen und dieses an das eigentliche Scharnier anschweißen.

Die Angaben in der Materialliste beziehen sich aber generell auf breiteren Bandstahl. Sie müssen deshalb die Lilienornamente mit einer Säge einsägen oder mit dem Meißel spalten und anschließend in die gewünschte Form schmieden. Gehen Sie dabei nach den Anweisungen für das Schmieden von Metallornamenten in Kapitel 2 vor.

Nachdem die Scharniere und Bänder geschmiedet sind, können Sie diese am Korpus des Lesepultes befestigen. Setzen Sie die Tür so ein, dass an der Scharnierseite ein 5 mm breiter Spalt bleibt und bringen hier die Gegenstücke der Scharniere an.

Türschloss

Wenn Sie möchten, dass sich die Tür des Lesepultes abschließen lässt, lesen Sie bitte im entsprechenden Abschnitt in Kapitel 2 nach. Sie können an dieser Stelle ein antikes Schloss anbringen oder, falls Ihnen das Abschließen Ihres Lesepultes nicht so wichtig ist, einfach ein Schloss simulieren. Schneiden Sie dazu einfach eine schlüssellochförmige Öffnung in die Schlossplatte und die Tür und nageln Sie diese auf das Türbrett.

Materialliste

Holz

Als Material benötigt man ausschließlich Eichenholz, nur die Holzdübel sind aus Ahorn.

Teil	Anzahl	Stärke	Breite	Länge
Linke Vorderseite	1	19 mm	336 mm	940 mm
Rechte Vorderseite	1	19 mm	317 mm	940 mm
Tür	1	19 mm	432 mm	940 mm
Seitenteile	2	19 mm	432 mm	737 mm
Linke Rückseite	1	19 mm	356 mm	813 mm
Rechte Rückseite	1	19 mm	305 mm	813 mm
Rückwand	1	19 mm	127 mm	813 mm
Rückwände	2	19 mm	152 mm	813 mm
Fußbretter	2	63 mm	178 mm	552 mm
Bodenbrett	1	19 mm	432 mm	1,118 m
Oberseite	1	19 mm	457 mm	1,092 m
Innenboden	2	19 mm	432 mm	1,054 m
Holzdübel	1	13 mm (rund)		610 mm

Metallteile

Teil	Anzahl	Stärke	Breite	Länge
Bänder links	3	3 mm	51 mm	438 mm
Scharniere	3	3 mm	51 mm	451 mm
Bänder rechts	3	3 mm	38 mm	425 mm
Schlossplatte	1	2 mm	127 mm	254 mm

Vorderansicht

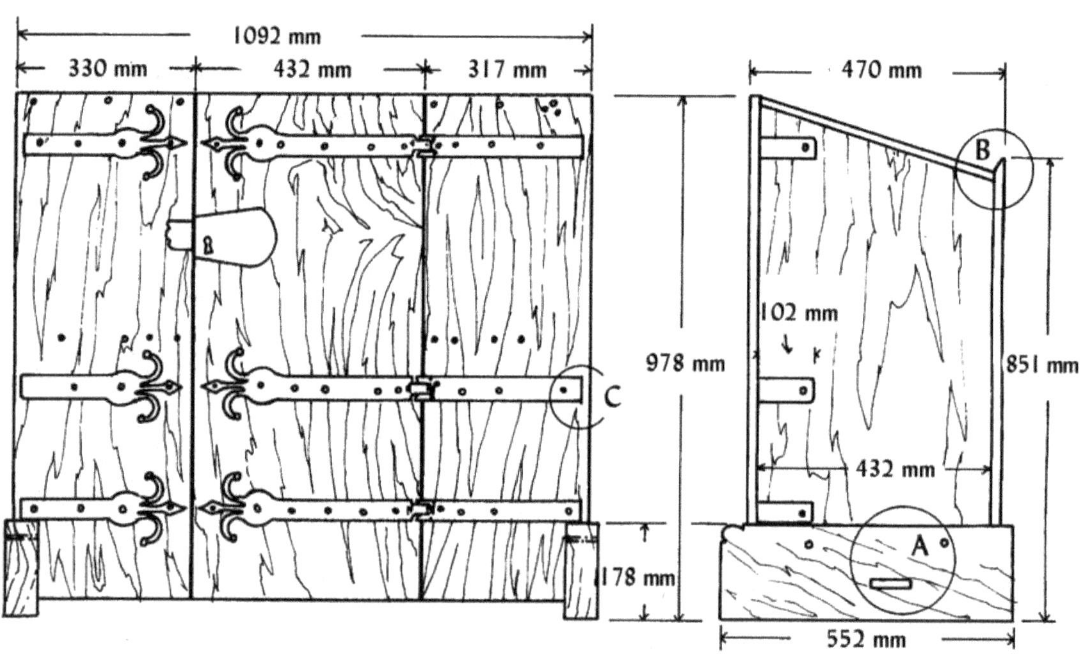

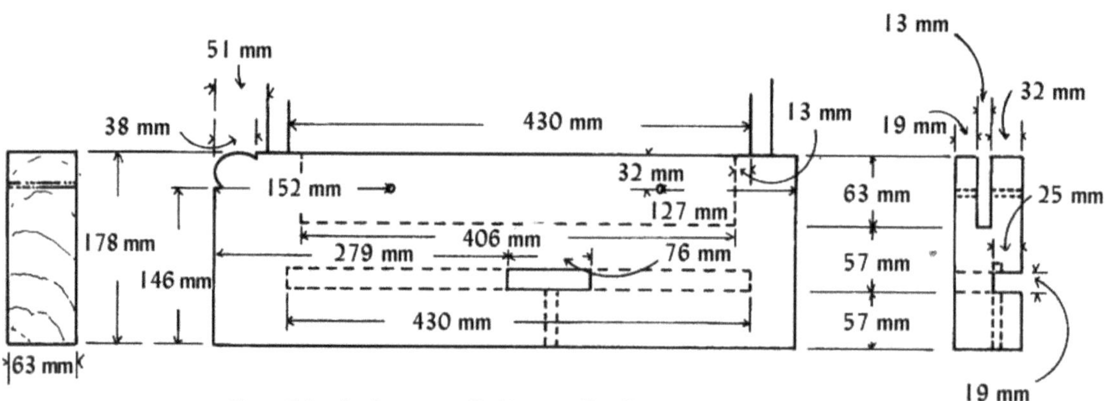

Detail A, Außenseite Fußbrett, Profil und Schnitt

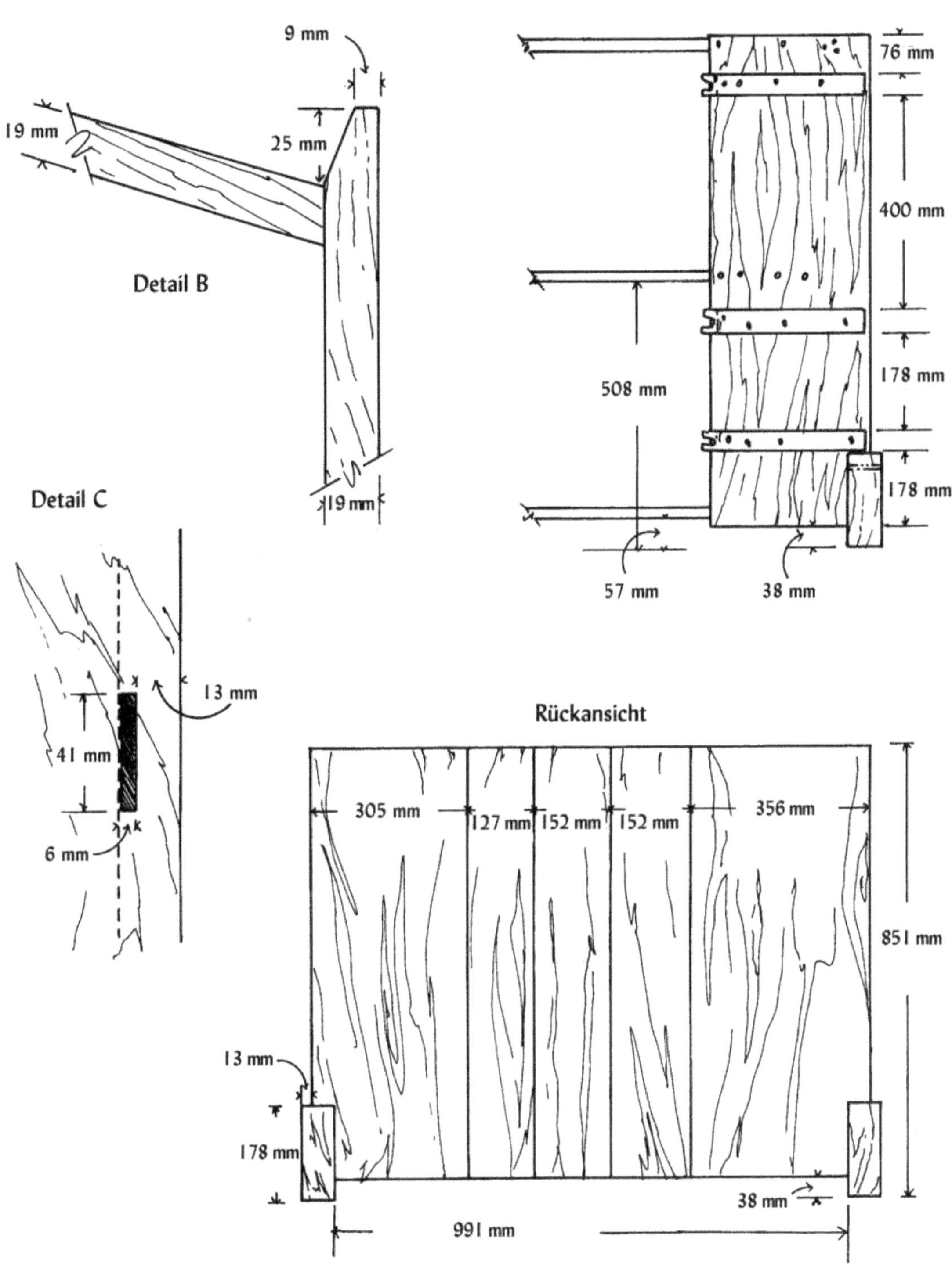
Vorderansicht, Schnitt
9 mm
19 mm
25 mm
Detail B
19 mm
76 mm
400 mm
508 mm
178 mm
178 mm
57 mm
38 mm
Detail C
13 mm
41 mm
6 mm
Rückansicht
305 mm
127 mm
152 mm
152 mm
356 mm
851 mm
13 mm
178 mm
38 mm
991 mm

Metallbeschläge

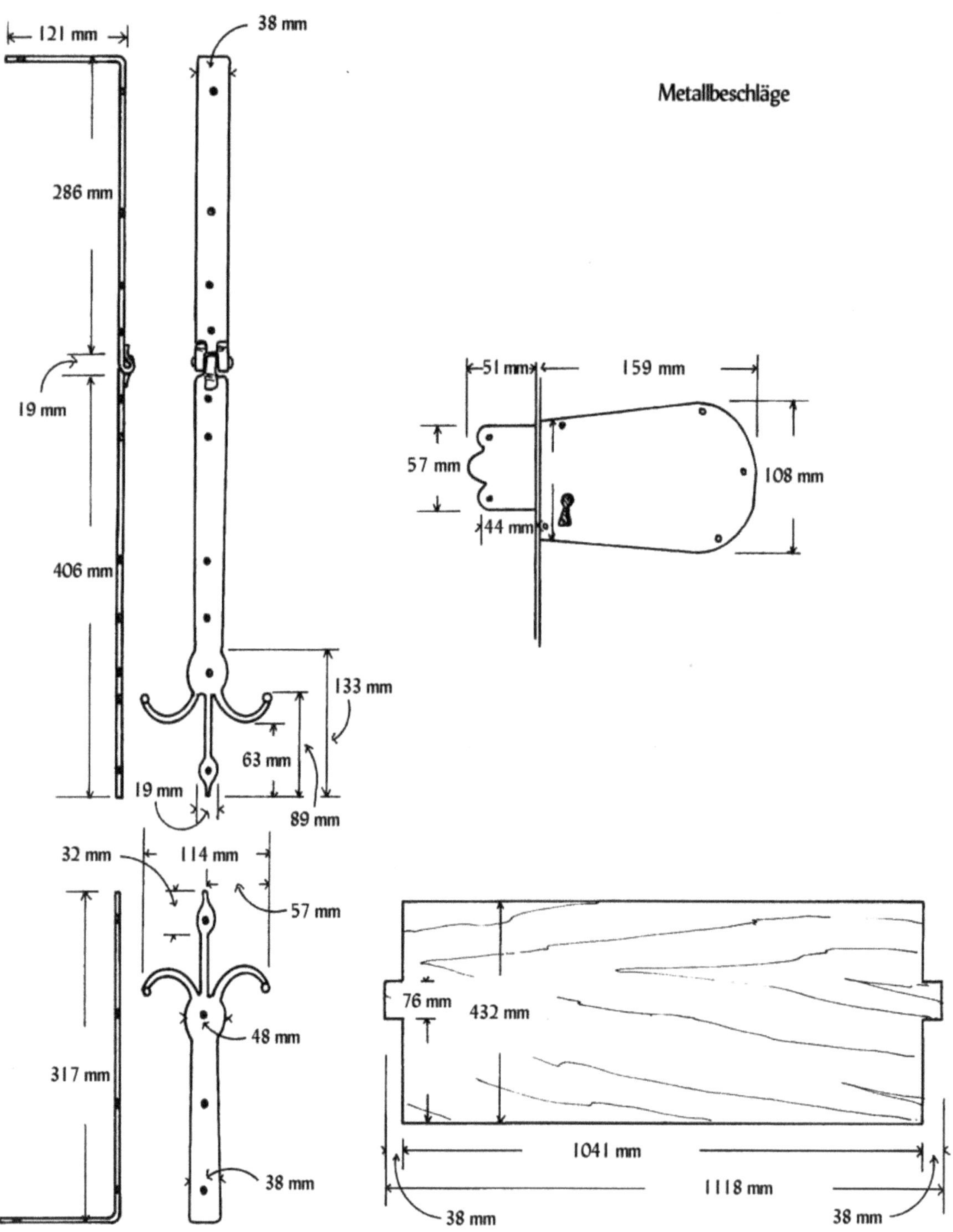

Banketttisch

Der Rittersaal einer Burg erfüllte eine ganze Reihe von Funktionen und am besten kennen wir ihn als den Ort, an dem die großen Bankette stattfanden. Er war aber auch das "Büro" des Burgherrn, der Treffpunkt und oft genug auch der Schlafraum für viele der übrigen Burgbewohner.

Da der Rittersaal so vielen verschiedenen Anforderungen gerecht werden sollte, mussten die langen Banketttische, an denen das Mahl eingenommen wurde, zerlegbar sein. Wenn sie nicht benötigt wurden, warteten sie meist zerlegt in einem Nebenraum auf ihre nächste Verwendung. Ein Tisch blieb aber immer im Rittersaal. An diesem speiste der Burgherr, verwaltete sein Lehen und auch die Rechtsprechung erfolgte an diesem Tisch.

Um die besondere Bedeutung dieses Tisches hervorzuheben, wurde er oft auf einer Estrade aufgestellt, die den Burgherrn nicht nur physisch sondern auch sozial über alle anderen im Rittersaal erhob.

Der hier gezeigte Tisch aus dem 14. Jahrhundert steht heute im großen Bankettsaal von Haddon Hall in Bakewell, Derbyshire.

Bemerkungen zur Konstruktion

Da dieser massive Tisch nur aus wenigen Einzelteilen besteht, stellen allein deren Ausmaße den Tischler vor eine echte Herausforderung. Der Tisch hat drei balusterförmige Beine – eins in der Mitte des Tisches, die beiden anderen rechts und links davon in einem Abstand von 1,5 m. In der Zeichnung wurde ein Tisch mit nur zwei Beinen abgebildet, die eine verkürzte Tischplatte stützen. Im Buch geschah das rein aus Platzgründen, aber natürlich "funktioniert" der Tisch in der Realität auch mit zwei Beinen. Man kann den Tisch natürlich auch mit nur einem Bein und einer entsprechend weiter verkürzten Platte bauen und z.B. als Spieltisch verwenden. Auf jeden Fall wird deutlich, dass man den Tisch durchaus seinen heimischen Gegebenheiten anpassen kann, wenn man nicht gerade über einen Rittersaal verfügt. In der Materialliste ist die Länge für die Tischplatte jedoch für einen Banketttisch in seiner vollen Größe und mit drei Beinen angegeben.

Beim Vorbild für diese Bauanleitung unterliefen dem mittelalterlichen Tischler anscheinend einige Fehler. Offenbar war der Tisch anfänglich zu niedrig, um bequem daran sitzen zu können. Deshalb setzte man auf die Tischbeine einen eckigen Holzblock, durch den die Auflager für die Tischplatte laufen und der den Tisch um 95 mm erhöht. Noch heute (und in der Zeichnung) kann man sehen, wo die Auflager ursprünglich durch den runden Teil des Tischbeins verliefen.

Materialien

Die Platte und die Beine des originalen Tisches sind aus dem Holz einer gewaltigen Ulme gemacht. Heute genügt für unsere Zwecke aber Birken- oder Fichtenholz. Die Füße der Tischbeine sind aus Eichenholz.

Bankettisch; England, 14. Jahrhundert; Ulmen- und Eichenholz, Höhe: 864 mm, Breite: 5,029 m, Tiefe: 737 mm.
Haddon Hall, Bakewell, England.

Wegen der benötigten Dimensionen der Einzelteile kommen wir nicht umhin, Holz aus dem Baumarkt zusammenzuleimen.

Werkzeuge

Da bei der Herstellung der balusterförmigen Tischbeine die meiste Arbeit auf das Abtragen von überschüssigem Material entfällt, benötigen Sie eine ganze Reihe von Raspeln, Zugmessern und Hobeln. Darüber hinaus benötigen Sie ein Widerlager, gegen das Sie das Tischbein abstützen können, während Sie daran arbeiten. So müssen Sie dazu nicht Ihren eigenen Bauch verwenden. Ein solches Widerlager ist im Grunde nichts anderes als ein Stück Holz, das sich an der Werkbank befestigen lässt. Wählen Sie das Widerlager so groß aus, dass Sie sich, wenn Sie am Ende der Werkbank stehen und das Zugmesser ansetzen, bequem mit dem Bauch daran abstützen können.
Legen Sie nun das Tischbein am Widerlager an und ziehen Sie mit dem Zugmesser immer wieder einen dünnen Holzspan ab. Sie können diese Arbeit auch mit einem breiten Meißel erledigen, aber mit einem Zugmesser geht es einfacher.

Tischplatte

Da die Tischplatte 51 mm stark, 737 mm breit und über 5 m lang ist, muss sie aus mehreren Brettern zusammen geleimt werden. Damit sie sich später nicht verwirft, bauen Sie die Platte am besten aus zwei 25 mm starken Brettern übereinander auf.
Haben Sie sich aber entschieden einen kürzeren Tisch zu bauen, könnten Sie mit etwas Glück eine einzelne, ausreichend breite Holzplatte finden. Manchmal findet man auf Trödelmärkten die Arbeitsplatten alter Werkbänke oder man kann alte Brettertüren zweckentfremden.
Ist das Problem der Tischplatte erst einmal gelöst, legen Sie diese beiseite, bis die Tischbeine fertig sind.

Tischbeine

Da die Tischbeine alle identisch sind, werden hier nur die Arbeitsschritte für die Fertigstellung von einem angegeben. Wiederholen Sie die Arbeitsschritte einfach so oft wie nötig.
Wegen der Dimensionen der Tischbeine, müssen diese aus mehreren Brettern zusammen geleimt werden, damit ein den Maßen des fertig gestellten Tischbeines

entsprechender Block entsteht. Diese Bretter sollten so breit sein wie das fertige Tischbein, nämlich 273 mm, und nicht schwächer als 38 mm.

Alle Abstufungen an der Basis des Tischbeines werden übrigens nicht nachträglich angeleimt, sondern aus dem vollen Block herausgeschnitzt. Zeichnen Sie dazu die konkaven und konvexen Abstufungen auf jeder Seite des Holzblockes ein; vergessen Sie auch nicht das halbrunde Band, dass 57 mm oberhalb der Basis das Tischbein umschließt, bevor sich dieses nach oben hin wieder verdickt. Achten Sie darauf, dass die Umrisslinien der späteren Form des Tischbeines klar und deutlich sind und die Abmessungen stimmen.

Nun können Sie damit beginnen, das überschüssige Holz wegzunehmen. Fangen Sie mit dem größten Bereich oberhalb des umlaufenden halbrunden Bandes an. Machen Sie dazu mit einer Handsäge einen Einschnitt direkt oberhalb des Bandes, bis auf die gewünschte Stärke des Tischbeines an dieser Stelle (165 mm). Mit einem Stemmeisen und dem Zugmesser entfernen Sie anschließend das überschüssige Holz. Bei der Arbeit mit einem Zugmesser empfiehlt es sich, an den Kanten des Holzblockes anzufangen. Arbeiten Sie langsam und sorgfältig, vergessen Sie nicht, dass die Linien des fertigen Tischbeines immer leicht geschwungen verlaufen. Bedenken Sie auch, dass das Tischbein nicht rund ist, sondern einen viereckigen Querschnitt hat.

Beim Ausformen des Tischbeines kann aber auch ein Bandschleifgerät eine große Hilfe sein. Mit einem grobkörnigen Schleifband arbeitet man zunächst die Form heraus und glättet dann die Oberfläche mit Sandpapier. Lassen Sie bei diesen Arbeiten das obere Ende des Tischbeines vorerst noch außer Acht, denn solange dieses noch seine volle Kantenlänge hat, liegt das Tischbein fest und sicher auf Ihrer Werkbank auf, während Sie an den vielen Abstufungen am unteren Ende arbeiten.

Nun können Sie sich daran machen, den Teil des Tischbeines zwischen der Basis und dem umlaufenden Band zu formen. Machen Sie dazu einen Einschnitt unterhalb des Bandes und einen oberhalb der Abstufungen der Basis. Beim Betrachten der Zeichnung werden Sie feststellen, dass dieser Teil des Tischbeines etwas dünner ist als der oberhalb des Bandes.

Wenn Sie nun das Holz zwischen den beiden Einschnitten mit einem Stemmeisen entfernen, gehen Sie vorsichtig vor. Haben Sie diesen Abschnitt des Tischbeines grob herausgearbeitet, können Sie ihn mit einer Raspel glätten. Jetzt können Sie sich auch daran machen, mit Schnitzmesser und Raspel die halbrunde Kontur des Bandes herauszuarbeiten. Seien Sie aber vorsichtig, denn Sie arbeiten dabei quer zum Verlauf der Maserung und diese kann leicht brechen.

Nun folgen die Abstufungen an der Basis des Tischbeines. Sie beginnen mit der obersten Stufe und arbeiten

Materialliste

Holz

Platte und Tischbeine sind aus Ulmenholz, die Füße aus Eiche. Statt Ulmenholz kann man auch Birke, Fichte oder Pappel verwenden. Die Holzdübel bestehen aus Ahorn oder Birke.

Teil	Anzahl	Stärke	Breite	Länge
Tischplatte	1	51 mm	737 mm	5,029 m
Tischbein	1	273 mm	273 mm	718 mm
Fuß	4	89 mm	152 mm	476 mm
Einsatz	1	38 mm	57 mm	254 mm
Zwischenstück	1	95 mm	305 mm	305 mm
Auflager	1	38 mm	57 mm	660 mm
Holzdübel	1	19 mm (rund)		2,134 m

sich nach unten vor. Machen Sie bei jeder Stufe einen Einschnitt und arbeiten dann mit Raspel und Schnitzmesser die erforderliche konkave oder konvexe Kontur heraus. Die eigentliche eckige Basis des Tischbeines entspricht in ihren Dimensionen dem ursprünglichen Holzblock und muss deshalb nicht extra in Form gebracht werden.

Nun muss der Zapfen von 102 mm Seitenlänge, an dem die Füße des Tisches später angebracht werden sollen, ausgeschnitten werden. Sie können wieder mit einer Säge entsprechende Einschnitte machen und dann das überschüssige Holz mit einem Bandschleifgerät abschleifen oder historisch korrekt mit einem Stemmeisen bearbeiten. Dabei müssen Sie aber aufpassen, dass Sie nicht zuviel Material abtragen oder dass das Stemmeisen nicht durch eine Unregelmäßigkeit im Holz abgelenkt wird. Haben Sie die grobe Form herausgearbeitet, glätten Sie die Flächen mit einer Raspel. Da die Füße des Tisches sich gegen diese Fläche abstützen, müssen sie so rechtwinklig wie möglich ausgearbeitet sein, um beim fertigen Tisch eine ausreichende Stabilität zu gewährleisten. Abschließend können Sie auch das obere Ende des Tischbeines bearbeiten.

Wenn Sie wollen, können Sie in die Oberseite des Tischbeines die Fuge einschneiden, die ursprünglich für die Auflager des Tisches vorgesehen war. Dazu sägen Sie die Oberseite parallel ein und stemmen das Holz zwischen den beiden Einschnitten heraus. Dann passen Sie das in der Materialliste als "Einsatz" bezeichnete Holzstück in diese Fuge ein, bohren zwei Löcher durch das Tischbein und den Einsatz und treiben zwei Holzdübel durch das Ganze. Die überstehenden Enden der Holzdübel sägen Sie ab und schleifen sie plan zur Oberfläche des Tischbeines.

Abschließend schleifen Sie auch die Oberfläche des ganzen Tischbeines, bis diese glatt ist.

Füße

Jedes Tischbein steht auf vier identischen Füßen und einem zentralen Fuß, der ein Teil des Beines selbst ist. Ohne diesen zentralen Fuß wären die vier nicht stabil genug, um den Tisch zu tragen. Schneiden Sie die vier Füße also gemäß der Zeichnung aus und geben ihnen mit Sandpapier ein glatte Oberfläche. Die vier einzelnen Füße müssen um den zentralen herum angeordnet werden und sollten dann gleichmäßig auf dem Boden ruhen.

Bohren Sie zwei Löcher von 19 mm Durchmesser für die Holzdübel durch jeden Fuß, wie in der Zeichnung zu sehen ist. Wenn Sie nun die Füße am Tischbein anhalten, können Sie diese Löcher als Führung verwenden, um Dübellöcher in das Tischbein selbst zu bohren. Sie dürfen allerdings nicht zu tief bohren, da Sie sonst mit dem Bohrer durch die dekorativen Abstufungen an der Basis des Tischbeines hindurch stoßen könnten. Sie können nun die Füße mit den Holzdübeln befestigen, die Überstände absägen und beischleifen.

Auf den ersten Blick erscheint die Befestigung der Füße mit vertikal gesetzten Holzdübeln vielleicht nicht sehr vertrauenswürdig, aber beim Originalstück hat sich diese Befestigungsart bewährt. Soll der Tisch jeden Tag benutzt werden, können Sie noch je einen zusätzlichen Dübel einsetzen, der durch die Seite jedes Fußes hindurch in den zentralen Fuß geht. Bei einer derartigen Befestigung in zwei Richtungen ist die Gefahr dann sehr gering, dass sich die Füße des Tisches lösen.

Zwischenstücke

Wenn Sie Zwischenstücke verwenden wollen, müssen Sie in diese eine Fuge für das Auflager einschneiden. Gehen Sie dabei vor, wie bereits am Ende des Abschnittes "Tischbeine" beschrieben wurde. Machen Sie zwei Einschnitte in die Oberfläche des Zwischenstückes und stemmen das Holz dazwischen heraus. Die so entstandene Fuge verläuft beim Original mit der Maserung des Holzes. Würde sie allerdings quer zur Maserung verlaufen, wäre die Gefahr, dass das Zwischenstück eines Tages bricht, sehr viel geringer.

Nun bohren Sie zwei Löcher mit 13 mm Durchmesser von oben durch Auflager und Zwischenstück und anschließend zwei weitere mit 19 mm Durchmesser durch das Zwischenstück. Dann setzen Sie das Zwischenstück auf das Tischbein und zentrieren es darauf. Verwenden Sie die bereits gebohrten Löcher als Führung und bohren durch diese hindurch 35 bis 50 mm in das Tischbein. Beginnen Sie dabei mit einem der größeren Dübellöcher und schlagen gleich den Dübel ein, damit sich das Zwischenstück auf dem Tischbein nicht verschieben kann.

Sie müssen nun nur noch die Oberflächen von Auflager und Zwischenstück glatt schleifen, gegebenenfalls mit einem Ölfinish versehen und die Tischplatte auflegen.

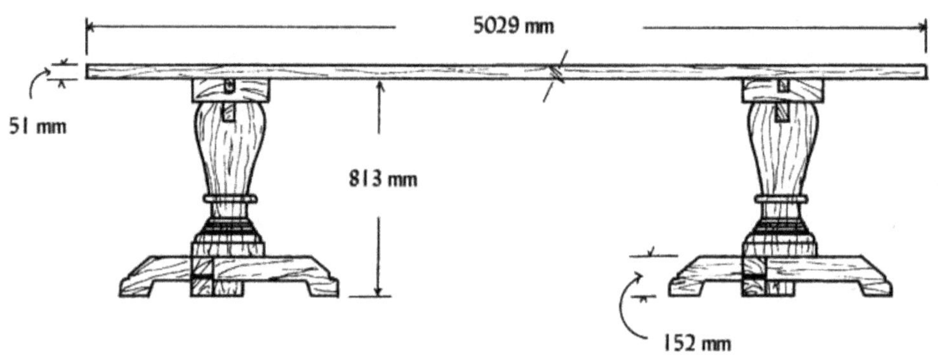

Details des Tischbeins

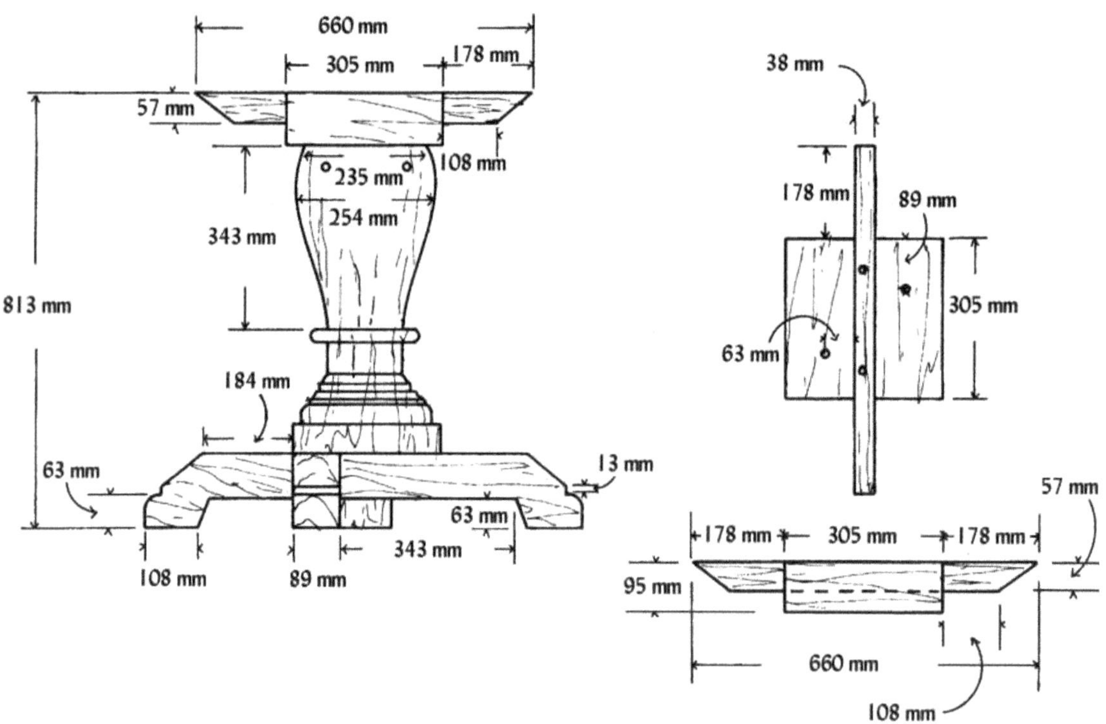

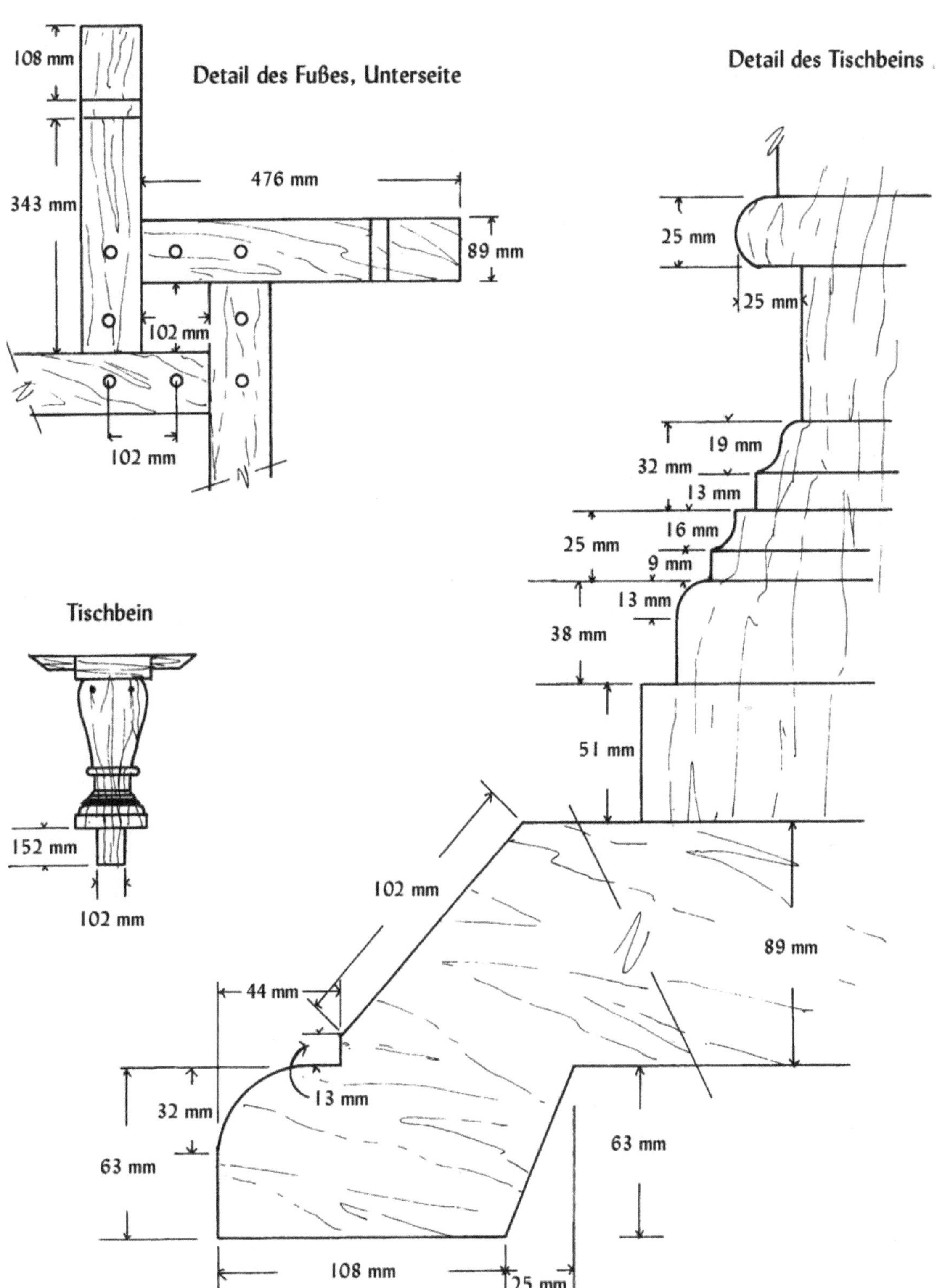
Detail des Fußes, Unterseite
108 mm
343 mm
476 mm
89 mm
102 mm
102 mm
Detail des Tischbeins
25 mm
25 mm
19 mm
32 mm
13 mm
16 mm
25 mm
9 mm
13 mm
38 mm
51 mm
Tischbein
152 mm
102 mm
102 mm
89 mm
44 mm
32 mm
13 mm
63 mm
63 mm
108 mm
25 mm

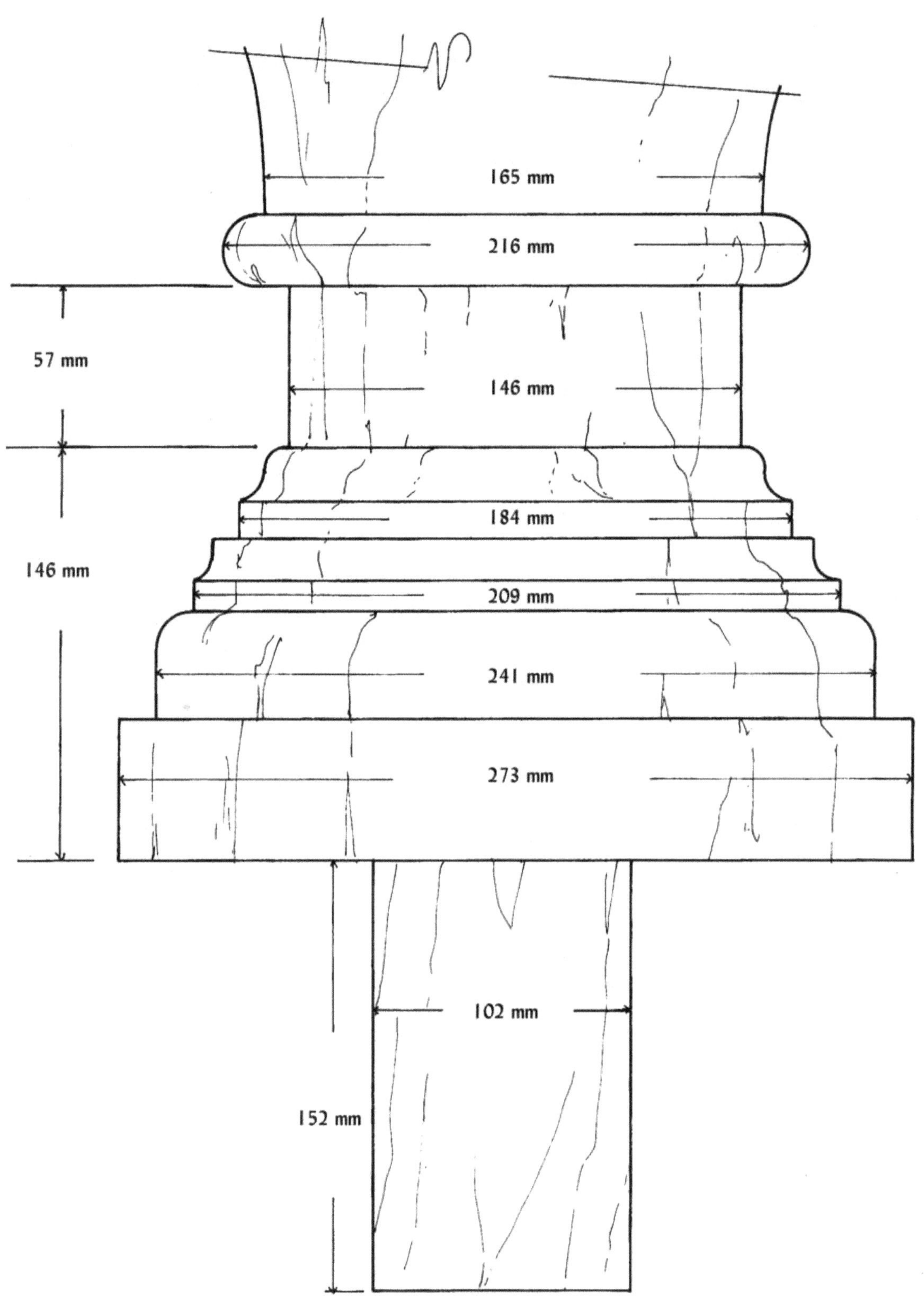
165 mm
216 mm
57 mm
146 mm
146 mm
184 mm
209 mm
241 mm
273 mm
102 mm
152 mm

Truhe

Diese robuste Truhe stammt aus dem 13. Jahrhundert. Sie ist seitdem im Besitz des Merton College in Oxford. 1276 bestimmte Erzbischof Kilwardby, in den Chroniken des Colleges "der Besucher" genannt, dass alle Wertsachen des Colleges in Truhen aufbewahrt werden sollten, von denen zwei über drei Schlösser verfügen sollten. Einige Historiker am Merton College glauben, dass die hier vorgestellte Truhe eine der beiden aus dieser Verordnung ist.

Im Laufe der Zeit wurde die Truhe immer wieder verändert. Der heutige Deckel, der aus zwei Brettern besteht, war früher aus einem Stück gefertigt und stellt somit eine spätere Zutat dar. Auch die drei Schlösser, die auf Wunsch des Erzbischofs angebracht wurden, stammen aus einer Zeit nach der Entstehung der Truhe, da man heute noch sehen kann, wo Verstärkungsbänder entfernt wurden, um den Schlössern Platz zu machen. Ist dies also wirklich eine der Truhen, die auf Bischof Kilwardbys Beschluss angeschafft wurde, müsste sie vor 1276 gebaut und später nach seinen Wünschen verändert worden sein.

Die Truhe war ursprünglich vielleicht auch etwas höher als heute. Die ungewöhnlichen Verzierungen an den Füßen der Truhe lassen vermuten, dass diese Verzierungen einmal aufwändiger waren. Eine Zeichnung, die ein ähnliches aber komplettiertes Bein zeigt, finden Sie am Ende des Kapitels. Man kann annehmen, dass beide Beine abgesägt wurden, weil eines vielleicht Feuchtigkeit ausgesetzt war und zu verrotten drohte, sodass man den Schaden gleichmäßig beseitigen musste.

Bemerkungen zur Konstruktion

Die Truhe ist eine massive Bretterkonstruktion, die durch schwere Metallbänder verstärkt wird. Diese waren dazu gedacht, Diebe von den Wertsachen des Merton College fernzuhalten. Trotz der Größe des Möbelstückes ist die Konstruktion relativ einfach. Die meiste Arbeit kostet es, die Verstärkungsbänder aus Metall zu schmieden, die den Korpus der Truhe umschließen.

Materialien

Wie die meisten Möbel in diesem Buch besteht auch diese Truhe aus Weißeiche. Die Bretter, die beim Bau der Truhe verwendet wurden, sind allerdings so groß, dass die Chancen, passende Bretter im Baumarkt zu erhalten, eher gering sind. Die Vorder- und die Rückwand, der Boden und die Seitenwände müssen deshalb, wie in Kapitel 1 beschrieben, zusammengeleimt werden. Bevor Sie Ihr Holz bestellen, sollten Sie sich überlegen, ob Sie die Füße der Truhe im rekonstruierten, ursprünglichen oder im erhaltenen Zustand bauen wollen, denn für die Füße im Originalzustand müssen Sie bei der Länge der Füße je 102 mm zugeben.

Beine

Die gesamte Konstruktion der Truhe wird von einem "Gerüst", das durch die Beine gebildet wird, gehalten. In dieses Gerüst münden alle anderen Bretter der gesamten Konstruktion und die Beine laufen in die Füße aus, auf denen die Truhe steht.

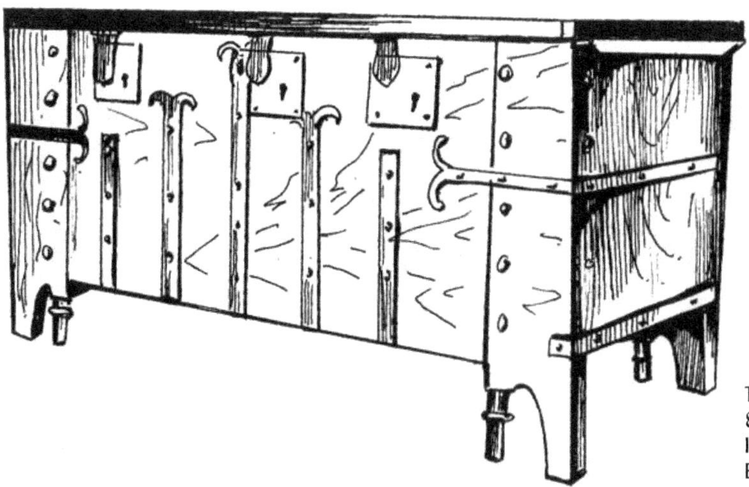

Truhe; England, um 1276; Eiche, Höhe: 832 mm, Breite: 1,753 m, Tiefe: 610 mm. Im Besitz des Merton College, Oxford, England.

Lassen Sie sich die Bretter für die Beine zuschneiden und sägen und schnitzen die Fußverzierungen, bevor Sie die Zapfenlöcher ausschneiden, in welche die Wandbretter später eingesetzt werden müssen. Ist die Truhe nämlich erst einmal zusammengebaut, kommen Sie kaum noch an die Füße heran. Schneiden Sie den Fuß ungefähr 13 mm länger aus als in der Zeichnung angegeben und warten Sie mit dem anfasen der Unterseite der Füße, bis die Truhe ganz zusammengesetzt ist. Dann müssen Sie nämlich den oberen Truhenrand und die Füße nachbearbeiten, um die leichte Einwärtsneigung der Truhenwände auszugleichen.

Sollten Sie aber die Möglichkeit haben, die Kanten der verwendeten Bretter, da wo es erforderlich ist, in einem entsprechenden Winkel vorzuschneiden, ist dies zweckmäßig. Das ist zwar nicht unbedingt authentisch, erspart Ihnen aber eine ganze Menge Arbeit.

Nachdem Sie die Fußverzierungen herausgearbeitet haben, können Sie nun die Zapfenlöcher ausschneiden. Beachten Sie dabei aber, dass diese zwar bis zur Unterkante der Wandbretter reichen, aber nicht bis zur oberen Kante des Beines führen. Dadurch wird die Konstruktion der fertigen Truhe an der Innenseite nicht sichtbar.

Seitenwände

Schneiden Sie die Seitenwände so zu, dass sie, wie in der Zeichnung zu sehen, leicht nach unten zulaufen. Die Bretter sind länger als breit und die Maserung des Holzes sollte vertikal verlaufen. Achten Sie darauf, dass genug Holz für die Zapfen stehen bleibt. Diese müssen ganz bis zur Unterkante der Seitenwände, aber, wie in der Zeichnung gezeigt, nur bis kurz vor die Oberkante reichen.

Vorder– und Rückwand

Wenn Sie die Zapfen an der Vorder- und der Rückwand ausschneiden, müssen Sie ca. 13 mm zusätzliches Material oben und unten stehen lassen, damit sie der leichten Einwärtsneigung der Wände Rechnung tragen können. Sie können die Ober- und Unterkante der Vorder- und Rückwand, wie übrigens auch die der Seitenwände, natürlich auch gleich in einem 2-Grad-Winkel zuschneiden. Allerdings müssen Sie dann sicher gehen, dass beide Kanten genau parallel verlaufen.

Schneiden Sie die Zapfen der Zeichnung gemäß aus den Schmalseiten der Vorder- und Rückwand heraus. Auch hier dürfen die Zapfen nicht bis zur Oberkante des Brettes reichen.

Sie können nun versuchen, Beine und Wände ein erstes Mal zusammenzusetzen. Wenn Sie beim Ausschneiden der Zapfen und der entsprechenden Löcher sorgfältig vorgegangen sind, sollten sie gut ineinander passen und die zusammengesetzten Einzelteile ohne Unterstützung stehen können.

Boden

Beachten Sie, dass das Bodenbrett in eine einfache Fuge in Vorder- und Rückwand und den Seitenwänden passt. Das einzige, was den Boden daran hindert herauszufallen, ist eine Nut, die durch jedes der Beine der Truhe verläuft.

Wenn Sie die Kanten der Ober- und Unterseite der Vorder- und Rückwand bereits winklig zugeschnitten haben, gestaltet sich das Ausarbeiten der Fuge für das Bodenbrett an der Unterkante sehr viel einfacher, auch wenn dies nicht ganz der mittelalterlichen Vorgehensweise entspricht. Markieren Sie die Position des Bodenbrettes an der Innenseite der Beine. Haben Sie die Kanten von Vorder- und Rückwand nicht winklig vorgeschnitten, ist der Boden auf gleicher Höhe mit der Innenkante dieser Bretter. Die Außenkante wird wegen des rechten Winkels etwas tiefer liegen.
Nehmen Sie nun die Vorder- und Rückwand, Seitenwände und Beine wieder auseinander und schneiden die Nut für das Bodenbrett in die Beine, dort wo Sie vorher die Markierungen angebracht haben. Diese Nut führt nicht durch die gesamte Innenseite des Beines, sondern hört 22 mm vor der Außenkante auf. Wenn die Nut nämlich über die ganze Innenseite des Beines der Truhe verlaufen würde, wäre nach dem Zusammenbau ein Loch in jedem Truhenbein sichtbar.
Die Fuge in der Vorder- und Rückwand sowie den Seitenwänden lässt sich relativ einfach ausarbeiten. Die Fuge in den Seitenwänden ist einfach rechtwinklig, entspricht der Stärke des Bodenbrettes und ist 16 mm tief. Die Fuge in Vorder- und Rückwand

aterialliste

Holz

Alle Teile sind aus Eichenholz.

Teil	Anzahl	Stärke	Breite	Länge
Beine	4	57 mm	197 mm	825 mm
Vorder- bzw. Rückwand	2	38 mm	610 mm	1,308 m
Deckel	2	32 mm	305 mm	1,753 m
Deckelleisten	2	32 mm	38 mm	572 mm
Boden	2	32 mm	483 mm	1,607 m
Seitenwände	2	38 mm	521 mm	584 mm

Metallteile

Teil	Anzahl	Stärke	Breite	Länge
Lange Bänder	2	3 mm	38 mm	1,575 m
Kurze Bänder	4	3 mm	38 mm	711 mm
Deckelbänder	3	3 mm	32 mm	635 mm
Schlossbänder	3	3 mm	44 mm	533 mm
Kurze Scharnierbänder	2	3 mm	32 mm	1,549 m
Langes Scharnierband	1	3 mm	32 mm	1,778 m
Korpusbänder	2	3 mm	32 mm	1,295 m
Schlossspangen	3	3 mm	57 mm	152 mm
Schlossplatten	3	2 mm	133 mm	127 mm
Schlosskrampen	3	3 mm	6 mm	216 mm

hat die gleichen Maße, ist aber nicht rechtwinklig, sondern die Seite der Fuge, die gegen das Bodenbrett stößt, muss einen 2-Grad-Winkel aufweisen.
Sind alle Fugen ausgeschnitten, können die Holzteile zusammengesetzt werden. Das noch nicht endgültig fertiggestellte Möbelstück sollte ohne die Unterstützung von Nägeln oder Bändern stehen können.

Deckel

Der Zusammenbau des Deckels erfolgt, indem die Bretter für den Deckel gemäß der Zeichnung auf die beiden Endleisten genagelt werden. Dazu nehmen Sie Nägel mit großen Köpfen, die an der Außenseite des Deckels sichtbar bleiben.

Zusammenbau

Die großen, 44 mm langen Nägel, welche die Truhe zusammenhalten, sind ziemlich ungewöhnlich. Die Köpfe haben einen Durchmesser von 22 mm und sind 9 mm hoch. Sie sind völlig glatt und sehen aus, als ob sie gegossen wären – dies wäre für die Zeit um 1276 aber recht ungewöhnlich. Es ist wahrscheinlicher, dass sie nach dem Schmieden glatt geschliffen wurden. Sie können solche Nägel selbst herstellen, indem Sie geschmiedete Nägel mit großen Köpfen auf einer Drehbank glatt drehen. Oder Sie bauen die Truhe mit Standardnägeln zusammen und bringen dekorative Nagelköpfe aus dem Polsterbedarf über den eigentlichen Nägeln an.
Bevor Sie sich aber ans Zusammennageln machen, halten Sie die Truhe mit Schraubzwingen zusammen und bohren Sie Führungslöcher für die Nägel, damit dass Eichenholz beim Nageln nicht reißen kann. Positionieren Sie die Nägel nicht über den Fugen zwischen den Beinen und den Wänden der Truhe, aber so, dass sie durch die Zapfen verlaufen.
Wenn Sie die Ober- und Unterkanten der Truhe noch nicht beigeschliffen haben, können Sie das jetzt tun. Stellen die dazu die Truhe aufrecht hin und gehen dann mit einem Zugmesser oder einem Hobel ans Werk. Ebenso müssen Sie die Füße der Truhe eben abschleifen, damit sie einen festen Stand erhält, die Unterkanten der Wände werden dem Boden der Truhe mit Zugmesser und Hobel angeglichen.

Bänder und Beschläge

Die Bänder, welche die Truhe vertikal umschließen, verstärken ihren Boden und drei von ihnen bilden die Scharniere, die am Deckel befestigt sind. Diese Bänder sind etwas schmaler als die, welche horizontal um die Truhe laufen.
Die beiden äußersten Bänder wurden seinerzeit noch im heißen Zustand an Ort und Stelle angeschmiedet und an der Vorderwand gekürzt, um Platz für die beiden äußeren Schlösser zu schaffen. Das mittlere und längste Band lässt noch das ursprüngliche Schlüsselloch erkennen und verrät damit, wo sich einst das Schloss dieser Truhe befand. Dieser verbreiterte Teil des Bandes lässt sich am schwierigsten fertigen. Sie können Band und Schlossplatte aus einem breiteren Stück Metall als die übrigen Bänder schmieden und das Band dann auf die richtige Breite in gesamter Länge zuschneiden oder, falls Sie die Bänder dieser Truhe aus Bandstahl herstellen wollen, die Schlossplatte gesondert schmieden und später an das Band anschweißen.
Die besonderen Anweisungen für das Schmieden der dekorativen Details finden Sie in Kapitel 2.
Die drei Bänder, welche die Seitenwände umschließen, sind alle unterschiedlich lang, wobei das mittlere eindeutig das längste ist. Auf der Rückseite der Truhe läuft dieses Band jeweils über die Scharnierbänder des Deckels hinweg – eine besondere Sicherheitsmaßnahme. Die beiden übrigen Bänder umschließen jeweils nur die Ecken der Truhe, was ausreicht, um die Konstruktion zusätzlich zu stabilisieren.
Die Bänder auf der Unterseite des Truhendeckels verstärken ihn nicht nur, sondern setzen sich auch in die Spangen der Schlösser fort. Deshalb muss an einem Ende dieser Bänder natürlich je eine Scharnierhälfte sitzen, wobei die obere Kante der Spange die andere Hälfte bildet. Die Pikform der Spangen wurde im Mittelalter in Form geschmiedet, aber Sie können diese Form natürlich auch einfach aus einem breiteren Streifen Metall ausschneiden.
Wenn Sie alle Bänder und Scharniere ausgeschnitten und nach der Anleitung in Kapitel 2 in Form geschmiedet haben, bohren Sie gemäß den Zeichnungen Löcher für die Befestigungsnägel hinein und nageln diese auf der Truhe fest.

Vorderansicht

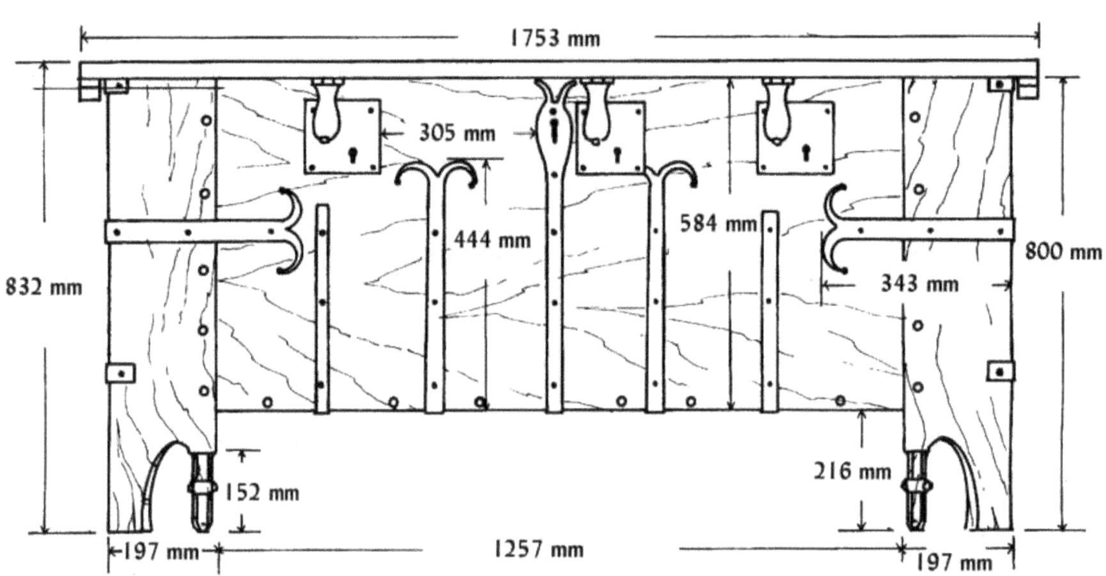

Rückansicht

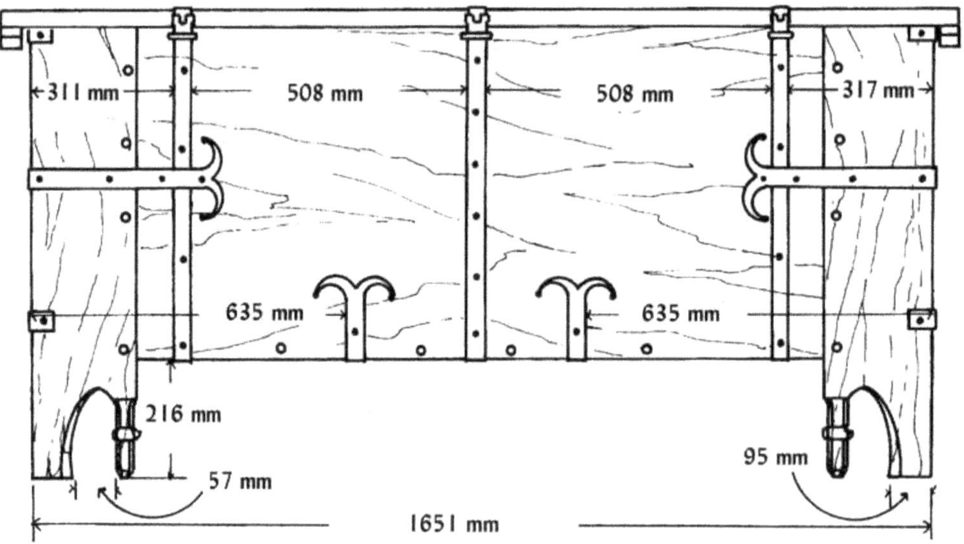

Vorderansicht, Detail der rechten Seite

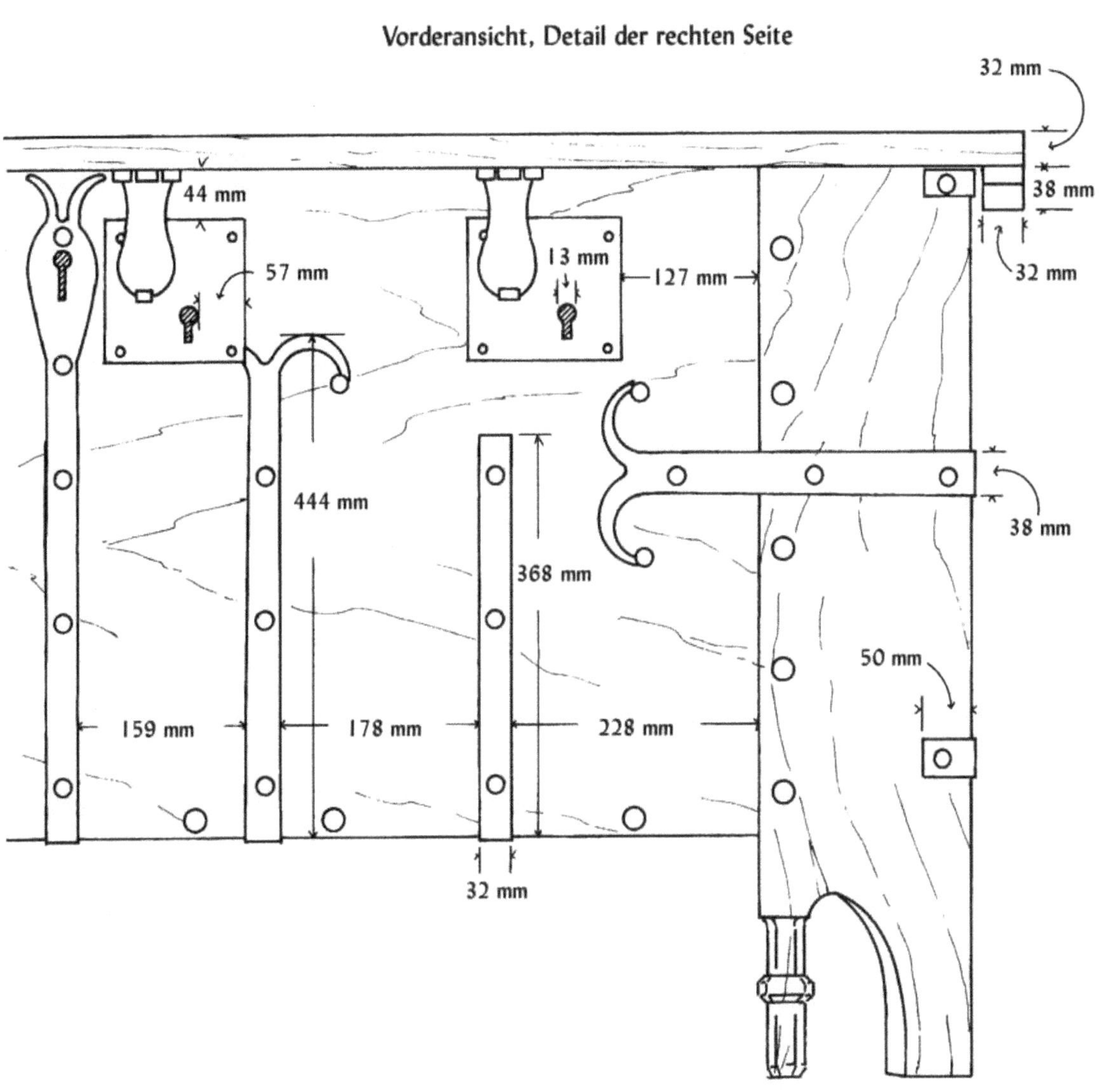

Rückansicht, Detail der linken Seite

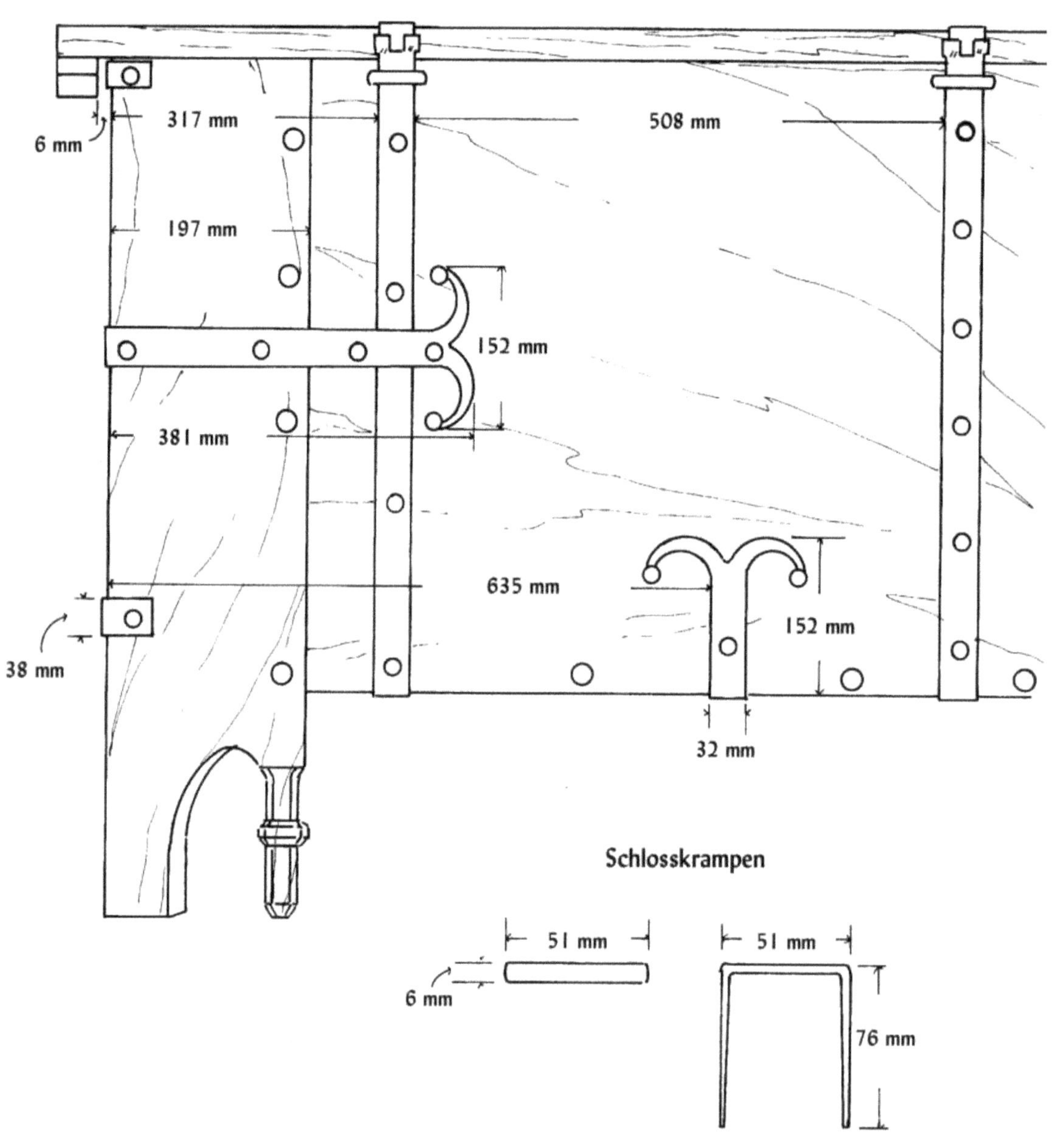

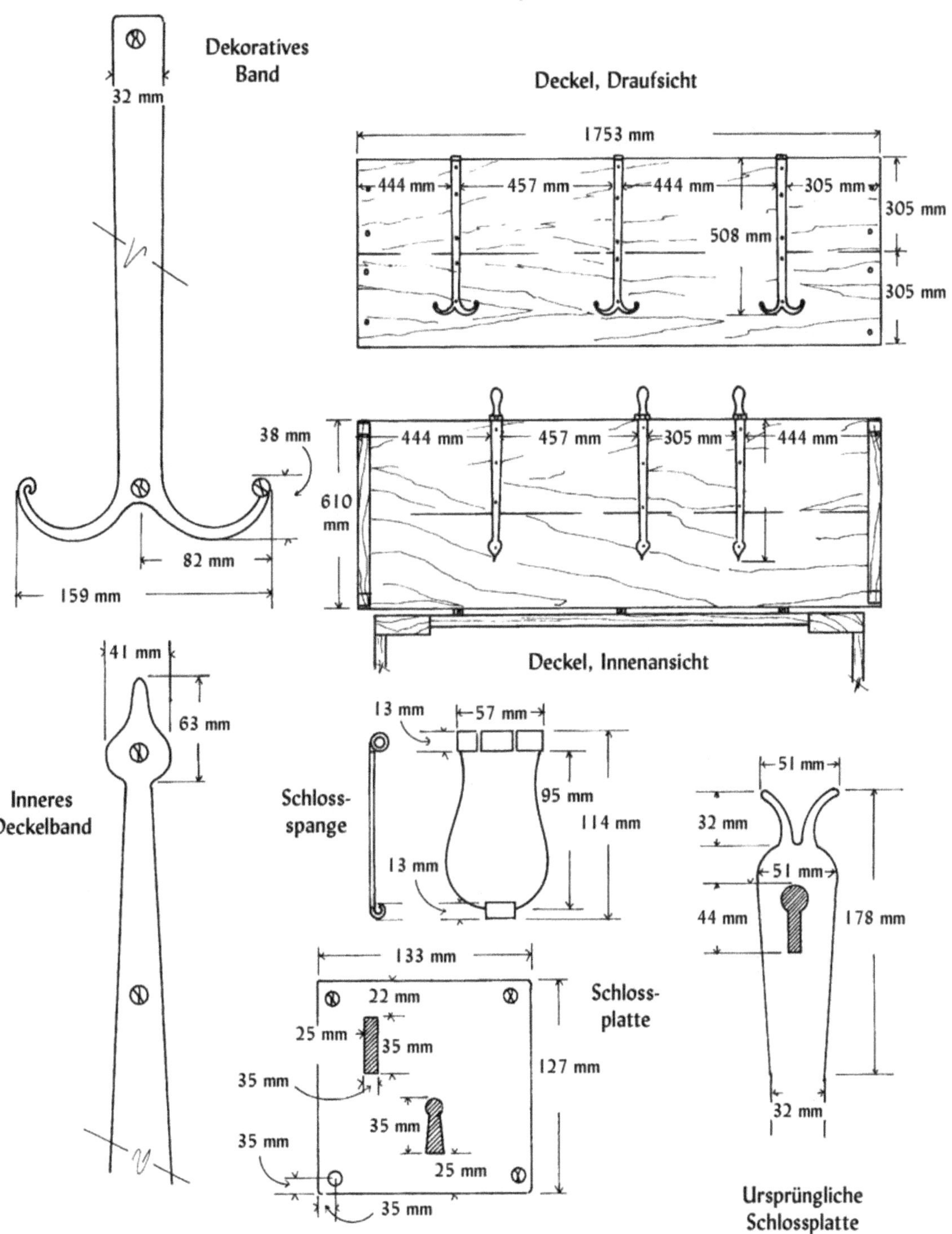

Dekoratives Band
32 mm
38 mm
82 mm
159 mm
Deckel, Draufsicht
1753 mm
444 mm
457 mm
444 mm
305 mm
305 mm
508 mm
305 mm
444 mm
457 mm
305 mm
444 mm
610 mm
Deckel, Innenansicht
41 mm
63 mm
Inneres Deckelband
13 mm
57 mm
Schloss-spange
95 mm
114 mm
13 mm
51 mm
32 mm
51 mm
44 mm
178 mm
32 mm
133 mm
22 mm
25 mm
35 mm
Schloss-platte
127 mm
35 mm
35 mm
35 mm
25 mm
35 mm
Ursprüngliche Schlossplatte

Seitenansicht, Konstruktionsdetail

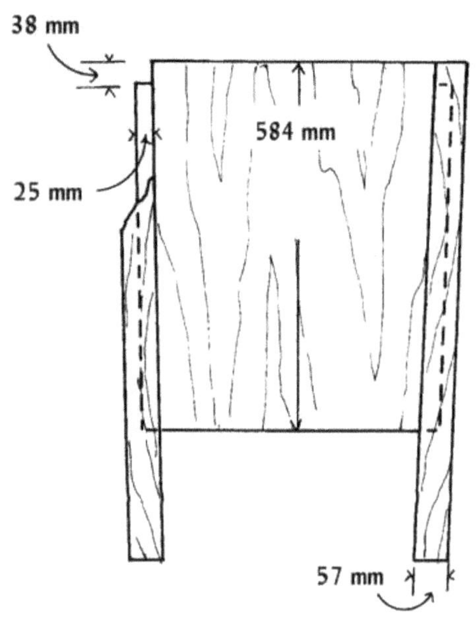

Seitenansicht

32 mm
584 mm
470 mm
793 mm
216 mm
260 mm
209 mm
432 mm
57 mm
419 mm

Vorderansicht, Konstruktionsdetail

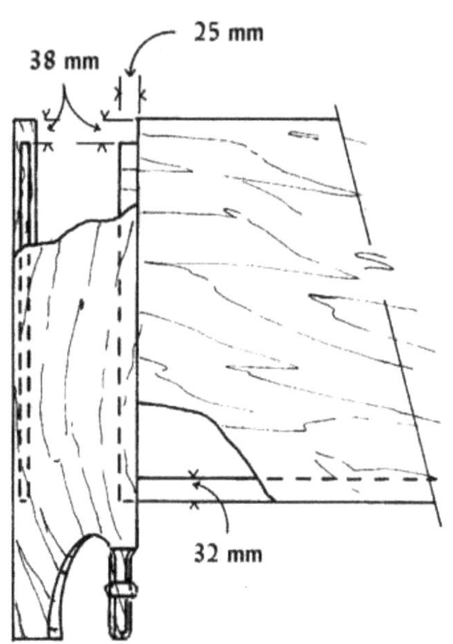

Schnittzeichnung

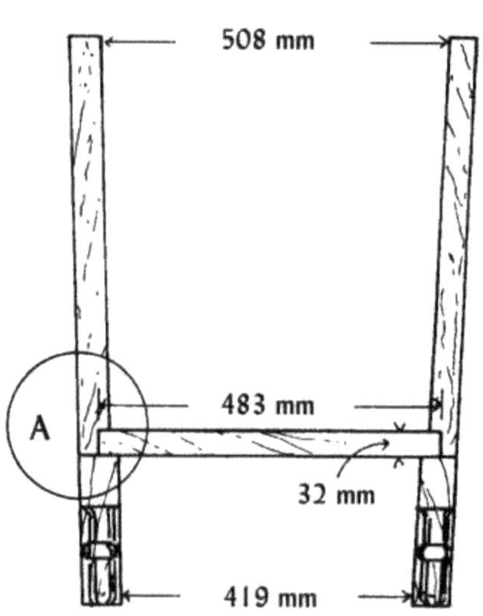

Mögliche Rekonstruktion des ursprünglichen Fußes

Detailansicht des Fußes

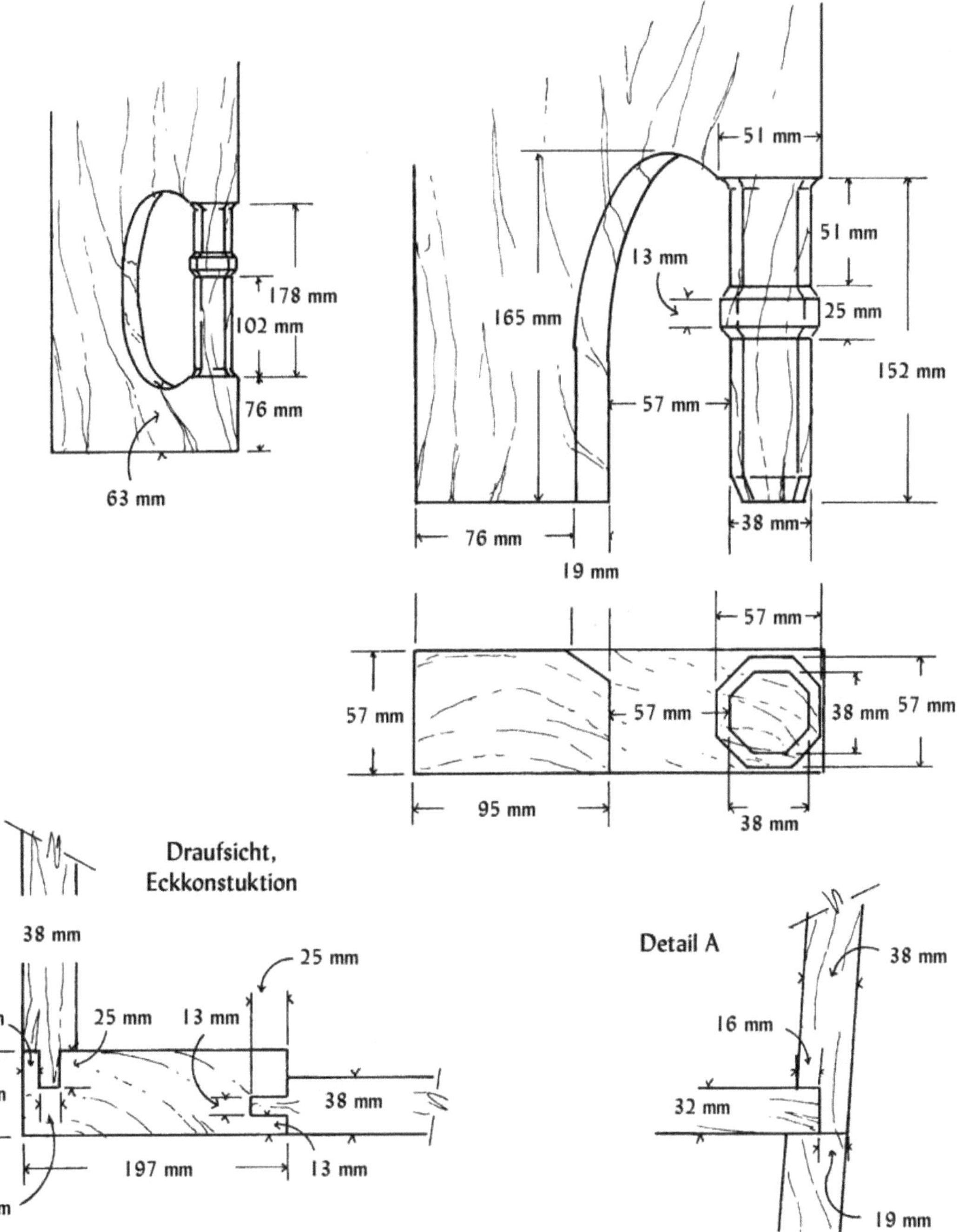

Kleidertruhe

Die katholische Kirche war durch ihre Macht und ihren Ritus einer der ordnenden Faktoren im Mittelalter. Wechselten sich in den Staaten Europas Krieg und Frieden, Bündnisverträge und Kriegserklärungen miteinander ab, brachte die Kirche etwas Kontinuität in diese turbulenten Zeiten.

Die liturgischen Gewänder, die vom Klerus getragen wurden, waren damals ein Zeichen der Macht – je mehr Geld ein ambitionierter Kleriker in sein Habit stecken konnte, desto mehr Macht strahlte er aus.

Wurden die prächtigen Gewänder gerade nicht gebraucht, wurden sie in nicht minder prächtigen Behältnissen untergebracht – ein solches ist die hier vorgestellte Kleidertruhe. Diese eichene Truhe gehörte vermutlich einem der Kapläne von Haddon Hall, Derbyshire. Die Form der Wappen auf der Vorderseite der Truhe lässt eine Entstehungszeit um die Mitte des 14. Jahrhunderts vermuten. Seit dieser Zeit gehört die Truhe zum Besitz von Haddon Hall und wurde nur einmal bewegt, als sie von ihrem ursprünglichen Platz in der Kapelle zu Ihrem heutigen Aufstellungsort in der langen Galerie gebracht wurde.

Bemerkungen zur Konstruktion

Diese massive Kleidertruhe ist sowohl in ihren Ausmaßen als auch in der Menge des benötigten Materials geradezu monumental. Wenn Sie bei sich zu Hause nicht über ausreichend Platz verfügen, können Sie die Truhe durchaus auch kleiner nachbauen, denn im Mittelalter gab es Truhen in allen Größen, mit jeder erdenklichen Menge von Verzierungen versehen und mit den verschiedensten Sicherheitsvorkehrungen ausgestattet.

Was die Truhe so interessant macht, ist, dass sie, obwohl sie aus einer recht frühen Periode stammt, bereits Schwalbenschwanzverbindungen an den Ecken aufweist. Obwohl sie an diesem Möbel noch recht rudimentär sind, stellen sie doch einen gewaltigen Fortschritt in der Möbeltischlerei dar.

Materialien

Das Original wurde vollständig, einschließlich der Holzdübel, aus Eichenholz hergestellt. Die verwendeten Bretter spaltete man augenscheinlich mit Keilen und bearbeitete sie dann mit einem Zimmermannsbeil, bevor man sie mit einem Zugmesser glättete.

Da die Bretter, die Sie für den Nachbau benötigen, recht groß sind, werden Sie diese aus kleineren Brettern zusammenleimen müssen. (s. Kapitel 1)

Deckel

Die beiden Bretter, die beim Originalstück den Deckel bilden, wurden mit Holzdübeln verbunden. Durch die Belastung, die auf diesen Dübeln liegt, brachen sie schon vor langer Zeit. Sie können die Belastung kompensieren, wenn Sie Holzdübel mit einem Durchmesser von 19 mm statt 16 mm wie beim Original verwenden.

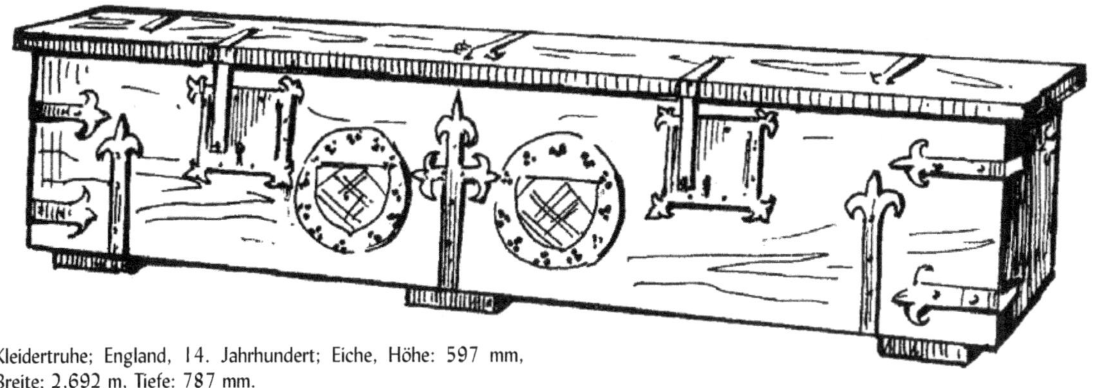

Kleidertruhe; England, 14. Jahrhundert; Eiche, Höhe: 597 mm, Breite: 2,692 m, Tiefe: 787 mm.
Haddon Hall, Bakewell, England.

Legen Sie die beiden Bretter mit den Kanten, die miteinander verdübelt werden sollen, nebeneinander und markieren sie in Abständen von je 100 mm die Punkte für die Dübel. Achten Sie darauf, dass diese Markierungen einander genau gegenüber liegen. Haben Sie die entsprechenden Punkte markiert, können die Löcher für die Dübel gebohrt werden. Damit diese die beiden Bretter des Deckels auch stabil miteinander verbinden können, sollten die Löcher ca. 60 mm tief sein. Sie können die Dübel leicht anspitzen, damit sie leicht in das vorgesehene Loch gleiten; am besten schlagen Sie diese immer abwechselnd erst in das eine dann in das andere Brett ein.

Nun legen Sie die Bretter auf einem ebenen Untergrund nebeneinander und treiben sie durch leichte Schläge zusammen oder, noch besser, ziehen sie mit Schraubzwingen zusammen. Die Bretter sollten auf der gesamten Länge gleichmäßig zusammengebracht werden, da sich die Dübel sonst verbiegen und die Bretter nicht mehr fugenlos nebeneinander liegen könnten. Je dichter die Bretter nämlich durch die Dübel verbunden werden, desto geringer ist die Gefahr, dass die Dübel brechen. Ursprünglich wurden die Deckelbretter nur durch die Dübel verbunden, aber etwas Leim entlang der Kanten, würde die Verbindung natürlich noch verstärken.

Wenn die Bretter miteinander verbunden sind, können Sie die Fase an drei Seiten des Deckels markieren. Schneiden Sie diese dann mit einem Zugmesser in die Vorderseite und die rechte und linke Seite des Deckels. Die Rückseite bleibt flach, um den Scharnieren mehr Halt zu geben.

Schwalbenschwanzverbindungen

Jede Kante der Truhe wurde mit einer dreifachen Schwalbenschwanzverbindung versehen. Je einer der drei keilförmigen Schwalbenschwänze ist an der Vorderseite der Kiste an der rechten bzw. der linken Kante sichtbar. Die beiden übrigen Schwalbenschwänze werden jeweils von einer metallenen Klammer verdeckt, welche die Kanten verbindet.

Zeichnen Sie die Schwalbenschwänze an den Wänden der Truhe an und schneiden diese mit einer Stichsäge aus. Bei einer Stärke des Eichenholzes von 63 mm ist das nicht gerade einfach, aber gerade dieses Detail macht die Konstruktion der Truhe so stabil. Schneiden Sie sicherheitshalber immer einen Schwalbenschwanz nach dem anderen aus und markieren Sie ihn dann jeweils auf dem Holzstück in das er später hineinpassen soll. Das ist so wichtig, weil sich beim Aussägen automatisch immer kleinere Unregelmäßigkeiten ergeben und Sie beim Zusammenbau ja wissen müssen, welches Teil wohin gehört.

Wenn Sie alle Wandbretter mit Schwalbenschwänzen versehen haben, können Sie die Wände zusammenbauen. Dabei sollten die Bretter auf einer ebenen Fläche stehen. Vorher müssen Sie sich aber entscheiden, ob die Schnitzereien in der Vorderwand der Truhe vor oder nach dem endgültigen Zusammenbau ausgeführt werden sollen. Wenn Sie die Wappen zuerst ausschnitzen wollen, legen Sie das Brett für die Vorderwand auf Ihre Werkbank und gehen zu dem Abschnitt dieses Kapitels über Schnitzereien weiter. Ansonsten können Sie nun mit der Konstruktion des Truhenbodens weitermachen.

Boden

Der Truhenboden besteht beim Original aus zwei annähernd gleich breiten Brettern. Ob diese beiden Bretter genau wie der Deckel durch Dübel verbunden sind, lässt sich nicht feststellen, aber da die Wände der Truhe und der Boden ebenfalls miteinander verdübelt sind, ist dies anzunehmen.

Vergewissern Sie sich, dass die Wände der Truhe genau rechtwinklig zueinander stehen und schneiden die Bodenbretter so zu, dass sie genau in das Innere der Truhe passen. Dann nehmen Sie die Bretter wieder heraus und verbinden sie mit Hilfe von Dübeln genau so, wie Sie es schon beim Deckel gemacht haben. Den fertigen Boden legen Sie dann wieder zwischen die Wände der Truhe.

Wenn die Unterkanten der Truhenwände und der Boden gleichmäßig auf der Arbeitsfläche aufliegen, können Sie die insgesamt sechs Löcher für die Holzdübel an Vorder- und Rückwand markieren und ca. 60 mm tief in das Bodenbrett durch die Wandbretter bohren. Bedenkt man die massive Konstruktion dieser Truhe, waren die Holzdübel sicher nicht die einzige Befestigung des Bodens in der Truhe, sondern lediglich dazu

Materialliste

Holz

Alle Teile sind aus Eichenholz. Die Holzdübel bestehen aus Ahorn oder Birke.

Teil	Anzahl	Stärke	Breite	Länge
Vorder- und Rückwand	2	63 mm	540 mm	2,642 m
Seitenwände	2	63 mm	540 mm	768 mm
Boden	2	63 mm	321 mm	2,515 m
Deckel	1	57 mm	356 mm	2,692 m
Deckel	1	57 mm	432 mm	2,692 m
Holzdübel	1	16 mm (rund)		5,715 m

Metallteile

Teil	Anzahl	Stärke	Breite	Länge
Klammern vorn	4	3 mm	38 mm	597 mm
Klammern hinten	4	3 mm	38 mm	648 mm
Befestigungsnägel	32	3 mm	38 mm	102 mm
Schlossbänder	2	3 mm	51 mm	457 mm
Schlossspangen	2	2 mm	51 mm	356 mm
Schlossplatten	2	2 mm	241 mm	305 mm
Äußere Scharnierbänder	2	3 mm	63 mm	1,797 m
Äußere Deckelbänder	2	3 mm	63 mm	737 mm
Mittleres Scharnierband	1	3 mm	76 mm	1,867 m
Mittleres Deckelband	1	3 mm	76 mm	762 mm
Mittlere Bandspitzen	4	3 mm	102 mm	127 mm
Krampen	4	3 mm	13 mm	330 mm

gedacht, den Boden zu unterstützen, bis die Metallbänder angebracht waren.

Schnitzarbeiten

Vergrößern Sie die Zeichnungen von den Schnitzereien auf den folgenden Seiten per Hand oder mit Hilfe eines Fotokopiergerätes bis zur gewünschten Größe. Beide Schnitzereien unterscheiden sich nur durch das eigentliche Wappen. Das umlaufende Maßwerkband ist bei beiden Schnitzereien gleich.

Wenn Sie nun die Zeichnung auf die Vorderwand der Kiste übertragen haben, können Sie das Schnitzmesser ansetzen. Dabei müssen Sie beachten, dass das Relief unterschiedlich hoch ist. Das eigentliche Motiv des Wappens liegt auf gleicher Höhe wie die Oberfläche der Truhe. Der Schild selbst liegt 6 mm und der kreisförmige Hintergrund nochmals 6 mm tiefer. Die Rundbögen und die Dreipässe des umlaufenden Maßwerkes liegen dagegen nur etwas tiefer als die Oberfläche der Vorderwand.

Bänder und Beschläge

Die Kanten der Truhe werden mit horizontal angebrachten Klammern verstärkt, wobei die an den Vorderkanten 51 mm kürzer als die hinteren sind. Da die dekorativen Enden dieser Klammern breiter sind als die eigentliche Klammer, müssen Sie das Ganze aus breiterem Bandstahl schmieden und anschließend zuschneiden – oder Sie schmieden die Enden der Klammer einzeln und schweißen diese an das schmalere Band an. Ist das geschehen, können Sie die Löcher für die Befestigungsnägel hinein bohren und die Klammern mit geschmiedeten Nägeln von 38 mm Länge annageln.

Die vertikalen Bänder auf der Kiste verstärken sie nicht nur, sondern bilden auch einen Teil der Deckelscharniere. Die beiden Bänder ganz links und ganz rechts zeigen die gleichen dekorativen Enden wie die Klammern an den Ecken und die Spangen der Schlösser.

Die dekorative Lilienform der Enden des mittleren Bandes dagegen sind eigenständige Bauteile. Schneiden und schmieden Sie diese aus Bandstahl aus und platzieren sie unter jeweils einem Ende des mittleren Bandes. Erhitzen Sie nun das oben liegende Band und schmieden es so lange, bis es mit dem Lilienornament flach auf der Truhe aufliegt.

Das Band des großen zentralen Scharniers auf dem Truhendeckel läuft in zwei Bogenformen aus. Diese können aus demselben Bandstahl wie das Scharnier selbst geschmiedet werden. Nur die kleinen Lilien am Ende sollten wiederum separat geschmiedet und dann angeschweißt werden.

Wenn Sie den Truhendeckel auf der Truhe anbringen, achten Sie darauf, dass der eine Teil der Scharniere an der Rückseite leicht überhängt. Nun müssen Sie die ganze Truhe auf zwei Holzblöcke stellen, damit die vertikalen Bänder, welche ja den anderen Teil der Scharniere bilden, unter dem Truhenboden durchgeführt und entsprechend der Truhenform gebogen werden können. Nageln Sie die Bänder fest, aber vergessen Sie nicht, die Nagellöcher jedes Mal vorzubohren.

Anschließend schmieden Sie die Schlossspangen gemäß den Zeichnungen in diesem Kapitel und den Anweisungen in Kapitel 2, sodass sie der Kontur der Vorderkante des Truhendeckels entsprechen und bringen sie am Deckel an.

Schneiden Sie die Schlossplatten der Zeichnung gemäß aus und schmieden die vier Befestigungskrampen. Diese sollten höher als breit sein. Die Enden der Krampen müssen, wie in der Zeichnung angegeben, anschließend noch spitz zugefeilt werden.

Durch die Schlossplatte werden nun rechteckige Löcher gebohrt, welche die spitzen Enden der Krampen aufnehmen müssen. Positionieren Sie die Schlossplatten hinter den Schlossspangen und bohren die Führungslöcher für die Krampen und die Befestigungsnägel.

Nageln Sie die Schlossplatten auf der Oberfläche der Truhe fest, dann stecken Sie die Krampen durch die Schlossplatten und die Führungslöcher. Anschließend biegen Sie die Spitzen der Krampen an der Innenseite der Truhe mit einem Hammer um.

Zum Schluss bekommt die ganze Kleidertruhe noch ein Ölfinish, wie in Kapitel 3 beschrieben.

Vorderansicht

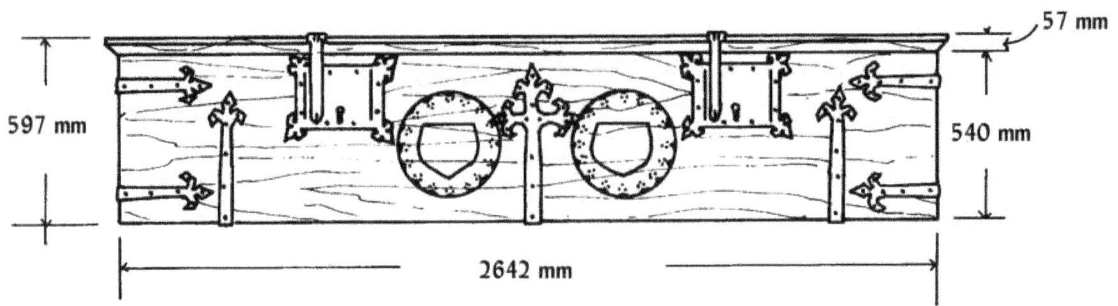

Oberseite des Deckels

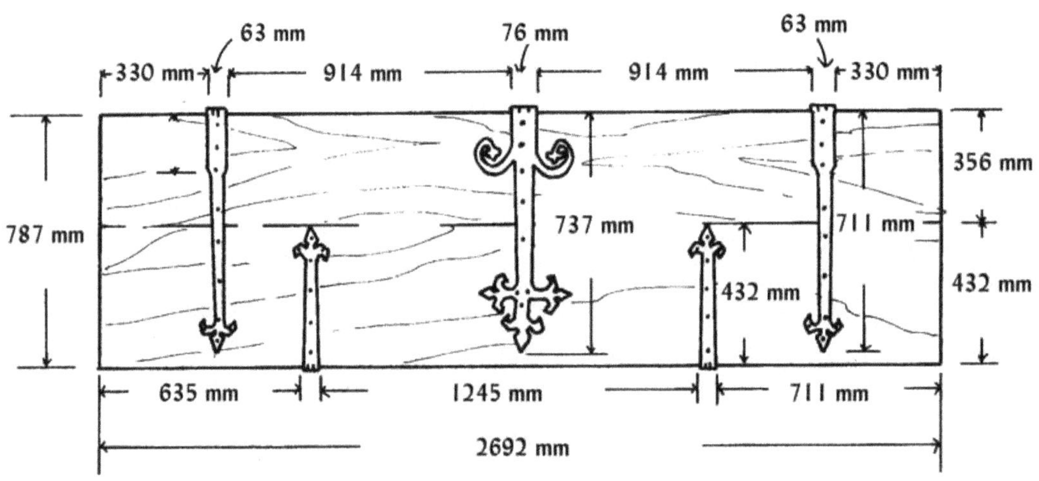

Rückansicht

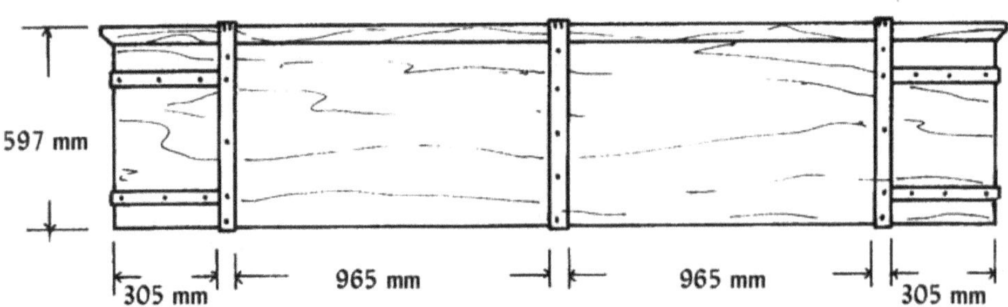

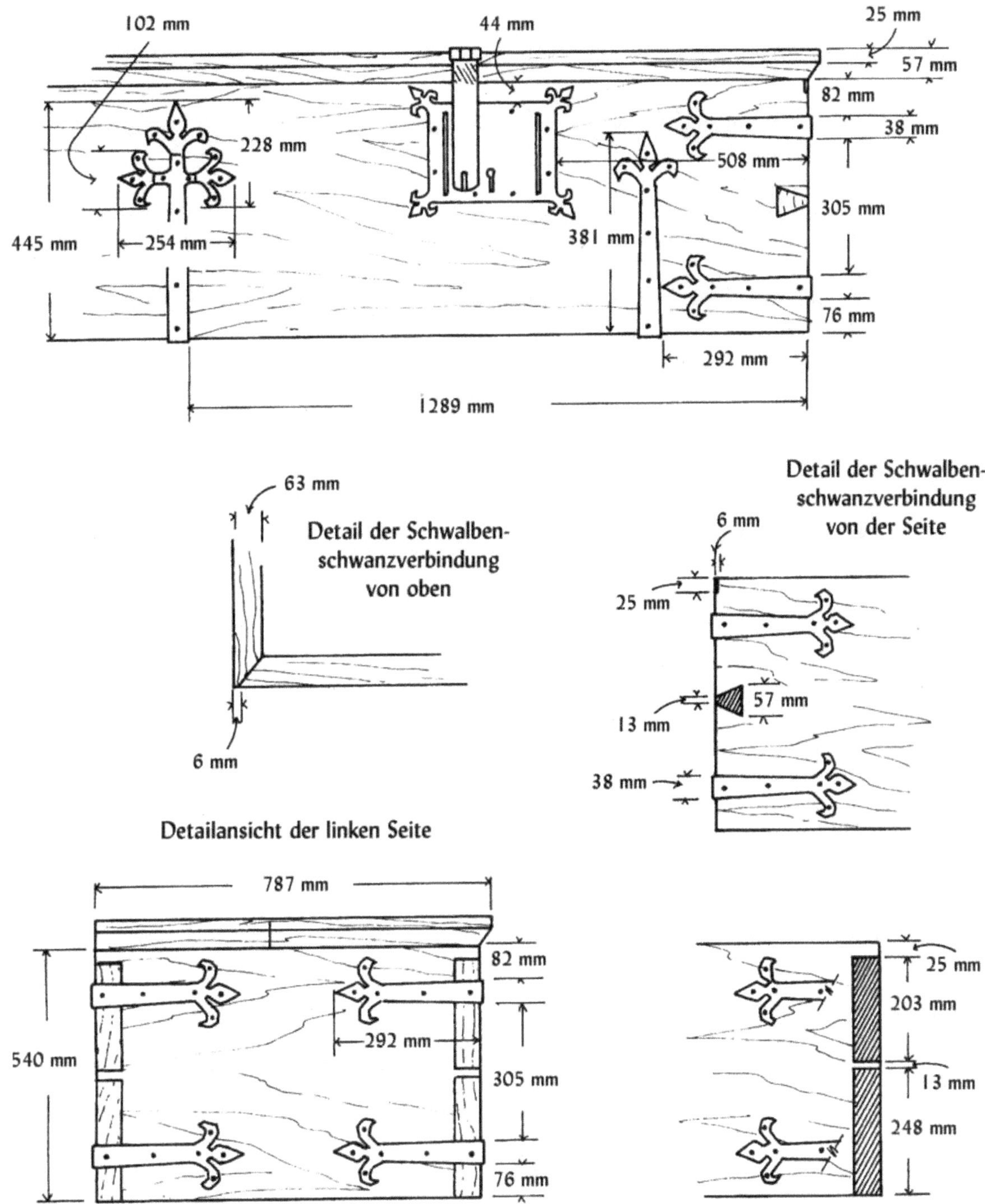
Detailansicht der vorderen rechten Seite
102 mm
44 mm
25 mm
57 mm
82 mm
38 mm
228 mm
508 mm
305 mm
445 mm
254 mm
381 mm
76 mm
292 mm
1289 mm
63 mm
Detail der Schwalbenschwanzverbindung von oben
6 mm
Detail der Schwalbenschwanzverbindung von der Seite
6 mm
25 mm
13 mm
57 mm
38 mm
Detailansicht der linken Seite
787 mm
82 mm
540 mm
292 mm
305 mm
76 mm
768 mm
63 mm
25 mm
203 mm
13 mm
248 mm

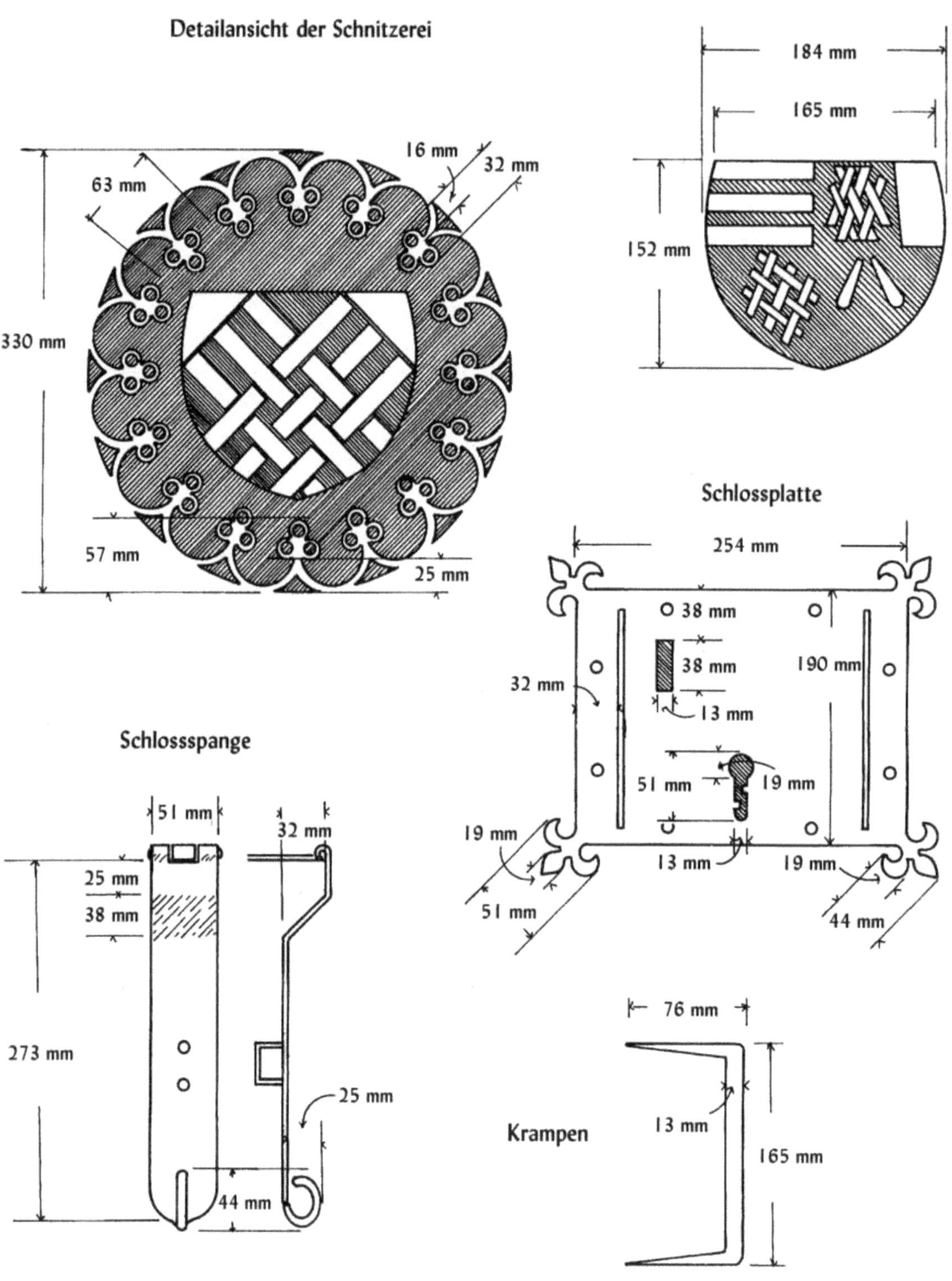
Detailansicht der Schnitzerei
16 mm
32 mm
63 mm
330 mm
57 mm
25 mm
184 mm
165 mm
152 mm
Schlossplatte
254 mm
38 mm
38 mm
190 mm
32 mm
13 mm
51 mm
19 mm
19 mm
13 mm
19 mm
51 mm
44 mm
Schlossspange
51 mm
32 mm
25 mm
38 mm
273 mm
25 mm
44 mm
76 mm
Krampen
13 mm
165 mm

Zusammenbau des Scharnieres

114 mm
41 mm
102 mm
44 mm
203 mm
13 mm
63 mm

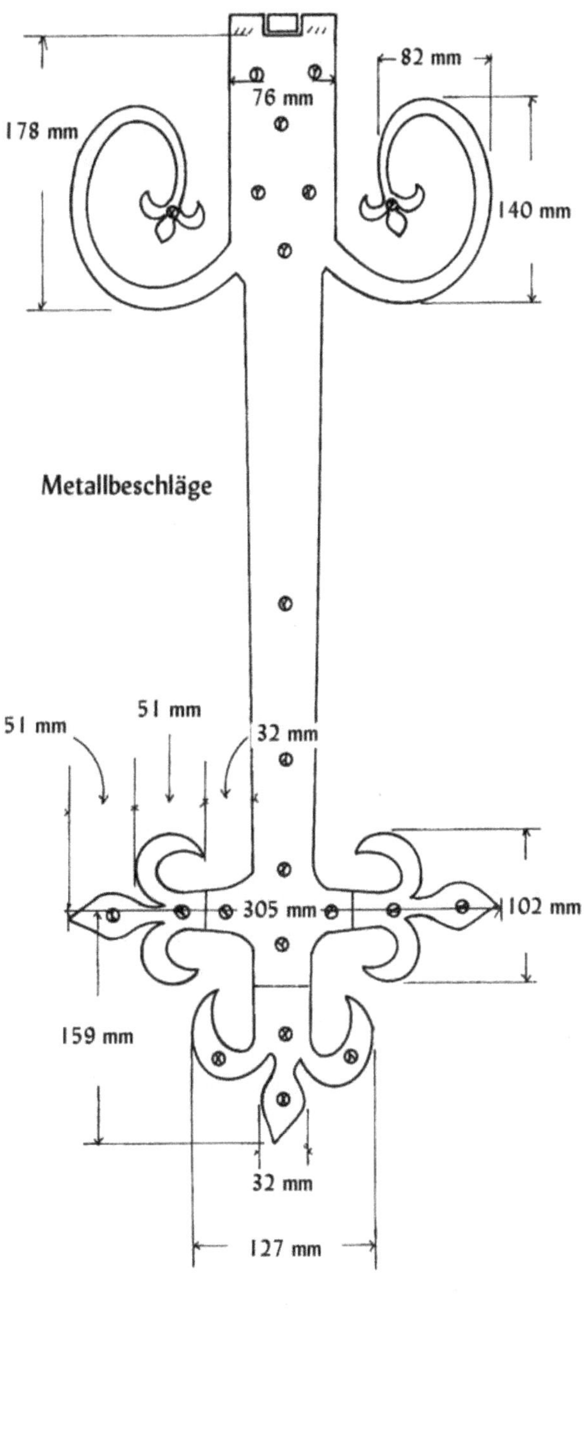

Vorratsschrank

Die "Vorfahren" derartiger Schränke, wie dem in diesem Kapitel vorgestellten, waren vermutlich bloße, mit Türen versehene Nischen in Kirchenräumen, in denen liturgische Gewänder und Gerätschaften, Messwein und Hostien aufbewahrt wurden. Gegen Ende des Hohen Mittelalters waren aus den Wandnischen frei stehende Schränke geworden, in denen schließlich Nahrungsmittel und Vorratsgüter gelagert wurden. Dieser Vorratsschrank stand die letzten 600 Jahre in den Küchen von Haddon Hall in der Grafschaft Derbyshire.

Vorratsschränke können zwar stark in Größe und Form variieren, aber im Durchschnitt sind sie 1,220 m hoch, 900 mm breit und 300 mm bis 450 mm tief. Sie waren aus Brettern zusammengesetzt und hatten eine einzelne Tür in der Mitte der Vorderseite. Da Vorratsschränke hauptsächlich praktischen Zwecken dienten, beschränkten sich die Verzierungen auf ein absolutes Minimum. Meist handelte es sich dabei um Schnitzereien an den Belüftungsöffnungen, die nötig waren, um die gelagerten Nahrungsmittel trocken zu halten.

Bemerkungen zur Konstruktion

Wie viele andere Möbel aus dem Mittelalter wurde auch dieser Vorratsschrank im Laufe der Zeit verändert. An der rechten Türseite wurde ein Stück Holz ergänzt und die Perlstabverzierung neben der Tür entfernt. Vielleicht war den Köchen von Haddon Hall die Tür dieses Vorratsschrankes (urspr. 229 mm breit) für ihre Zwecke zu schmal und wurde deshalb erweitert. Die Baupläne am Ende des Kapitels zeigen den ursprünglichen Zustand dieses Möbels, weshalb auch die Rollen an den Ecken des Vorratsschrankes, vermutlich eine Zutat des 19. Jahrhunderts, nicht berücksichtigt wurden.

Der Drehriegel an der Tür ist ebenfalls mit hoher Wahrscheinlichkeit nicht original. Allerdings gibt es keine Hinweise auf einen früheren Schließmechanismus. Es ist deshalb durchaus möglich, wenn auch nicht sehr praktisch, dass die Tür einfach nur zugeworfen wurde. Wie Sie schließlich beim Nachbau Ihres persönlichen Vorratsschrankes verfahren, bleibt ganz Ihrem Geschmack überlassen.

Materialien

Zeitgenössischen Angaben zufolge besteht der Vorratsschrank komplett aus Ulmenholz. Heutzutage ist es allerdings fast unmöglich, ausreichende Mengen an Ulmenholz, das sich zum Möbelbau eignet, zu bekommen. Fichten-, Birken- oder Pappelholz bieten sich als Ersatz an.

Die Maße der einzelnen Bretter sollten kein Problem darstellen – sie sind mit Sicherheit im Baumarkt erhältlich. Nur die Seitenwände stellen eine Ausnahme dar. Hier müssen wieder zwei Bretter zusammengeleimt werden. Da die gesamte Konstruktion des Vorratsschrankes aber sehr fragil ist, wird empfohlen, das Leimen von einem Profihandwerker besorgen zu lassen.

Vorratsschrank; England, 15. Jahrhundert; Ulme, Höhe: 737 mm, Breite: 826 mm, Tiefe: 445 mm.
Haddon Hall, Bakewell, England.

Vorarbeiten

Schneiden Sie zunächst alle Einzelteile zu und beschriften Sie jedes einzelne, sodass Sie später wissen, wo es gebraucht wird. Für die Beschriftungen benutzen Sie am besten Kreide, da diese sich am leichtesten hinterher wieder abwischen lässt.

Rahmenkonstruktion

Beginnen Sie den Bau des Vorratsschrankes, indem Sie ein Grundgerüst aufbauen. Markieren Sie zuerst die Position der einzelnen Innenböden und des Bodens auf den Brettern für die Seitenwände. Dann nageln Sie die Innenböden und die Seitenwände mit geschmiedeten Nägeln zusammen, die Löcher für die Nägel sollten vorgebohrt werden, um ein Reißen des Holzes zu verhindern. Die Innenböden müssen genau mit der hinteren Kante der Seitenwände abschließen, vorn werden die Innenböden aber um 6 mm von den Seitenwänden überragt. Bei dieser Arbeit können Sie Seitenwände und Innenböden mit Schraubzwingen fixieren oder, noch besser, Sie lassen sich von jemandem dabei helfen.
Anschließend können Sie die hintere Verstärkungsleiste (s. Zeichnung "Innenansicht der rechten Seite", oben rechts) festnageln. Bohren Sie auch hier wieder die Löcher für die Nägel vor, damit die Maserung nicht verletzt wird.

Rückwand

Wenn Sie nun die Bretter der Rückwand anbringen, wird die gesamte Konstruktion dadurch stabilisiert. Diese Bretter überlappen die Seitenwände, sodass eine Fuge sichtbar bleibt, wenn man den Vorratsschrank von der Seite betrachtet.
Bevor Sie die Rückwandbretter annageln, müssen Sie sich vergewissern, dass die Rahmenkonstruktion rechtwinklig steht und Löcher für die Nägel vorbohren. Befestigen Sie zunächst die beiden äußeren Bretter und schließen dann die verbleibenden Lücken. Da die Bretter möglichst dicht zusammen liegen sollen, kann es sein, dass das letzte Brett nicht ganz in die vorgesehene Lücke passt. Schleifen Sie dann die Kanten leicht ab, damit das Brett die Rückwand dicht verschließt.
Sind die Rückwandbretter an ihrem Platz, sollte der Vorratsschrank schon recht stabil sein. Jetzt können Sie die vordere Verstärkungsleiste anbringen (s. Zeichnung "Innenansicht der rechten Seite", oben links).

Oberseite

Nageln Sie nun die Bretter für die Oberseite des Vorderschrankes, beginnend mit dem hinteren, auf die Rahmenkonstruktion. Das hintere Brett sollte bündig mit der Rückwand abschließen und an den Seiten ca. 19 mm überstehen. Das vordere Brett muss zudem noch 25 mm nach vorn überstehen.

Vorderwand

Einfräsen der Fugen
Fräsen Sie eine Fuge in die Seite der äußeren Bretter der Vorderseite, welche die Seiten später überlappen (s. Detail A). Beide Bretter sind von unterschiedlicher Breite. Deshalb müssen Sie vorher festlegen, welches das rechte und welches das linke ist. Achten Sie darauf, dass Sie die Fugen so tief ausschneiden, dass die Seiten gut hinein greifen und die Vorderseitenbretter gut an den Innenböden anliegen.
Verzierungen
Die vertikalen Zierrinnen auf den Brettern der Vorderseite sind so flach ins Holz geschnitten, dass sie in einer Zeichnung nicht anschaulich wiedergegeben werden können. Ihre Kontur ist von konvexer, halbrunder Form, die von zwei konkaven Rinnen flankiert wird – oder, einfacher ausgedrückt, sie entspricht einer gerundeten, W-förmigen Vertiefung. Die Verzierung ist

3 mm tief, 13 mm breit und verläuft 19 mm vom Rand des Brettes entfernt.

Ursprünglich wurde diese Verzierung vermutlich mit einem Hobel, der eine wellenförmige Klinge hatte, ins Holz geschnitten. Alternativ dazu können Sie aber auch einfach zwei parallele Rinnen ausfeilen, mit Sandpapier glätten und anschließend den in der Mitte stehenden Grat abrunden. Egal welchen Weg Sie wählen, zunächst sollten Sie eine Führungsschiene mit einer Schraubzwinge an dem zu bearbeitenden Brett befestigen, an der entlang Sie arbeiten können, damit die Verzierung später gerade und gleichmäßig verläuft.

Schnitzarbeiten

Übertragen Sie die Schablonen der Schnitzarbeiten, nachdem Sie diese entsprechend vergrößert haben, auf die Vorderseitenbretter und die Tür. Nun schneiden Sie mit einer Laubsäge die Durchbrüche aus, die in der Zeichnung schattiert dargestellt sind. Obwohl die Schnitzereien einen keilförmigen Querschnitt aufweisen, schneiden Sie diese zunächst rechteckig aus. Versuchen Sie erst einmal, die komplizierten Formen des Maßwerkes hinzubekommen und kümmern Sie sich noch nicht um die Feinheiten.

Materialliste

Holz

Alle Teile sind aus Ulmenholz. Als Ersatz eignet sich Fichte, Birke oder Pappel.

Teil	Anzahl	Stärke	Breite	Länge
Vorderseite	1	19 mm	286 mm	737 mm
Vorderseite	1	19 mm	298 mm	737 mm
Tür	1	19 mm	229 mm	508 mm
Türleisten	2	19 mm	51 mm	203 mm
Türsturzleiste	1	19 mm	25 mm	241 mm
Türschwellenleiste	1	19 mm	76 mm	241 mm
Seiten	2	19 mm	394 mm	737 mm
Rückseite	2	19 mm	203 mm	737 mm
Rückseite	2	19 mm	209 mm	737 mm
Oberseite	1	25 mm	216 mm	864 mm
Oberseite	1	25 mm	229 mm	864 mm
Bodenbretter	2	25 mm	197 mm	787 mm
Innenboden	1	19 mm	203 mm	787 mm
Innenboden	1	19 mm	190 mm	787 mm
Verstärkungsleisten	2	25 mm	76 mm	787 mm

Metallteile

Teil	Anzahl	Stärke	Breite	Länge
Scharnier (größere Hälfte)	2	8 mm	44 mm	51 mm
Scharnier (kleinere Hälfte)	2	8 mm	44 mm	44 mm
Geschmiedete Nägel	72		38 mm	

Erst wenn die Form stimmt, sollten Sie beginnen, mit verschieden großen und unterschiedlich geformten Raspeln den keilförmigen Querschnitt herauszuarbeiten. Da das für dieses Möbel verwendete Holz sehr weich ist, dürfte das keinen allzu großen Kraftaufwand bedeuten. Wenn Sie mit dem Konturieren der Durchbrüche fertig sind, können Sie die Raspel beiseite legen und das Maßwerk mit Sandpapier glätten.

Anschließend schnitzen Sie mit dem Schnitzmesser die Vertiefungen zwischen den einzelnen Durchbrüchen aus. Diese sind nicht sehr tief – die tiefsten entsprechen ungefähr der halben Stärke des Holzes.

Anbringen der Vorderseitenbretter

Auch bei diesem Arbeitsschritt müssen Sie die Löcher für die Befestigungsnägel wieder vorbohren, um ein Reißen des Holzes zu verhindern.

Nachdem Sie die beiden Bretter angenagelt haben, können Sie den Sturz und die Schwelle für die Tür des Vorratsschrankes einpassen, damit sie genau zwischen die beiden seitlichen Vorderwandbretter passen. Das Schwellenbrett sollte mit der Oberfläche der Vorderwand abschließen und der Stärke des Bodenbrettes entsprechen. Wenn Sie dann das Sturzbrett annageln, müssen Sie die Verstärkungsleiste von hinten etwas unterstützen, da die Konstruktion an diesem Punkt etwas fragil ist.

Anschließend versenken Sie die Nägelköpfe an Vorder- und Rückseite, auf der Oberseite und an den Seiten mit ein paar weiteren Schlägen.

Einbau der Tür

Die Tür sollte so in die verbliebene Lücke der Vorderwand passen, dass an allen vier Seiten ein Spalt von 3 mm bleibt. Auf der Rückseite der Tür bringen Sie nun zwei Leisten oben und unten an (s. Zeichnung “Tür, Seiten- und Rückansicht”). Die Leisten sind 25 mm kürzer als die Tür breit ist und an allen vier Seiten in einem 30-Grad-Winkel abgefast.

Wenn Sie die Leisten annageln, müssen Sie kürzere Nägel verwenden, damit ihre Spitzen nicht die Vorderseite der Tür durchbohren.

Scharniere

Schneiden Sie die Form der Scharniere gemäß der Zeichnung aus und schmieden die Schenkel wie in Kapitel 2 beschrieben.

Oberflächenbehandlung

Der hier vorgestellte Vorratsschrank wurde zwar in den vergangenen Jahrhunderten arg strapaziert, aber anhand von Befunden lässt sich sagen, dass er ursprünglich einmal in einem rostfarbenen Ockerton gestrichen war. Wenn Sie Ihren fertigen Vorratsschrank ebenfalls anmalen wollen, müssen Sie die Vertiefungen der Nägel mit Spachtelmasse oder angedicktem Kreidegrund ausfüllen und nach dem Trocknen beischleifen.

Danach überziehen Sie das ganze Möbel mit einem Kreidegrund, den Sie nach dem Trocknen wiederum glatt schleifen. Nun können Sie den Vorratsschrank mit Temperafarben oder matten Ölfarben bemalen. (s. Kapitel 3)

Wenn Sie ein Ölfinish vorziehen, mischen Sie der Füllmasse für die Nagellöcher ein wenig Farbpigment bei, das der Farbe des Holzes entspricht und verfahren mit der Oberfläche des Möbels wie in Kapitel 3 beschrieben.

Für welche Variante Sie sich auch entscheiden – die Innenseite der Tür, der gesamte Innenraum und die Rückwand bleiben, ganz dem Original entsprechend, gänzlich unbehandelt.

Einhängen der Tür

Nageln Sie die Scharniere zuerst mit dem kürzeren Ende an der Tür fest. (Das längere gehört an die Vorderseite des Vorratsschrankes.) Nun setzen Sie die Tür in die Öffnung und nageln die Scharniere auch an der Vorderseite fest, lassen ihr dabei aber unten und oben gleich viel Spielraum. Zwischen Tür und Vorderwand lassen Sie an der linken Seite (gegenüber der Seite mit den Scharnieren) einen Spalt von 6 mm damit die Tür frei schwingen kann.

Fliegenschutz

Um das Innere des Vorratsschrankes vor Ungeziefer zu schützen, verschloss man die Durchbrüche der Schnitzereien im Mittelalter mit einem losen gewebten Leinengewebe. Dieses befestigte man einfach mit ein paar kleinen Nägeln von innen über die gesamte Fläche der Schnitzerei. Wenn Sie Ihren Vorratsschrank ebenfalls auf diese Weise vor ungebetenen Eindringlingen schützen wollen, sollten Sie die Ränder des Stoffes umnähen oder zumindest versäubern, damit der Stoff nicht ausreißt.

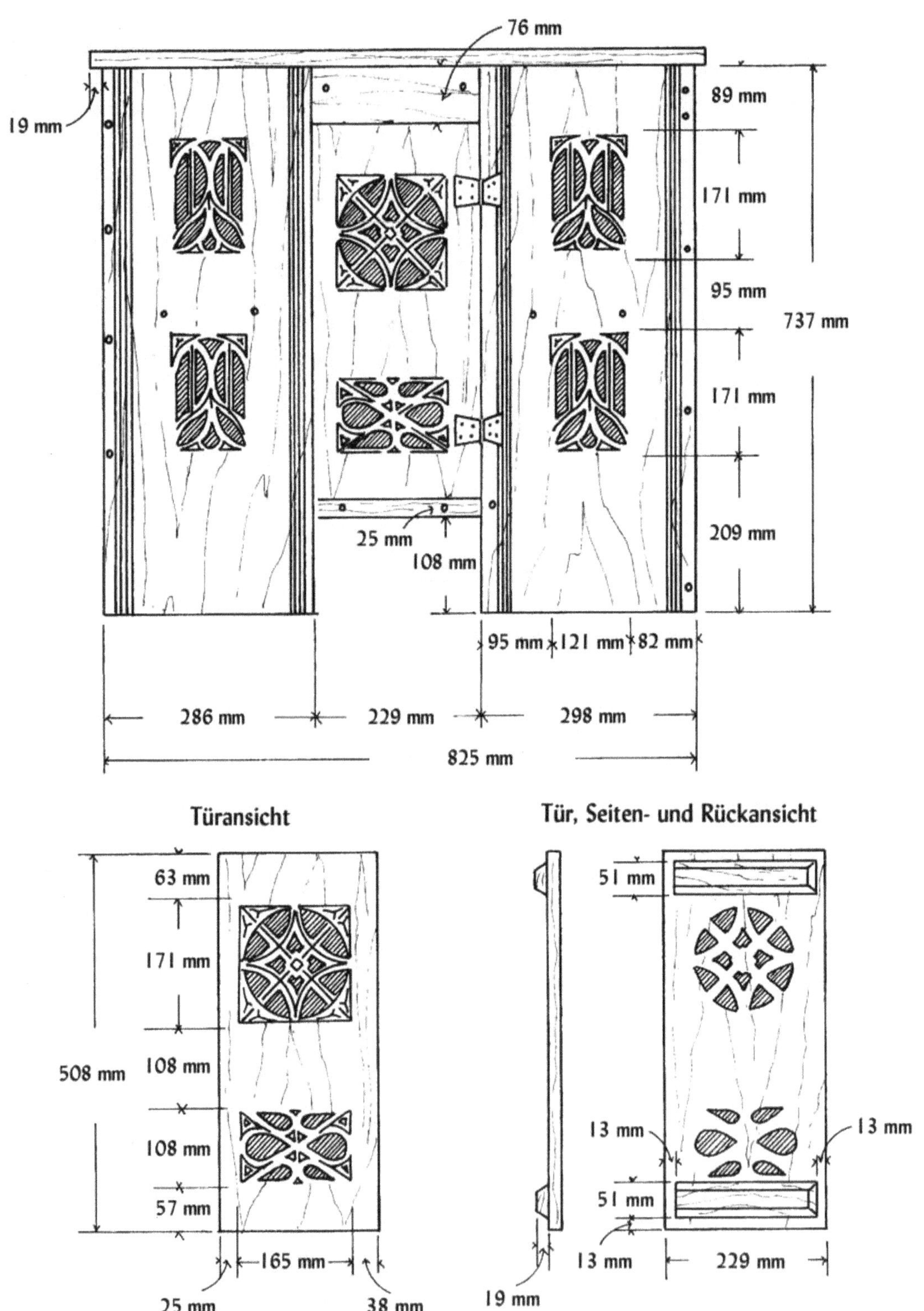

Vorderansicht
76 mm
19 mm
89 mm
171 mm
95 mm
737 mm
171 mm
209 mm
25 mm
108 mm
95 mm
121 mm
82 mm
286 mm
229 mm
298 mm
825 mm
Türansicht
63 mm
171 mm
508 mm
108 mm
108 mm
57 mm
25 mm
165 mm
38 mm
Tür, Seiten- und Rückansicht
51 mm
13 mm
13 mm
51 mm
13 mm
229 mm
19 mm

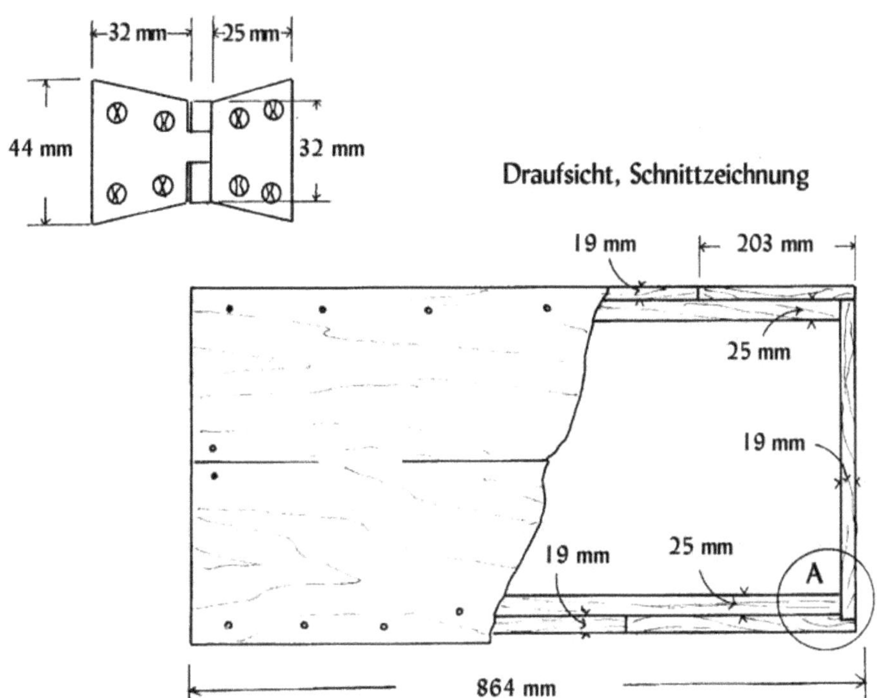

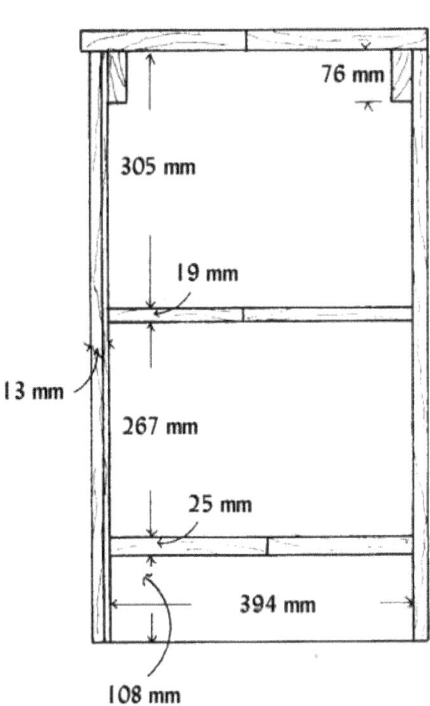

Rechte Seite

445 mm

229 mm

216 mm

25 mm

432 mm

762 mm

13 mm

19 mm

Details der Schnitzereien

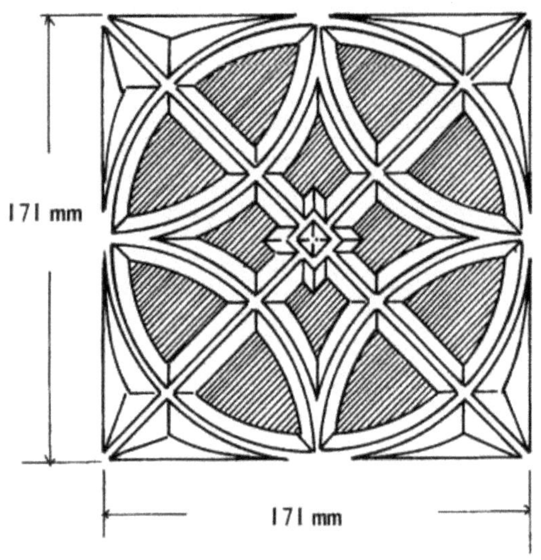

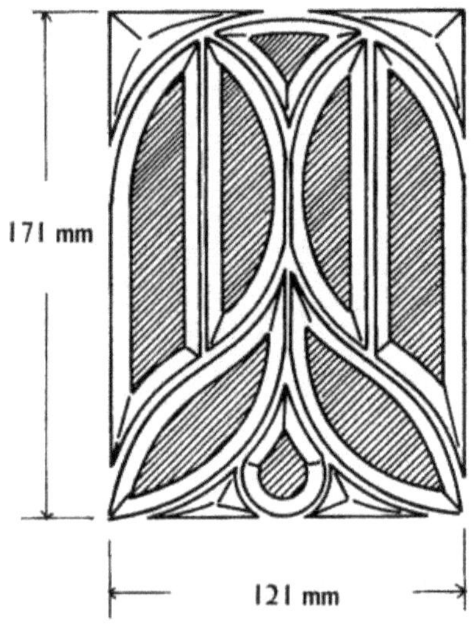

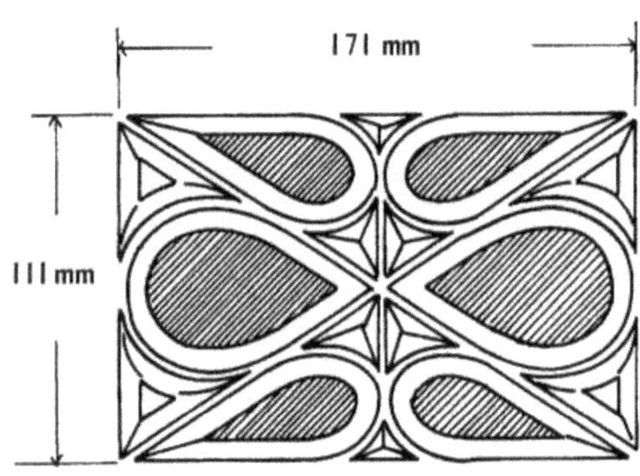

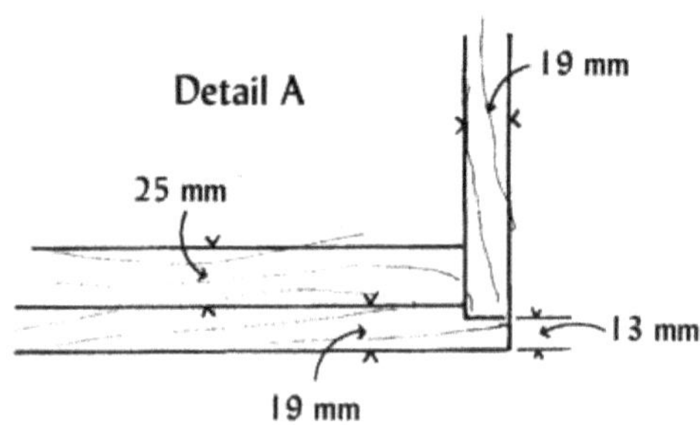

Scherenstuhl

Die ersten Scherenstühle sind bereits aus dem alten Ägypten bekannt und auch in Rom wusste man diese praktischen Sitzmöbel zu schätzen. Da man den Scherenstuhl platzsparend zusammenklappen kann und es sich auf seiner textilen oder ledernen Sitzfläche bequemer als auf einem aus Brettern gefertigten Lehnstuhl sitzen lässt, vergaßen auch Jahrhunderte später die Menschen des Mittelalters diese spezielle Stuhlform nicht.

Obwohl Scherenstühle in einer Vielzahl von Varianten hergestellt wurden, haben sie doch alle die Gelenkverbindung gemeinsam, die es erlaubt, die Stuhlbeine zusammenzuklappen. Bei den meisten Stühlen wird das Gelenk durch eine Verzierung verborgen und je ein Steg verbindet die vorderen und hinteren Beine.

Bemerkungen zur Konstruktion

Das Verbindungsgelenk der Beine ist im Grunde genommen das einzige etwas komplizierte Teil dieses Stuhles. Um Schwierigkeiten beim Zusammenbau zu vermeiden, empfiehlt es sich, zunächst Schablonen aller Einzelteile aus Pappe herzustellen.

In den Zeichnungen wurde das Stuhlbein mit einem Netz aus Gitterlinien hinterlegt, sodass die leichte Krümmung deutlicher wird. Um eine Schablone in der tatsächlichen Größe des späteren Beines zu erhalten, müssen Sie die Zeichnung in ein Gitternetz übertragen, dessen Kästchen eine Seitenlänge von 25 mm haben. Alle vier Beine sind anfangs noch vollkommen gleich, so lange, bis Sie die Zapfen ausgeschnitten haben, die in Armlehnen und Fußleisten passen müssen.

Das Verbindungsgelenk wird später noch detailliert beschrieben werden, aber bevor Sie mit der Arbeit daran beginnen, müssen Sie sich vollkommen darüber im Klaren sein, wie dieser Teil der Konstruktion funktioniert.

Das hintere Ende der Armlehnen ist leicht nach außen geneigt. Dem wurde zwar in der Zeichnung Rechnung getragen, aber trotzdem kann man dieses wichtige Detail leicht übersehen.

Materialien

Der hier gezeigte Stuhl wurde vollständig aus Eichenholz gebaut, aber vor allem in späteren Zeiten, weit über das Mittelalter hinaus, baute man Scherenstühle auch aus Walnussholz oder Mahagoni. Auf jeden Fall muss man beim Bau eines solchen Stuhles massives Holz verwenden, da nur dadurch ausreichende Stabilität gewährleistet wird.

Vorarbeiten

Da der ganze Stuhl nur aus zehn Einzelteilen besteht, kann man diese gleich zu Beginn der Arbeiten grob zuschneiden und sie im späteren Verlauf nachbearbeiten. So können Sie sich später ganz auf die Feinarbeiten und die Verzierungen konzentrieren.

Scherenstuhl, Nachbildung; England, um 1500; Eiche, Höhe: 864 mm, Breite: 705 mm, Tiefe: 502 mm.

Zuschneiden

Beginnen Sie damit, gemäß Ihrer bereits hergestellten Pappschablonen vier identische Stuhlbeine, je zwei Armlehnen und Fußleisten und zwei Sitzleisten zuzuschneiden. Da manche dieser Teile bereits relativ komplexe gekrümmte Linien aufweisen, müssen Sie vielleicht bereits zu diesem frühen Zeitpunkt zu Raspel und Sandpapier greifen, um die exakte Form jedes Bauteils herauszuarbeiten. Auch die Kanten der einzelnen Teile können jetzt bereits mit etwas Sandpapier leicht abgeschliffen werden.

Schneiden Sie anschließend die Zapfen in die Leisten, die später die Sitzfläche halten und das obere bzw. untere Ende der Stuhlbeine. Bei den Beinen sollten Sie allerdings 3 bis 6 mm Holz stehen lassen, damit Sie die Zapfen beim endgültigen Zusammenbau genau anpassen können.

Zapfenlöcher

Schneiden Sie nun je zwei Zapfenlöcher in die Oberseite der Fußleisten und die Unterseiten der Armlehnen. Der Abstand zwischen den beiden Löchern muss genau 267 mm betragen – genauso viel wie die Länge der Sitzleisten abzüglich der Zapfen.

Verbindungsgelenk

Lesen Sie sich die folgende Beschreibung der Gelenkverbindung sorgfältig durch und beginnen mit den Arbeiten daran erst, wenn Sie die Anweisungen wirklich verstanden haben.

Die x-förmige Ansicht des Scherenstuhles entsteht dadurch, dass sich je zwei Stuhlbeine überkreuzen. Der Punkt an dem sich die Stuhlbeine kreuzen wird in der Zeichnung durch einen schattierten Kreis gekennzeichnet (s. Zeichnung "Form der Stuhlbeine"). An diesem Punkt muss die Hälfte der Gesamtstärke jedes Beines abgetragen werden. Bei einem Bein muss dabei natürlich Holz von der Innenseite, beim anderen von der Außenseite entfernt werden, damit die beiden Beine ineinander passen. Ist dies geschehen, sollten die beiden Stuhlbeine gut ineinander greifen und an ihrem Kreuzungspunkt so stark sein, wie eines der Beine allein oberhalb bzw. unterhalb dieses Punktes.

Bevor Sie das Holz am Kreuzungspunkt entfernen, sind alle Beine noch austauschbar. Sie sollten also entscheiden, welches Bein wohin gehört: Rechts oder links, vorn oder hinten. Am besten ist es, wenn Sie alle Einzelteile vor dem Zusammenbau markieren. Das Verbindungsgelenk muss genau kreisförmig aus dem Holz des Stuhlbeines geschnitten und die

Auflageflächen sorgfältig geglättet werden, da es sonst nicht exakt funktionieren kann. Arbeitet das Verbindungsgelenk einwandfrei, können Sie sich an die Auflageflächen des Gelenkes machen. Diese sorgen dafür, dass sich das Verbindungsgelenk nur bis zu einem gewünschten Punkt öffnen kann und der Stuhl stabil steht. Normalerweise sollten die Auflageflächen nur kleine Schleifarbeiten erfordern, wenn Sie das Gelenk exakt ausgeschnitten haben (vgl. Zeichnung "Form der Stuhlbeine").

Sitzleisten

Zeichnen Sie die Zapfenlöcher für die Sitzleisten auf den Innenseiten der Stuhlbeine an und schneiden diese aus. Die Zapfenlöcher sollten so eng sein, dass sich die Zapfen der Sitzleisten durch einen leichten Schlag hinein treiben lassen. Zu diesem Zeitpunkt können Sie Ihren Stuhl schon einmal probeweise zusammenbauen. Er besteht nun aus den vier Stuhlbeinen und den beiden Sitzleisten.

Schnitzarbeiten

Es empfiehlt sich, die Schnitzarbeiten vor dem endgültigen Zusammenbau des Scherenstuhles zu erledigen. Schnitzen Sie die Rosetten, die später die Armlehnen des Stuhles schmücken, und denken Sie daran, dass je eine in die Außenseite und eine in die Innenseite der Armlehne gehört. Danach können Sie auch mit den Arbeiten an den Akanthusblättern, die sich am hinteren Ende der Armlehnen befinden, und den Löwenfüßen an den Fußleisten befassen. Wenn Sie die Schmuckformen aus dem Holz geschnitzt haben, müssen diese nur noch mit Sandpapier geglättet werden.

Zusammenbau der Füße

Bearbeiten Sie die Zapfen der Stuhlbeine so, dass sie einwandfrei und ohne Spiel in die Zapfenlöcher der Fußleisten passen. Die Zapfen und Zapfenlöcher müssen aus Stabilitätsgründen fest ineinander passen und möglichst rechtwinklig sein. Achten Sie deshalb darauf, dass der Stuhl beim Zusammenbau auf einem ebenen

Materialliste

Holz

Alle Teile sind aus Eichenholz. Die Holzdübel bestehen aus Ahorn.

Teil	Anzahl	Stärke	Breite	Länge
Armlehnen	2	63 mm	171 mm	508 mm
Sitzleisten	2	38 mm	44 mm	317 mm
Fußleisten	2	63 mm	67 mm	521 mm
Beine	4	51 mm	152 mm	1,016 m
Große Rosetten	4	25 mm	102 mm	102 mm
Holzdübel	1	6 mm (rund)		914 mm

Sitzmaterial

Werden Sitz und Rückenlehne aus Textilien hergestellt, benötigt man je zwei Stoffstücke, die mit reißfestem Stoff gefüttert werden. Verwendet man dickes Leder, muss dieses nicht hinterfüttert werden.

Teil	Anzahl	Breite	Länge
Sitzfläche	2	381 mm	762 mm
Rückenlehne	2	229 mm	787 mm
Futter	2	635 mm	762 mm

Untergrund steht und halten Sie das Ganze mit Schraubzwingen zusammen, wenn die Armlehnen angebracht werden.

Zusammenbau der Armlehnen

Auch hier müssen Sie wieder sehr sorgfältig vorgehen, wenn die Zapfen der Stuhlbeine in die Löcher in den Unterseiten der Armlehnen eingepasst werden. Da die Armlehnen gekrümmt sind, müssen Sie die Zapfen sehr genau ausarbeiten und einsetzen.

Zusammenbau

Sind alle Einzelteile so zugeschnitten, dass sie gut ineinander passen und der Stuhl gleichmäßig steht, bearbeiten Sie alle Teile nochmals mit Sandpapier, bis alle Oberflächen angenehm glatt sind.

Setzen Sie die Einzelteile nun zusammen und bestreichen die Zapfen der Sitzleisten mit Tischlerleim. Damit der Leim gut abbinden kann, bringen Sie vorn und hinten am Stuhl Schraubzwingen an, deren Backen Sie mit Holzbrettchen unterlegen, damit das Holz des Stuhles nicht verletzt wird.

Um die Sitzleisten noch zu verstärken, bohren Sie anschließend ein Führungsloch durch die Außenseiten jedes Stuhlbeines in die Zapfen der Sitzleisten und schlagen einen Nagel ein, dem Sie vorher den Kopf abgeschnitten haben. Bevor Sie den Nagel ganz versenken, legen Sie wieder etwas zwischen Hammer und Nagel, um das Holz des Stuhlbeines nicht zu beschädigen.

Holzdübel

Ist der Leim der Sitzleisten getrocknet, fixieren Sie die Armlehnen und Fußleisten mit Schraubzwingen, damit Sie beim Zusammendübeln freie Hand haben. Wenn Sie über geeignete Schraubzwingen verfügen, fixieren Sie Ihren Stuhl einfach direkt auf Ihrer Werkbank, indem Sie je eine Schraubzwinge über den Armlehnen und unter der Unterkante der Arbeitsfläche der Werkbank anbringen.

Bohren Sie nun 6 mm-Führungslöcher für die Dübel in die Armlehnen und Fußleisten und schlagen die Dübel mit einem Hammer ein. Sollten die Löcher zu eng sein, können Sie diese etwas weiten bzw. die Dübel mit Sandpapier abschleifen. Jetzt können Sie die Schraubzwingen entfernen und die überstehenden Dübelenden abschneiden und beischleifen.

Große Rosetten

Vier große Rosetten schmücken die Verbindungsgelenke der Stuhlbeine. Drehen Sie vier Rosetten gemäß dem in der Zeichnung abgebildeten Profil ab und versehen Sie eine mit dem erforderlichen Rosendesign. Diese wird dann an der Vorderseite des Stuhles angebracht. Die übrigen drei Rosetten, die nicht auf den ersten Blick sichtbar sind, bleiben glatt.

Wie diese Schmuckornamente im Mittelalter angebracht wurden ist nicht bekannt. Heutzutage kann man sie einfach über das Verbindungsgelenk leimen (wobei man aufpassen muss, dass kein Leim in das Gelenk selbst fließt) und mit je zwei Nägeln fixieren.

Sitzfläche und Rückenlehne

Sitzfläche und Rückenlehne können aus Stoffen oder Leder hergestellt werden. Nehmen Sie dazu die Maße vom fertigen, aufgestellten Stuhl ab, da diese von Stuhl zu Stuhl variieren können. Der Stoff für die Sitzfläche sollte so lang sein, dass man ihn um die Sitzleisten legen und an deren Unterseite festnageln kann und so breit, dass er von der äußeren Kante des vorderen Beines zur äußeren des hinteren reicht. Dort wo er um die Sitzleiste gelegt wird, muss der Stoff natürlich entsprechend schmaler sein.

Wenn Sie für die Sitzfläche und die Rückenlehne Stoff verwenden, müssen Sie zwischen die zugeschnittenen Stoffstücke einen reißfesten Futterstoff wie Leinen oder Nessel zur Verstärkung legen, damit die Sitzfläche der späteren Belastung gewachsen ist.

Bevor Sie die Sitzfläche annageln, müssen Sie den Stuhl noch einmal auf Ihrer Arbeitsfläche mit Schraubzwingen fixieren. Dann spannen Sie die Sitzfläche möglichst stramm über die Sitzleisten und nageln sie mit je sieben Polsternägeln fest. Die vier Ecken der Sitzfläche befestigen Sie mit je einem Nagel mit einem dekorativen Kopf an den Stuhlbeinen selbst.

Die Rückenlehne spannen Sie anschließend über die Rückseiten der Armlehnen, sodass ca. 25 mm auf jeder Seite überstehen und nageln sie dort mit je drei Stiften fest. Den Überstand auf jeder Seite befestigen Sie an den Seiten der Armlehnen mit wiederum drei Nägeln aus dem Polsterbedarf mit dekorativen Köpfen.

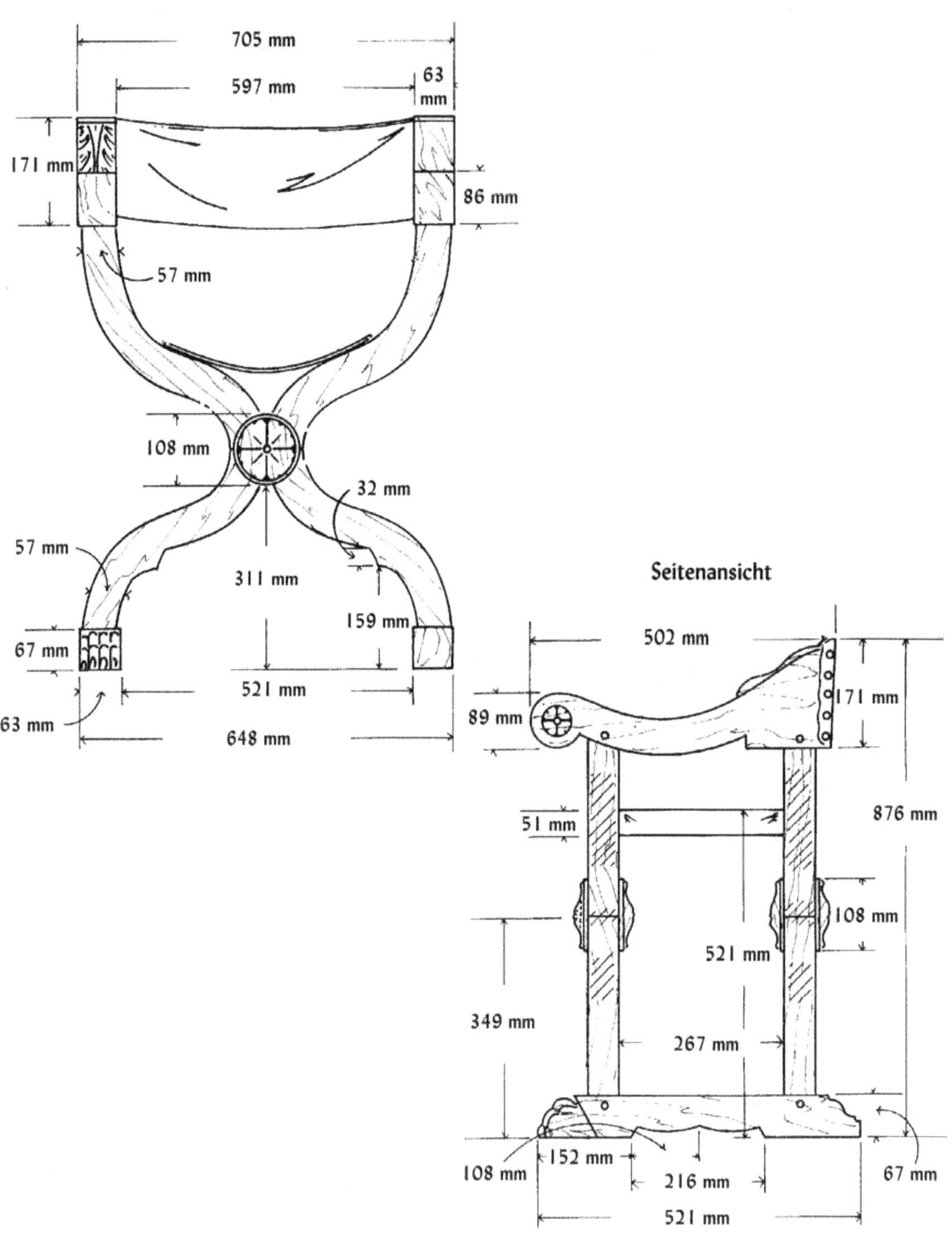
Vorderansicht
705 mm
597 mm
63 mm
171 mm
86 mm
57 mm
108 mm
32 mm
57 mm
311 mm
159 mm
67 mm
521 mm
63 mm
648 mm
Seitenansicht
502 mm
89 mm
171 mm
876 mm
51 mm
108 mm
521 mm
349 mm
267 mm
152 mm
108 mm
216 mm
67 mm
521 mm

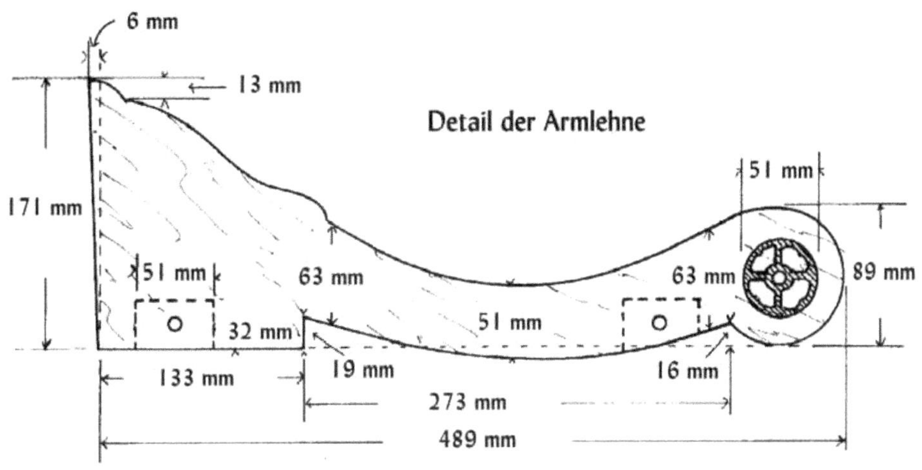
Detail der Armlehne
6 mm
13 mm
171 mm
51 mm
63 mm
63 mm
51 mm
89 mm
51 mm
32 mm
19 mm
16 mm
133 mm
273 mm
489 mm

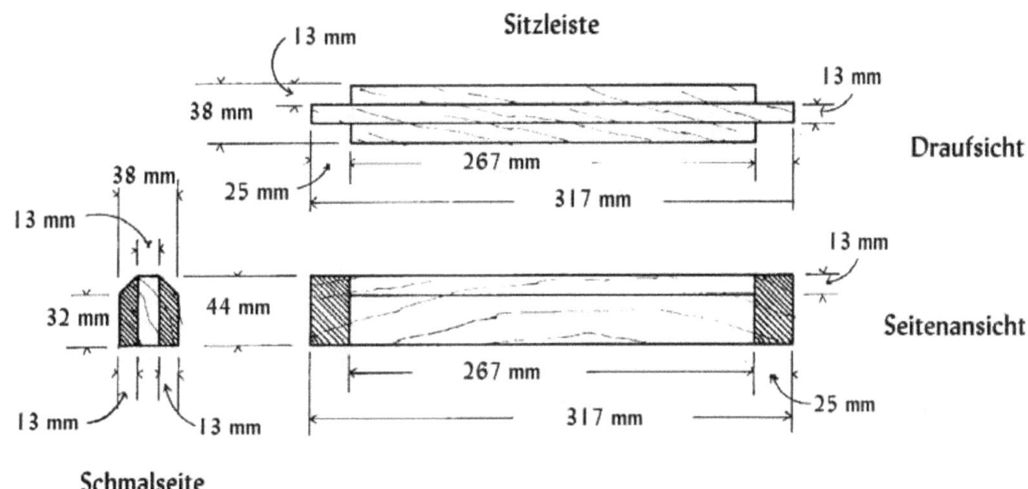
Sitzleiste
13 mm
13 mm
38 mm
Draufsicht
25 mm
267 mm
317 mm
38 mm
13 mm
13 mm
32 mm
44 mm
Seitenansicht
267 mm
25 mm
317 mm
13 mm
13 mm
Schmalseite

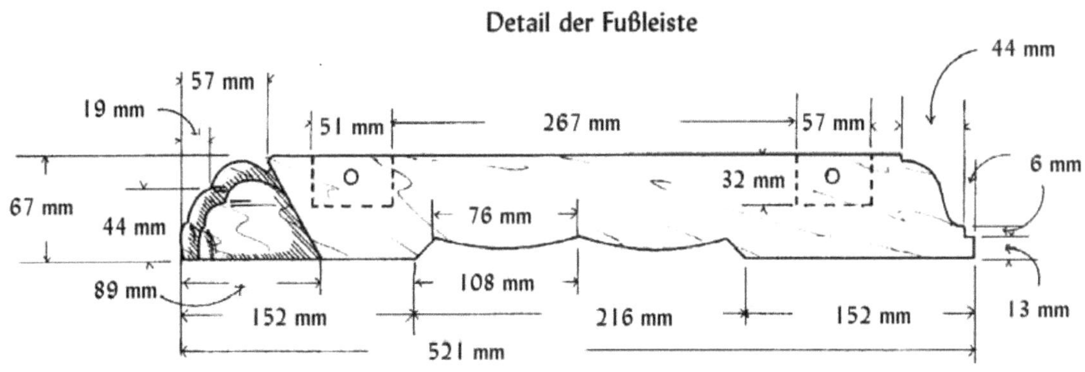
Detail der Fußleiste
44 mm
57 mm
19 mm
51 mm
267 mm
57 mm
6 mm
67 mm
32 mm
44 mm
76 mm
89 mm
108 mm
152 mm
216 mm
152 mm
13 mm
521 mm

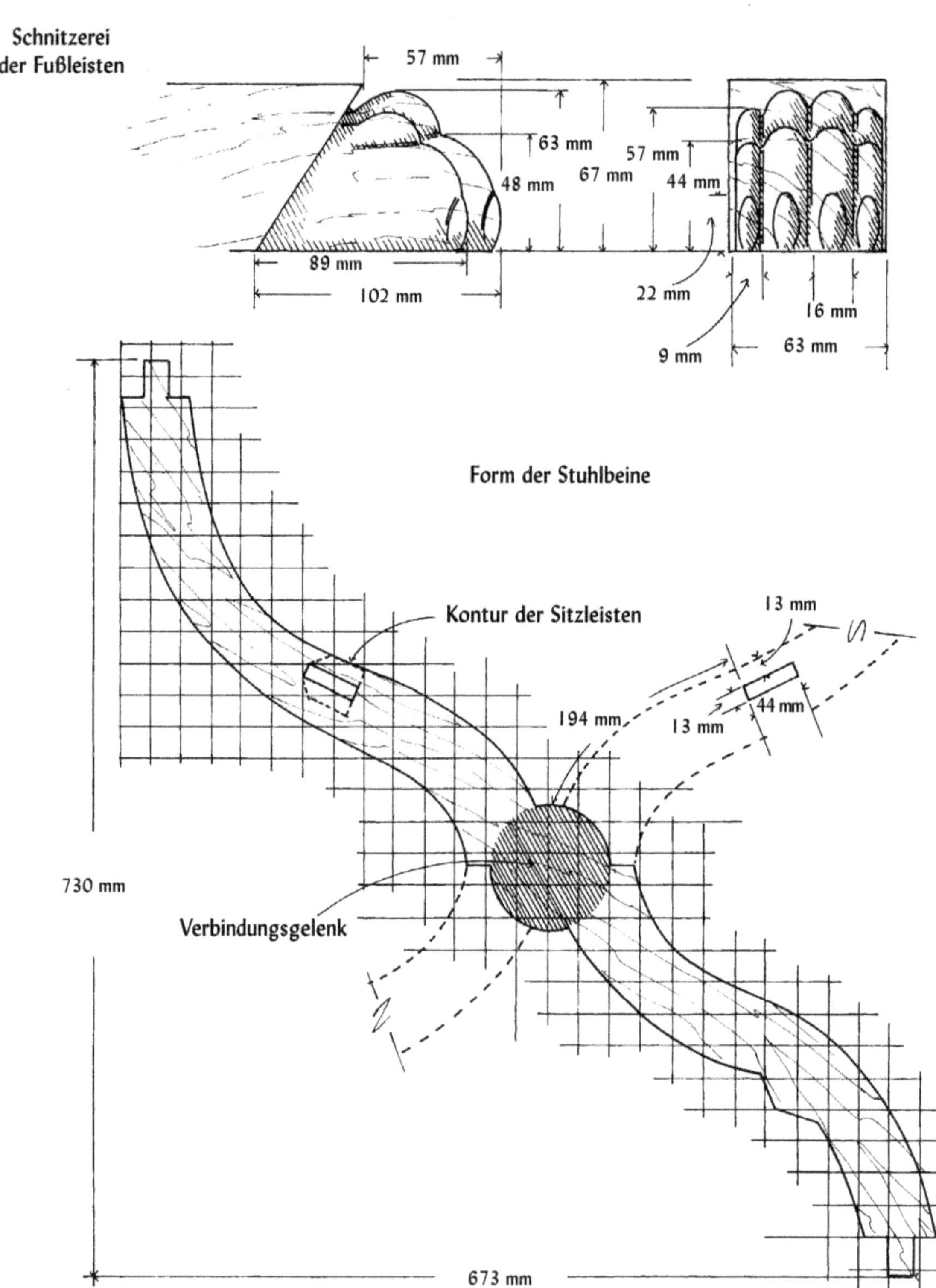
Schnitzerei der Fußleisten
57 mm
63 mm
48 mm
67 mm
57 mm
44 mm
89 mm
102 mm
22 mm
16 mm
9 mm
63 mm
Form der Stuhlbeine
Kontur der Sitzleisten
13 mm
194 mm
13 mm
44 mm
730 mm
Verbindungsgelenk
673 mm

Große Rosette

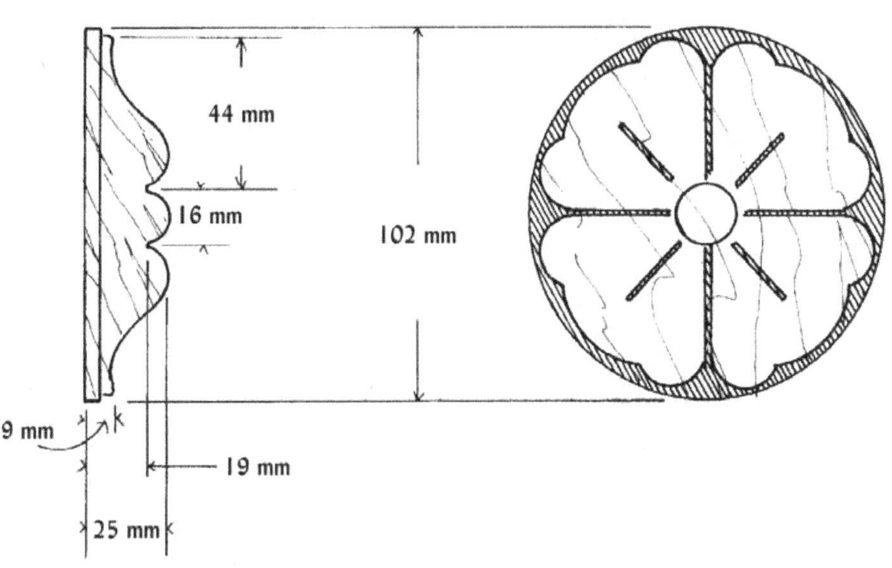

Akanthusblatt

Armrosette

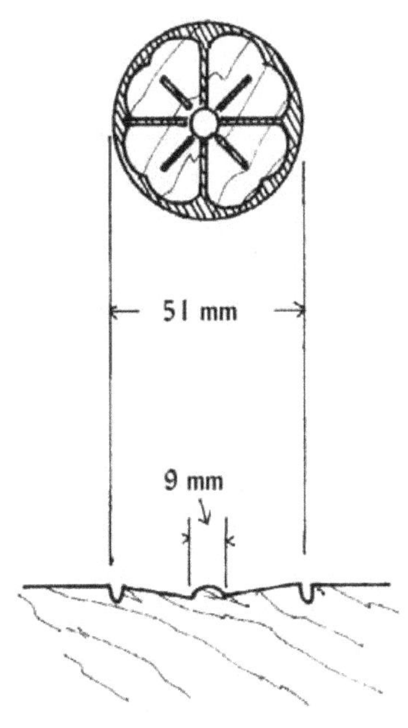

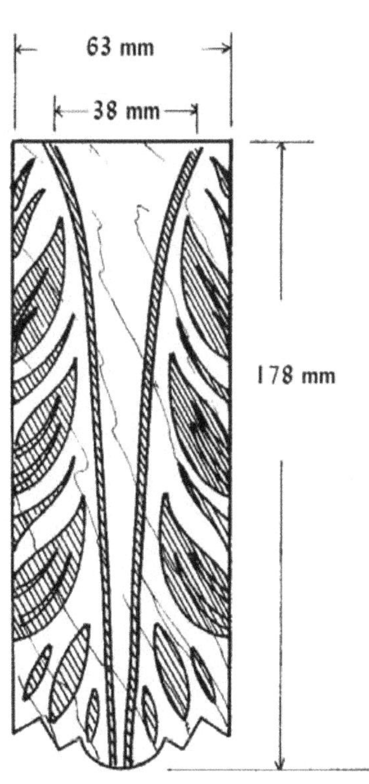

Kerzenständer

Schwere eiserne Kerzenständer und Kandelaber brachten im Mittelalter Licht in die dunklen, höhlenartigen Innenräume von Kirchen und Burgen in ganz Europa. Der hier beschriebene Kerzenständer stellt unter den erhaltenen mittelalterlichen Stücken jedoch eine Besonderheit dar, insofern die Kerzen nicht in eine Tülle gesteckt oder auf einen Dorn gespießt werden, sondern in freistehenden Kerzenhaltern zwischen Tropfschale und einem inneren dekorativen Ring stehen. Obwohl in diesen Kerzenständer nicht so viele Kerzen passen, wie wir es von manchen Leuchtern kennen, die noch heute in Kirchen verwendet werden, war er doch für ziemlich große Kerzen gedacht – die kleineren hätten über 60 cm lang sein müssen, die mittlere Kerze sogar über 7 cm dick, was immerhin einen enormen Wachsverbrauch bedeutet hätte.

Der ganze Leuchter besteht aus Schmiedeeisen und macht einen recht klobigen Eindruck, mit seiner Höhe von 2 m ist er eine ziemlich beeindruckende Arbeit. Er stammt vermutlich aus dem 16. Jahrhundert und befindet sich heute in der Cloister Collection des Metropolitan Museum of Art.

Bemerkungen zur Konstruktion

Dieser riesige Kerzenständer wurde vor hunderten von Jahren komplett aus handgeschmiedetem Eisen hergestellt. Um ihn in einer Heimwerkerwerkstatt nachzubauen, muss man vielleicht ein paar Zugeständnisse an die Authentizität der Herstellungsweise machen und etwas Zeit investieren, aber das Resultat wird auf jeden Fall beeindruckend sein.

Die Einzelteile des Kerzenständers können Sie nach den Anleitungen in Kapitel 2 formen und biegen und natürlich auch ein Schweißgerät benutzen, anstatt das Metall wie beim Originalstück über dem Amboss zu hämmern und zusammenzuschmieden.

Materialien

Alle für diesen Kerzenständer verwendeten Materialien erhalten Sie im Eisenwarenhandel. Für die Beine, die dekorativen Teile und die Leuchterkrone verwenden Sie am besten Bandstahl. Der Schaft wird aus einer 19x19 mm Vierkantstange hergestellt und für die Tropfschale und den dekorativen Ring der Leuchterkrone benutzen Sie handelsübliches Stahlblech.

Beine

Der erste Schritt beim Bau des Kerzenständers ist das Schmieden der Beine und Füße. Dazu spannen Sie Ihren Bandstahl 38 mm tief zwischen die Backen Ihres Schraubstockes und biegen das überstehende Ende in einem 90-Grad-Winkel um. Diesen Vorgang wiederholen Sie für die übrigen zwei Beine. Anschließend erhitzen Sie die Enden und schmieden sie flach aus.

Sind die eigentlichen Füße soweit fertig, biegen Sie jedes Bein in einen Viertelkreis mit einem Radius von

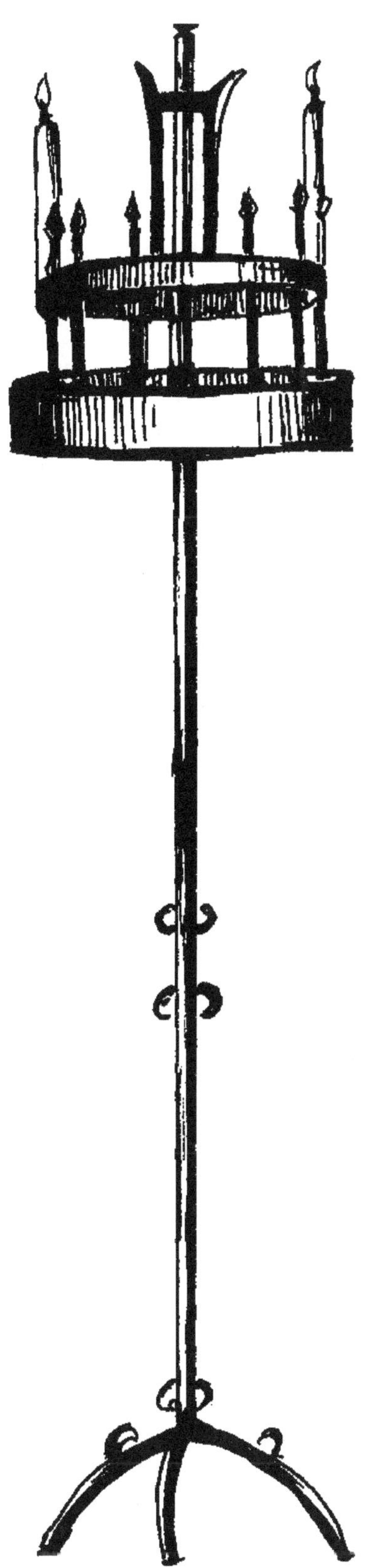

Kerzenständer; Europa, verm. 16. Jahrhundert; Eisen, Höhe: 1,956 m. Cloisters Collection, Metropolitan Museum of Art, New York.

254 mm. Damit alle drei Beine gleichmäßig gebogen sind, bauen Sie sich am besten eine hölzerne Schablone, an der Sie die Fortschritte Ihrer Biegearbeit abgleichen können. Versuchen Sie aber nicht, das erhitzte Metall gegen diese Schablone zu schmieden, sondern verwenden Sie diese wirklich nur als Vorlage.

Wenn nun die Arbeiten an den drei Beinen abgeschlossen sind, müssen diese miteinander verbunden werden. Beim Original wurden die Beine auf einer eisernen Scheibe von der gleichen Stärke wie die Beine zusammengeschmiedet, die in der Mitte ein Loch mit einem Durchmesser von 16 mm hatte. Für Ihren Nachbau können Sie, anstatt eine Scheibe extra zu schmieden, eine ausreichend große Unterlegscheibe verwenden. Legen Sie die drei Beine so auf der Unterlegscheibe aus, dass die Füße, würde man sie durch eine Linie verbinden, die Ecken eines gleichseitigen Dreiecks ergäben. Nun müssen Sie die Beine mit Zwingen oder Klammern fixieren und festschweißen. Das fertige Fußteil Ihres Kerzenständers "schwebt" nun 254 mm über dem Boden und ein Kreis, den man um die Füße herum ziehen würde, hätte einen Durchmesser von 610 mm.

Schaft

Der Hauptschaft des Kerzenständers besteht aus einem Stück Vierkantstab, dessen unteres Ende durch das Loch in der Unterlegscheibe passen muss, welche die drei Beine verbindet. Erhitzen Sie deshalb das untere Ende des Schaftes auf eine Länge von ca. 25 mm und schmieden es so gleichmäßig rund, wie Sie können. Dann stecken Sie das runde Ende des Schaftes durch das Loch und verschweißen es ober- und unterhalb der Unterlegscheibe. Während dieser Arbeit müssen Sie darauf achten, dass das Fußteil auf einem ebenen Untergrund steht und der Schaft so senkrecht wie möglich in die Höhe ragt.

Am oberen Ende des Schaftes werden später die Tropfschale und die Leuchterkrone befestigt, deshalb muss dieses stärker ausfallen als das untere Ende, so wird ein stabiler Sitz für den Träger der Tropfschale gewährleistet.

Um das massive obere Ende des Originals nachzubilden, das seinerzeit in aufwändiger Schmiedearbeit hergestellt wurde, schweißen Sie einfach ein Stück Rundstab (44 mm) an den Schaft an. Dieses Stück muss sich natürlich möglichst gerade auf dem Schaft

befinden, damit die Leuchterkrone nachher nicht schief auf dem Schaft sitzt.
Haben Sie das Stück Rundstab festgeschweißt, drehen Sie den ganzen Kerzenständer um, sodass die Füße in die Luft weisen. Beim Originalstück geht der obere, stärkere Teil des Schaftes pyramidenförmig in den eigentlichen Schaft über. Diese Form wird erreicht, indem Sie eine 25 mm starke Schweißnaht um die Übergangsstelle zwischen dem Schaft und dem oberem Ende legen und diese nach dem Erkalten mit der Feile in die gewünschte Form bringen.
In das obere Schaftende bohren Sie nun mittig ein Loch mit einem Durchmesser von 3 mm und einer Tiefe von 13 mm von oben hinein. Dort hinein stecken Sie einen 25 mm langen Stahlstift mit 3 mm Durchmesser. Erhitzen Sie den Bereich um das Loch herum, bis er leicht zu glühen beginnt. Der Stahlstift passt nun gut dort hinein und lässt sich nach dem Erkalten des Metalls nicht mehr entfernen. Dieser Stift hält am Ende die Tropfschale und die Leuchterkrone an ihrem Platz.

Träger der Tropfschale

Der vierarmige Träger der Tropfschale wird praktisch genauso gebaut, wie Sie es schon von den Beinen des Kerzenständers her kennen. Man kann diesen Träger leicht aus drei Teilen herstellen: Ein Arm ist dabei so lang wie der Durchmesser der Tropfschale und zwei kürzere Arme werden an diesen angeschweißt, sodass sich eine Kreuzform ergibt. Die beiden äußeren Enden des langen Armes müssen 44 mm rechtwinklig nach oben gebogen werden, ebenso wie je ein Ende der beiden kürzeren Arme. Wie bei den Füßen schmieden Sie die Enden flach aus und bohren anschließend je ein Loch hinein, das groß genug sein muss, um eine Niete aufzunehmen (s. Zeichnung).
Legen Sie die drei Arme nun auf eine Schweißunterlage. Platzieren Sie die beiden kürzeren Arme mittig so an dem längeren Arm, dass Sie diesen zwar berühren aber nicht überlappen. Mit zwei Schweißnähten, die Sie nach dem Erkalten des Metalls glatt feilen, fügen Sie dann die Arme zu einem Kreuz mit einem Durchmesser von 406 mm zusammen.
In die Mitte des Kreuzes bohren Sie ein Loch mit einem Durchmesser von 5 mm, damit der Träger für die Tropfschale über den Stift im oberen Ende des Schaftes passt.

Tropfschale

Die Tropfschale wird aus zwei Teilen zusammengesetzt. Ihr Boden ist eine einfache Scheibe aus Blech, der Rand nichts anderes als ein Band aus dem selben Material.
Beim Ausschneiden des Bodens zeichnen Sie einen Kreis mit einem Durchmesser von 425 mm auf Ihr Blech. In diesen ersten Kreis zeichnen Sie konzentrisch einen zweiten mit einem Durchmesser von nur 400 mm. Dieser innere Kreis stellt den eigentlichen Durchmesser der Tropfschale dar. Der äußere Kreis sorgt nur für genügend Material, um Laschen zu formen, die den Boden mit dem Rand verbinden. Schneiden Sie nun den äußeren Kreis aus und seinen Rand in Abständen von 13 mm V-förmig 13 mm tief ein. Mit einem Hammer oder einer Zange biegen Sie diese Laschen rechtwinklig nach oben. Am Ende erhalten Sie so eine flache Schale mit einem Durchmesser von 400 mm, die 13 mm tief ist.
Für den Rand der Tropfschale schneiden Sie einen Blechstreifen von 82 mm Breite und 1,321 m Länge aus. Diesen Streifen legen Sie rund um den Boden der Tropfschale und halten die sich überlappenden Enden mit einer Klammer oder einer Schraubzwinge zusammen. Bohren Sie dann ein Loch für eine Niete durch die Enden und vernieten diese sorgfältig.
Schieben Sie nun den Rand von unten über den Boden der Tropfschale und verlöten Sie die Laschen des Bodens mit den Seiten. Versuchen Sie nicht, Boden und Rand zu verschweißen, da das dünne Material schmelzen würde. Den oberen Rand der Tropfschale müssen Sie nun noch leicht, in einem Winkel von 60 oder 70 Grad, nach außen treiben. Legen Sie den Rand dazu auf Ihre Werkbank oder einen Amboss und bearbeiten ihn leicht mit einem Hammer. Sie dürfen dabei aber nicht zu hart zuschlagen, da sonst die Lötverbindungen reißen könnten.
Lassen Sie sich nicht entmutigen, wenn der Rand der Tropfschale durch die Hammerspuren recht unregelmäßig aussieht – das ist beim Original nicht anders.

Stützen für den inneren Ring

Biegen Sie die drei Stützen für den inneren dekorativen Ring gemäß der in der Zeichnung angegebenen Maße zurecht (s. Zeichnung “Zentraler Kerzenhalter”). Ist das geschehen, bohren Sie ein Loch mit 3 mm Durchmesser durch das kurze Ende (Fuß). Durch diese Löcher werden später Nieten gesteckt werden, welche die Stützen mit dem Boden der Tropfschale verbinden. Bohren Sie je ein weiteres Loch in jede der drei Stützen, 25 mm vom oberen Ende entfernt. Durch diese Löcher werden die Stützen und der dekorative Ring miteinander vernietet.

Unterstützungsklammern für den inneren Ring

Mit diesen drei Klammern stützt sich der dekorative innere Ring gegen den großen Kerzenhalter in der Mitte ab. Beide Enden jeder Klammer werden in einem 90-Grad-Winkel 19 mm bzw. 38 mm nach oben bzw. nach unten gebogen (s. Zeichnung, "Zentraler Kerzenhalter").

Zentraler Kerzenhalter

Schneiden Sie aus Flachstahl die drei Leisten des Kerzenhalters aus und biegen die unteren Enden 32 mm weit rechtwinklig zu einem Fuß um. Die oberen Enden biegen Sie 102 mm in einem 30-Grad-Winkel nach außen, wie in der Zeichnung zu sehen ist (s. Zeichnung, "Zentraler Kerzenhalter").

Bohren Sie in jede der drei Leisten ein Loch mit einem Durchmesser von 3 mm, 25 mm unterhalb des Punktes, an dem sie sich nach außen biegt. Bohren Sie anschließend ein weiteres Loch, 152 mm vom unteren Ende der Leiste entfernt. Damit Sie dieses Loch exakt positionieren können, empfiehlt es sich, eine Stütze für den inneren Ring (s.o.) und eine der Unterstützungsklammern provisorisch zu verbinden. Platzieren Sie die beiden Teile neben einer der Leisten des zentralen Kerzenhalters, genau so, wie die Teile beim späteren Zusammenbau des Kerzenständers nebeneinander stehen müssen. Zeichnen Sie das Nietloch an dem inneren umgebogenen Ende der Unterstützungsklammer an, dort, wo sie gegen die Leiste des zentralen Kerzenhalters stößt. Diesen Vorgang sollten Sie für jede einzelne Leiste des zentralen Kerzenständers wiederholen, da es bei den Maßen der Einzelteile zu Abweichungen kommen kann und diese deshalb möglicherweise nicht untereinander austauschbar sind.

Verbinden Sie die drei Leisten des zentralen Kerzenständers an ihrer Basis mit einer Unterlegscheibe, wie Sie das auch bei den Beinen getan haben. Dabei sollte sich die Scheibe an der "Innenseite" des Kerzenhalters befinden. Nun biegen Sie aus dem gleichen Material, welches Sie auch für die Leisten verwendet haben, zwei Ringe. Der Durchmesser dieser Ringe muss so gewählt sein, dass sie genau zwischen die Leisten des Kerzenhalters passen. Haben Sie die Ringe auf den richtigen Durchmesser gebracht, können Sie die Enden zusammennieten. In die fertigen Ringe bohren Sie jeweils drei weitere Löcher, die zu den Löchern in den Leisten passen und nieten sie anschließend fest.

Zusammenbau

Als nächster Arbeitsabschnitt folgt der Zusammenbau der Leuchterkrone. Platzieren Sie dazu die Stützen für den inneren Ring in gleichmäßigen Abständen im Inneren der Tropfschale. Zeichnen Sie die Löcher in den Füßen der Stützen auf dem Boden der Tropfschale an, entfernen Sie die Stützen wieder und bohren Löcher mit 3 mm Durchmesser an den markierten Stellen. Anschließend können Sie die Stützen festnieten.

Innerer Ring

Der innere Ring wird genauso hergestellt wie der Rand der Tropfschale. Er ist allerdings aus etwas stärkerem Material gefertigt, da er zwölf dekorative Schlaufen aus Metall aufnehmen muss.

Biegen Sie einen Metallstreifen so weit, dass sich ein Ring ergibt, der genau zwischen die Stützen, die Sie in der Tropfschale befestigt haben, passt. Dort wo sich die Enden des Metallstreifens überlappen, bohren Sie ein Loch hindurch und setzen eine Niete ein. Den oberen Rand des Ringes treiben Sie, wie den der Tropfschale, leicht mit dem Hammer nach außen. Wenn Sie mit dieser Arbeit fertig sind, halten Sie den fertigen Ring zwischen die Stützen, zeichnen die Nietlöcher ein und bohren anschließend durch.

Dekorative Schlaufen

Anscheinend dienten die zwölf Metallschlaufen an der Außenseite des Ringes rein dekorativen Zwecken. Sie sind aus dem gleichen Material wie der innere Ring gefertigt (s. Materialliste). Für ihre Herstellung schneiden Sie zwölf Metallstreifen zurecht, deren Enden Sie zu zwei Spitzen formen (s. Zeichnung "Dekorative Schlaufen"). Diese spitzen Enden biegen Sie 90 Grad in die selbe Richtung und biegen dann den Metallstreifen zu einem Ring. Dazu können Sie das Metall zwar vorher erhitzen, aber da es nicht sehr stark ist, können Sie sich diesen Arbeitsschritt ersparen und nur mit Hammer und Zange arbeiten. Machen Sie sich keine Gedanken, wenn die Schlaufen nicht perfekt rund sind – das sind sie beim Originalstück auch nicht.

Kleine Kerzenhalter

Der Rahmen der kleinen Kerzenhalter besteht aus einem einzigen Stück Bandstahl. Die beiden wie ein Speerblatt geformten Enden lassen sich dabei am einfachsten vor dem Biegen des Rahmens formen. Sie können die Enden gemäß der Zeichnung ausschneiden oder einfach mit einer Feile zurechtfeilen.

Nachdem die Verzierungen fertig sind, messen Sie 279 mm von jedem Ende des Bandstahles ab und biegen ihn so exakt wie möglich an diesen Punkten nach oben, bis sich die gewünschte Rahmenform ergibt.

Materialliste

Metallteile

Das Material ist gewalzter Stahl.

Teil	Anzahl	Stärke	Breite	Länge
Beine	3	3 mm	32 mm	432 mm
Verbindungsscheibe der Beine (Unterlegscheibe)	1	3 mm	51 mm (Durchmesser)	
Schaft	1	19 mm	19 mm	1,118 m
Schaft (oberes Ende)	1	44 mm (rund)		38 mm
Stift	1	3 mm (rund)		25 mm
Tropfschale	1	0,8 mm	407 mm	407 mm
Rand der Tropfschale	1	0,8 mm	76 mm	1,321 m
Tropfschalenträger (langer Arm)	1	3 mm	32 mm	508 mm
Tropfschalenträger (kurze Arme)	2	3 mm	32 mm	238 mm
Stützen für den inneren Ring	3	3 mm	16 mm	241 mm
Unterstützungsklammern für den inneren Ring	3	3 mm	16 mm	165 mm
Leisten für den zentralen Kerzenhalter	3	3 mm	16 mm	546 mm
Scheibe für den zentralen Kerzenhalter (Unterlegscheibe)	1	3 mm	51 mm (Durchmesser)	
Ringe für den zentralen Kerzenhalter	2	3 mm	16 mm	241 mm
Dekorativer Ring	1	0,8 mm	57 mm	991 mm
Dekorative Schlaufen	12	0,8 mm	25 mm	152 mm
Mittlere Schaftverzierung	4	3 mm	19 mm	203 mm
Untere Schaftverzierung	4	3 mm	19 mm	114 mm
Beinverzierung	3	3 mm	25 mm	178 mm
Nieten	50	3 mm (Durchmesser)		6 mm

Damit dieser Rahmen stabil wird und die Kerze später nicht heraus fallen kann, benötigen Sie noch einen Ring. Dieser wird wieder in der gleichen Weise hergestellt wie die Ringe des zentralen Kerzenhalters. Bohren Sie anschließend durch Rahmen und Ring Nietlöcher, setzen Sie die Nieten ein und montieren das Ganze.
Zum Schluss fehlt noch ein weiteres Nietloch am "Boden" des Kerzenhalters, durch das er mit der Tropfschale verbunden werden kann.

Zusammenbau der Leuchterkrone

Beginnen Sie den Zusammenbau der Leuchterkrone, indem Sie die kleinen Kerzenständer in der Tropfschale festnieten. Diese sollten sich zwischen dem dekorativen Ring und dem Rand der Tropfschale befinden, in gleichmäßigem Abstand zu den Stützen für den inneren Ring. Haben Sie die Befestigungspunkte für die Kerzenständer ausgewählt, bohren Sie ein Nietloch durch den Boden der Tropfschale. Stecken Sie nun von oben eine Niete durch dieses Loch hindurch und vernieten den Boden der Tropfschale von unten mit dem Kerzenständer.
Haben Sie alle drei Kerzenständer so befestigt, müssen die Metallschlaufen am inneren Ring angebracht werden. Dazu fixieren Sie den inneren Ring provisorisch zwischen den Stützen und markieren die Punkte für je vier Schlaufen zwischen jedem der drei Kerzenhalter. Entfernen Sie den Ring wieder und bohren an den Markierungen Löcher durch den Ring, durch welche die Spitzen der Metallschlaufen hindurch passen. Stecken Sie die Spitzen hindurch und biegen diese von innen um, bis sie an der Innenseite des dekorativen Ringes anliegen.
Nun befestigen Sie die Unterstützungsklammern für den inneren Ring am zentralen Kerzenhalter, der bisher noch nicht in der Leuchterkrone angebracht wurde. Stecken Sie die Nieten von der Innenseite des Kerzenhalters durch die Klammern und vernieten das Ganze von außen.
Als nächstes platzieren Sie den inneren Ring zwischen den dafür vorgesehenen Stützen. Richten Sie die Nietlöcher entsprechend der Löcher in den Stützen aus. Der innere Ring sollte nun zwischen den Stützen und den Unterstützungsklammern liegen. Stecken Sie nun Nieten von innen durch die Löcher und vernieten die gesamte Stützkonstruktion.

Befestigung der Krone

Bohren Sie ein Loch mit 5 mm Durchmesser durch die Tropfschale und durch die Öffnung in der Unterlegscheibe des zentralen Kerzenhalters hindurch. Dann setzen Sie die Tropfschale in ihren Träger. Der Stift, der aus dem oberen Ende des Schaftes ragt, sollte durch die Löcher im Träger der Topfschale, im Boden der Tropfschale und im Zentrum der Unterlegscheibe, die den Boden des zentralen Kerzenhalters bildet, hindurch gehen.
Um die Tropfschale in ihrem Träger zu befestigen, bohren Sie vier Löcher durch den Rand der Schale, wo die umgebogenen Enden des Trägers aufliegen. Stecken Sie dort eine Niete hindurch und vernieten den Träger mit der Schale.
Zum Schluss nieten Sie den Kopf des Stiftes, der durch den Boden des zentralen Kerzenhalters ragt und befestigen so die Leuchterkrone dauerhaft auf dem Schaft.

Verzierungen

Die Verzierungen in der Mitte und am Fuß des Schaftes können nun angebracht werden, um dem Kerzenständer den letzten Schliff zu geben. Formen Sie, wie in Kapitel 2 beschrieben, die Krümmungen der Verzierungen mit Hilfe Ihrer Biegevorrichtung.
Die Verzierungen an den Beinen des Schaftes werden aus dem selben Material wie die Beine hergestellt. Formen Sie zunächst die Krümmung aus dem Metall und bearbeiten die Verzierung dann so, dass sie gleichmäßig am Bein anliegt. Bei den Verzierungen an der Basis des Schaftes und denen in der Mitte gehen Sie genauso vor. Haben Sie die Verzierungen geformt, werden diese an den vorgesehenen Stellen angeschweißt und anschließend die überstehenden Schweißnähte so weit abgefeilt, dass sich eine gleichmäßige Oberfläche ergibt.

Oberflächenbehandlung

Da der originale Kerzenständer aus Schmiedeeisen besteht, ist seine Oberfläche fast schwarz. Um diesen Effekt auch bei Ihrem Nachbau zu erreichen, können Sie Ihren Kerzenständer mit Ofenpolitur oder matter Sprühfarbe behandeln.
Beim Original wurde die Tropfschale zudem noch mit Sand gefüllt, um herunter tropfendes Wachs aufzufangen und zu binden.

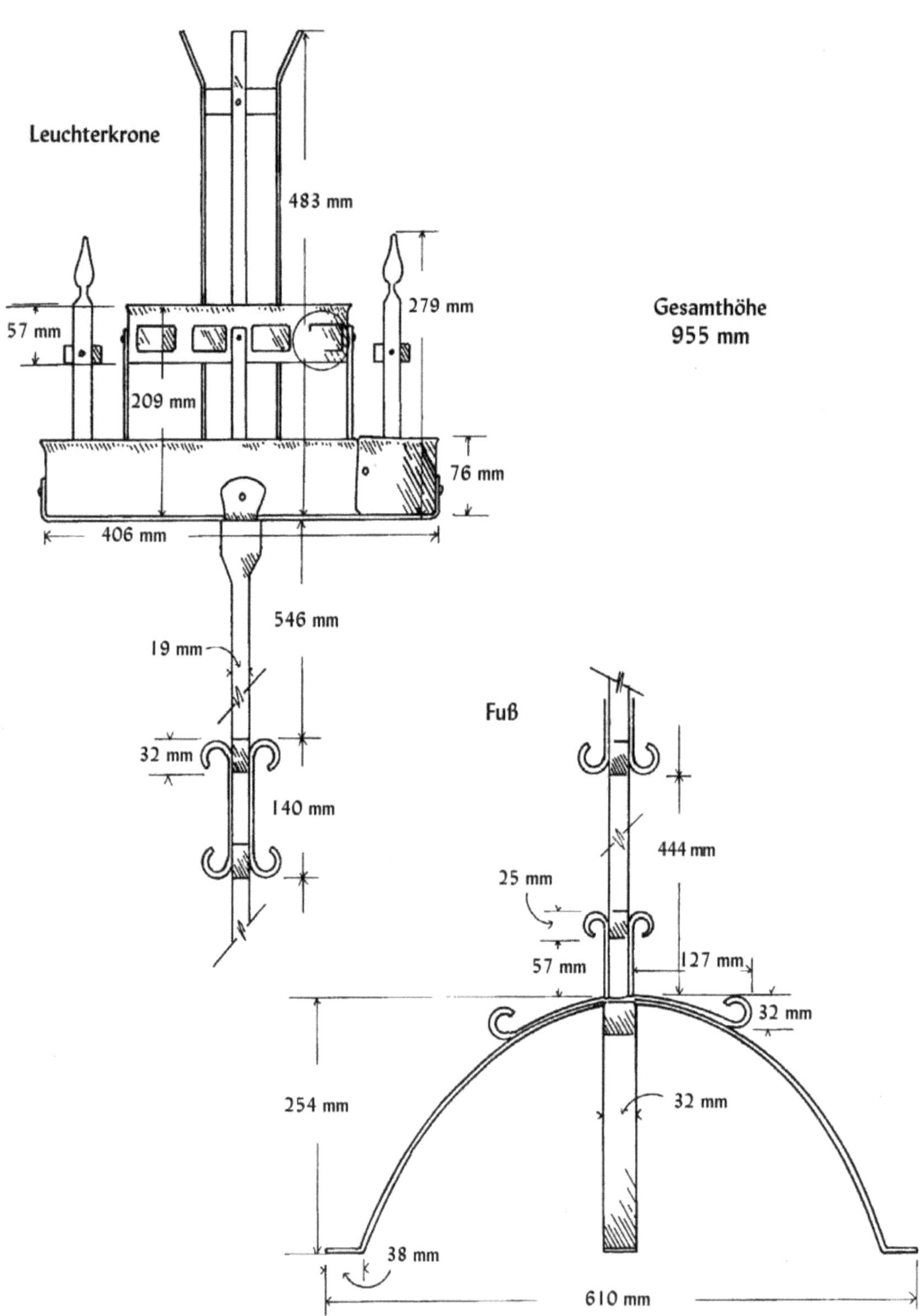
Leuchterkrone
483 mm
279 mm
57 mm
209 mm
76 mm
406 mm
546 mm
19 mm
32 mm
140 mm
Gesamthöhe
955 mm
Fuß
444 mm
25 mm
57 mm
127 mm
32 mm
254 mm
32 mm
38 mm
610 mm

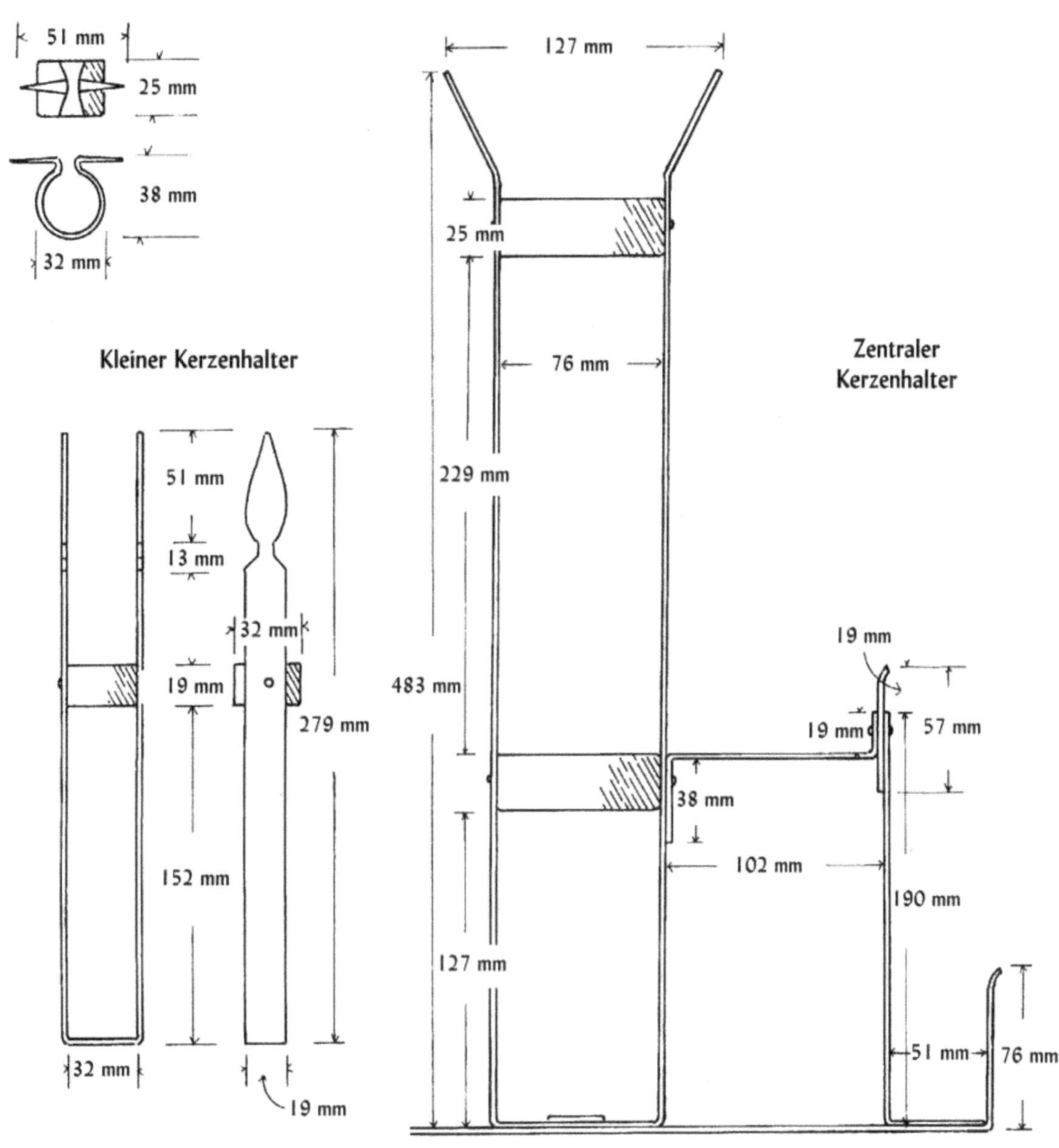
Dekorative Metallschlaufen
51 mm
25 mm
38 mm
32 mm
Kleiner Kerzenhalter
51 mm
13 mm
32 mm
19 mm
279 mm
152 mm
32 mm
19 mm
127 mm
25 mm
76 mm
229 mm
483 mm
127 mm
Zentraler Kerzenhalter
19 mm
19 mm
57 mm
38 mm
102 mm
190 mm
51 mm
76 mm

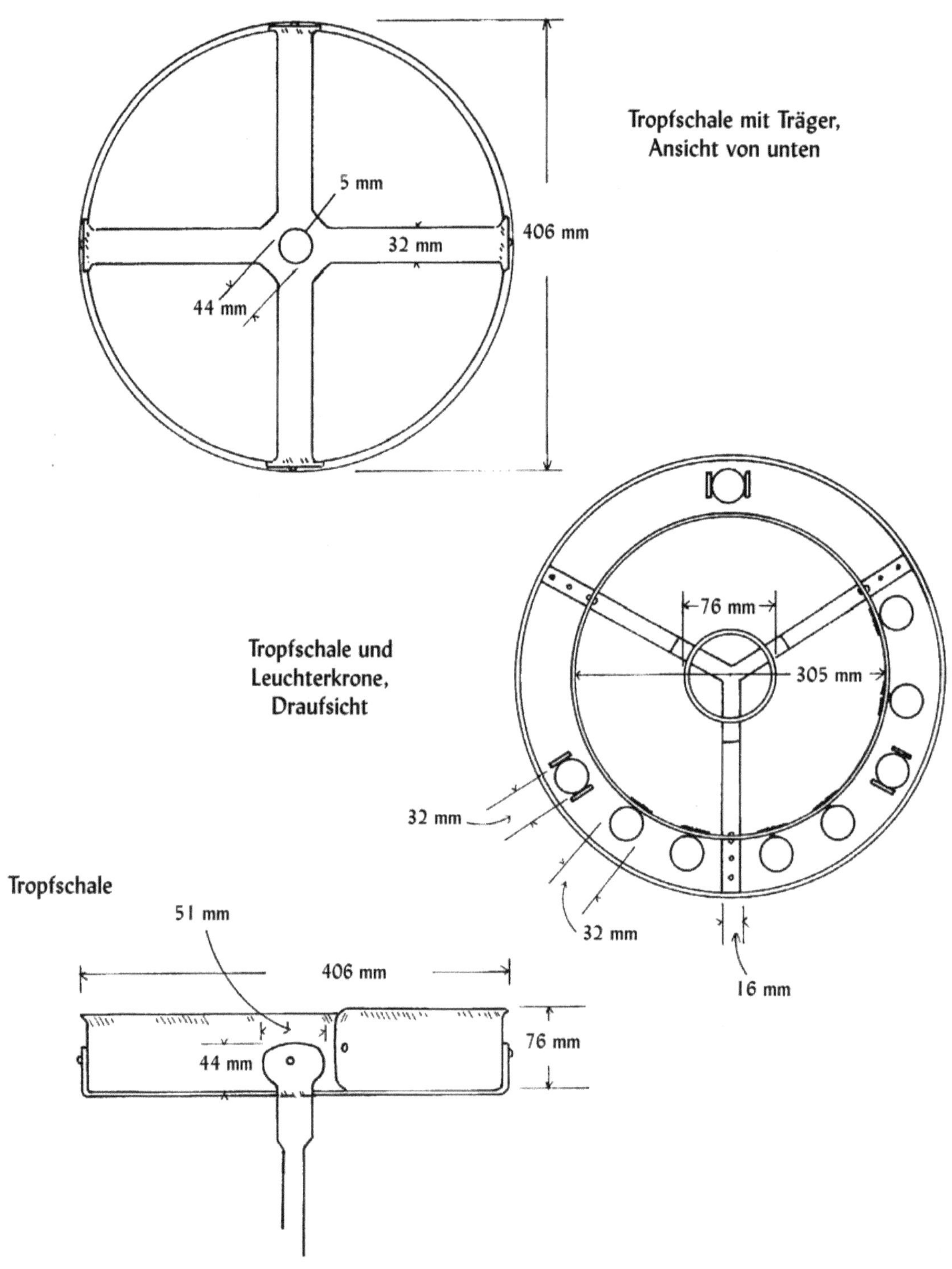
Tropfschale mit Träger,
Ansicht von unten
5 mm
406 mm
32 mm
44 mm
Tropfschale und
Leuchterkrone,
Draufsicht
76 mm
305 mm
32 mm
32 mm
16 mm
Tropfschale
51 mm
406 mm
76 mm
44 mm

Replik eines Himmelbettes, England, 15. Jahrhundert; Eiche, Eisen und Wolle.
Sammlung der Mount Grace Priory, Northhallerton, England.

Himmelbett

Strenge, Demut und Hingabe an Gott waren die Eckpfeiler des klösterlichen Lebens im Mittelalter. In der Möblierung der Mönchszellen spiegelte sich diese Grundeinstellung wieder – so auch in dem hier beschriebenen Himmelbett. Dabei handelt es sich um eine Replik, die heute in einer rekonstruierten Mönchszelle im Kloster Mount Grace in der Grafschaft Yorkshire zu sehen ist.

Das Kloster Mount Grace war seinerzeit eine Kartause, in der die Mönche, anders als bei anderen Orden, in fast völliger Isolation lebten. Jede einzelne Mönchszelle war quasi ein kleines Haus für sich, in dem der Mönch für sich lebte und die ihm zugeteilten Arbeiten verrichtete. Es gab eine Diele, eine Art Wohnzimmer, ein Studierzimmer, eine Werkstatt und natürlich ein Schlafzimmer. Die Ausstattung des Schlafzimmers bestand aus einem einfachen Himmelbett, einer Truhe und einem Schemel. Das Bett war im Grunde genommen nichts anderes als eine Kiste, deren Boden nur 76 mm von den Bodendielen entfernt war und in der als Matratze ein Strohsack lag. Der Baldachin und die Vorhänge des Bettes schützten den Schläfer vor den beißenden Winterwinden und dem Schnee, der ohne Zweifel durch die glaslosen, nur mit Läden geschlossenen Fenster in den kalten Wintern des nördlichen Yorkshire herein geweht wurde.

Mit der Abschaffung der Klöster in ganz England durch Heinrich VIII. wurde auch Mount Grace aufgelöst und alle Überbleibsel des mönchischen Lebens verschwanden.

Bemerkungen zur Konstruktion

Bei diesem Himmelbett handelt es sich im Grunde genommen um eine Kiste mit kassettierten Wänden, welcher der Deckel fehlt. Deshalb können Sie beim Nachbau auch dementsprechend vorgehen. Das eigentliche Bett besteht vollständig aus Holz, es werden weder Nägel noch Leim benötigt.

Materialien

Für den Bau des Himmelbettes wird Eichenholz benötigt, nur die Holzdübel können aus Ahorn- oder Birkenholz sein. Verwenden Sie nur massives Eichenholz und kein Eichenfurnier, da man den Furnieraufbau an den angeschrägten Kanten der Kassetten sehen würde. Vielleicht wird es problematisch, das benötigte Holz in einem herkömmlichen Baumarkt zu erstehen, aber bei einem Schreiner oder in einer Sägemühle sollten Sie Ihr Baumaterial in den Maßen und der Stärke erhalten, die Sie brauchen. Trotzdem müssen Sie die einzelnen Kassetten vielleicht aus zwei oder drei Brettern zusammenleimen.

Für den Boden des Bettes wurden nur die allgemeinen Maße angegeben. Ob Sie den Boden aus einem oder mehreren Brettern bauen, bleibt ganz Ihnen und Ihrem Geldbeutel überlassen, am Ende muss er nur so eben und so solide sein, dass Sie es sich in Ihrem Bett bequem machen können.

Vorarbeiten

Schneiden Sie zunächst die Eckpfosten und die langen oberen und unteren Randleisten zu. Da letztere unterschiedliche Maße aufweisen, müssen Sie die Positionen der Zapfen sorgfältig markieren, um Fehler beim Zuschnitt zu vermeiden.

Legen Sie zwei Eckpfosten, eine obere und eine untere Randleiste auf eine ebene Fläche, sodass sich ein Rechteck ergibt. Die Enden der oberen und unteren Randleiste sollten in die Eckpfosten hinein passen. Die obere Randleiste muss mit ihrer breiteren Seite (76 mm) auf dem Untergrund liegen, bei der unteren Randleiste brauchen Sie sich keine Gedanken darüber zu machen, wie sie liegt, da diese einen quadratischen Querschnitt aufweist. Genauer betrachtet liegen die Oberflächen der Pfosten, der oberen und unteren Randleiste auf drei unterschiedlichen Ebenen. Allerdings ist die im Moment oben liegende Seite die spätere Innenseite des Bettes, die Außenseite liegt völlig gleichmäßig und eben auf Ihrer Werkbank.

Obere Randleisten

Behalten Sie die oben beschriebene Anordnung der Rahmenkonstruktion des Bettes im Kopf, wenn Sie die obere Randleiste entfernen und die Zapfen anzeichnen, die, wie in Detailzeichnung "C" zu sehen, in die Eckpfosten eingefügt werden sollen. Der Zapfen sollte eine Breite von 19 mm und eine Höhe von 57 mm haben und mittig in den Eckpfosten eingezapft werden. Dadurch bleiben rechts und links 16 mm Auflagefläche stehen. Schneiden Sie die Zapfen gemäß der Detailzeichnungen "A" und "B" zu und wiederholen das Ganze an jeweils beiden Enden aller vier oberen Randleisten.

Untere Randleisten

Die Zapfen der unteren Randleiste liegen nicht mittig. Sie sind zwar auch 19 mm stark und haben eine Auflagefläche von 16 mm an der späteren Außenseite des Bettes, aber wegen der Gesamtbreite der unteren Randleiste ist die innere Auflagefläche 54 mm breit. Wie bei der oberen Randleiste sollten die Zapfen auch hier 32 mm lang sein, allerdings sind sie an der unteren Randleiste nicht abgestuft, sondern ihre Höhe entspricht der Gesamthöhe der unteren Randleiste (89 mm). Haben Sie die Zapfen angezeichnet, können Sie diese an allen unteren Randleisten ausschneiden.

Eckpfosten

Schneiden Sie in das obere und untere Ende die erforderlichen Zapfenlöcher, um die Zapfen der oberen und unteren Randleisten aufzunehmen. Obwohl die Zapfen der oberen Randleisten mittig liegen, liegt das Zapfenloch, wegen der unterschiedlichen Maße der Eckpfosten nicht in der Mitte (s. Detailzeichnung C, "Draufsicht der Zapfenverbindungen").

Markieren Sie alle Eckpfosten und Randleisten gemäß ihrer Anordnung und auch welches die Außen- und welches die Innenseite ist (s.o.). Es empfiehlt sich, jedes Zapfenloch und jeden Zapfen zu markieren, da die einzelnen Teile nicht untereinander austauschbar sind. Hat man diese "Vorsichtsmaßnahme" versäumt, kann es Stunden dauern, zwei zusammenpassende Teile zu finden. Auch hier sollten Sie, wie nun schon hinreichend bekannt, Kreide für Ihre Markierungen verwenden, da sie leicht wieder abgewischt werden kann.

Zusammenbau der Rahmenkonstruktion

Wenn alle Zapfen und Zapfenlöcher ausgeschnitten und nachbearbeitet sind, sodass ein guter Sitz gewährleistet ist, bauen Sie den Rahmen zusammen. Da die unteren Randleisten breiter als die Eckpfosten sind, müssen Sie eine Kerbe an jeder Ecke einer unteren Randleiste machen (s. Zeichnung "Untere Randleiste, von oben"). Schneiden Sie diese Kerben lieber in die unteren Randleisten der Schmalseiten.

Sind Sie dann mit dem Zusammenbau fertig, haben Sie quasi die hölzernen Umrisslinien einer Kiste vor sich.

Trennpfosten der Kassettierung

Stellen Sie den Rahmen auf eine ebene Fläche und überprüfen, ob die Konstruktion in allen Richtungen stabil und rechtwinklig geworden ist. Nun müssen Sie entscheiden, wo die Trennpfosten für die Kassetten hinkommen. Jeder dieser Trennpfosten ist 51 mm stark und 76 mm breit und sollte so positioniert werden, dass die 76 mm breite Seite von der Bettaußenseite sichtbar wird. Dadurch sollte jeder Trennpfosten genauso stark sein wie die obere Randleiste, nämlich 51 mm. Markieren Sie die Punkte für die Trennpfosten an der Unterseite der oberen und an der Oberseite der unteren Randleiste. Innerhalb der Umrisslinien jedes Trennpfostens zeichnen Sie dann

noch, wie in Detailzeichnung "C" zu sehen, die Form der Zapfen ein. Danach können Sie die Zapfen an den Enden der Trennpfosten zuschneiden.
Nehmen Sie den Rahmen anschließend auseinander und schneiden die benötigten acht Zapfenlöcher aus. Probieren Sie dabei immer wieder aus, wie der entsprechende Trennpfosten in die Zapfenlöcher passt und markieren die zusammengehörigen Einzelteile.
Haben Sie alle diese Arbeiten hinter sich gebracht, setzen Sie den gesamten Rahmen wieder zusammen. Sie sollten jetzt 16 Einzelteile vor sich haben, die alle genau rechtwinklig ineinander greifen.

Vorbereitung der Kassettierung

Die oberen und unteren Randleisten sowie die Trennpfosten bilden nun einen Rahmen für die acht Kassetten, welche die Rahmenkonstruktion des Bettes ausfüllen sollen. Zeichnen Sie nun zwei Linien auf die Innenseiten dieser Rahmen, welche die Nut markieren, in die später die Seitenkanten der Kassetten gehören. Eine Linie sollte in einem Abstand von 13 mm parallel zur Innenkante des Rahmens verlaufen, die andere 25 mm parallel zur Außenkante.
Nun nehmen Sie den Rahmen des Bettes wieder auseinander. Zwischen den eben angezeichneten Linien schneiden Sie eine 19 mm tiefe Nut aus. Diese erstreckt sich ohne Rücksicht auf die Zapfenlöcher der Trennpfosten über die ganze Länge der oberen und unteren Randleisten. Genauso verhält es sich bei den Trennpfosten selbst. Wenn Sie die Kassettennut in die Eckpfosten einschneiden, müssen Sie allerdings darauf achten, dass diese nicht über das Zapfenloch für die obere Randleiste hinaus reicht.

Kassetten

Die in der Materialliste angegebenen Maße für die Kassetten erlauben eine Zugabe von 19 mm in Höhe und Breite, was der Tiefe der Nuten entspricht, in die sie eingefügt werden sollen.
Die abgeschrägten Seiten der Kassetten wurden ursprünglich mit dem Zugmesser gearbeitet, dadurch ergibt sich eine leicht unregelmäßige Oberfläche, die vielleicht dem historischen Vorbild entsprechen würde. Mit einem Hobel, lassen sich die abgeschrägten Flächen aber leichter herausarbeiten und das Ergebnis sieht gleichmäßiger aus.
Bevor Sie den Hobel ansetzen, müssen Sie aber die Maße der Schräge entlang der Kanten und auf der Oberseite der Kassette anzeichnen. Die Breite der Schräge beträgt einschließlich des Teiles, der später in der Rahmennut verschwindet, 51 mm.
Vielleicht müssen Sie die Außenkante der Nut etwas nachbearbeiten, da sie ja eine schräge Fläche aufnehmen soll. Hüten Sie sich aber davor, zuviel Material wegzunehmen, da sonst ein fester Sitz der Kassette nicht mehr gegeben ist.

Zusammenbau

Wenn nun alle Kassetten abgeschrägt und eingepasst sind, können Sie mit dem Zusammenbau beginnen. Setzen Sie zunächst eine Schmalseite des Bettes zusammen. Dann gehen Sie zu den Längsseiten über und zuletzt bauen Sie die verbleibende Schmalseite zusammen. Ist der Rahmen fertiggestellt und die Kassetten eingesetzt, überprüfen Sie nochmals, ob alles rechtwinklig ineinander passt.
Bringen Sie nun überall Schraubzwingen an, die das Bett zusammen halten, und bohren die Führungslöcher für die Holzdübel. Bohren Sie aber nicht alle Löcher auf einmal, sondern verdübeln Sie zuerst die oberen und unteren Randleisten mit den Eckpfosten. Sind die Ecken gesichert, verdübeln Sie die Trennpfosten mit den oberen und unteren Randleisten. Wenn Sie die Enden der Dübel leicht anspitzen, lassen sie sich leichter in die Führungslöcher einschlagen.

Bodenbretter

Schneiden Sie nun die Bodenbretter zu. Um die größtmögliche Stabilität zu erreichen, sollten die Bodenbretter quer und nicht längs im Bett liegen. Sie müssen übrigens nicht dicht an den Innenseiten der Kassetten anliegen, dürfen aber natürlich auch nicht zwischen den unteren Randleisten hindurch fallen. Sie sollten die Bodenbretter um die Eckpfosten herum einkerben. Diese kleine Maßnahme reicht, um die Bodenbretter zu sichern, extra festdübeln oder leimen brauchen Sie diese nicht.
Um das Bett modernen Bedürfnissen anzupassen, können Sie den Boden soweit anheben, dass er ca. 25 cm unterhalb der Oberkante des Bettrandes liegt. Dazu befestigen Sie innen im Bett zwei Leisten (51 x 51 mm) an den Trenn- und Eckpfosten, auf die Sie

Holz

Alle Holzteile sind aus Eichenholz. Die Holzdübel bestehen aus Ahorn oder Birke.

Teil	Anzahl	Stärke	Breite	Länge
Obere Randleiste, Längsseite	2	51 mm	76 mm	1,740 m
Obere Randleiste, Schmalseite	2	51 mm	76 mm	864 mm
Untere Randleiste, Längsseite	2	89 mm	89 mm	1,740 m
Untere Randleiste, Schmalseite	2	89 mm	89 mm	864 mm
Eckpfosten	4	76 mm	76 mm	521 mm
Trennpfosten	4	51 mm	76 mm	419 mm
Seitenkassetten	6	25 mm	394 mm	546 mm
Schmalseitenkassetten	2	25 mm	394 mm	787 mm
Boden	1	25 mm	825 mm	1,753 m
Holzdübel	1	6 mm (rund)		3,302 m

Metallteile

Teil	Anzahl	Stärke	Länge
Betthimmel, Längsseiten	2	12 mm (rund)	1,803 m
Betthimmel, Schmalseiten	2	12 mm (rund)	902 mm
Distanzstäbe	6	12 mm (rund)	51 mm
Vorhangringe	68	25 mm (Durchmesser)	
Betthimmel, Längsseiten	2	9 mm (rund)	1,803 m
Betthimmel, Schmalseiten	2	9 mm (rund)	877 mm

Vorhangmaterial

Das Vorhangmaterial ist grob gewebter, grauer Wollstoff.

Teil	Anzahl	Breite	Länge
Vorhänge	6	1,321 m	2,438 m
Himmel	1	1,168 m	2,083 m

einen Lattenrost oder Bretter legen können, auf die dann wiederum die Matratze gehört.

Oberflächenbehandlung

Wenn der Zusammenbau abgeschlossen ist, schleifen Sie die Oberflächen des Bettes mit Sandpapier und versehen es mit einem Ölfinish.

Betthimmel

Rahmen

Der Rahmen des Betthimmels ist nur ein rechteckiger Rahmen aus verschweißten Rundstäben. Ordnen Sie auf einem ebenen Untergrund zwei kurze (902 mm) und zwei lange (1,803 m) Rundstäbe (13 mm) rechtwinklig an. An jeder Ecke dieses Rahmens stellen Sie einen weiteren kurzen Rundstab (63 mm) auf, der die Ober- und die Unterseite des Rahmens verbindet (s. Zeichnung "Rahmen des Betthimmels"). Schweißen Sie nun den Rahmen an den Ecken zusammen, achten Sie auch hier auf rechte Winkel. Auf der Hälfte der Längsseiten des Rahmens schweißen Sie je einen weiteren kurzen Rundstab (63 mm) an der Innenseite fest.

Über einen 1,803 m langen Rundstab mit einem Durchmesser von 9 mm schieben Sie 20 Kettenglieder oder Vorhangringe aus Metall mit einem Durchmesser von 25 mm. Diesen Stab befestigen Sie an den Eckstäben des bereits verschweißten Rahmens. Zehn der Ringe müssen sich dabei auf jeder Seite des mittleren kurzen Rundstabes befinden. Nun können Sie diesen Teil des Rahmens festschweißen. Wiederholen Sie den Vorgang für die andere Längsseite des Betthimmelrahmens. Nun schieben Sie je zwölf Ringe über einen 9 mm-Rundstab, der an den Schmalseiten des Bettes zwischen die Eckstäbe geschweißt wird (vgl. Zeichnung "Rahmen des Betthimmels").

Auf jede Ecke des fertigen Betthimmelrahmens schweißen Sie einen weiteren Ring an, mit dem der Himmel an der Zimmerdecke aufgehängt werden kann.

Anbringung

Bevor Sie den Rahmen des Betthimmels an der Decke anbringen, stellen Sie das Bett an den gewünschten Platz. Der Himmel kann natürlich in jeder gewünschten Höhe aufgehängt werden, aber wir haben uns für einen Abstand von 2,438 m vom Boden entschieden. Bringen Sie nun in der Decke Haken an, die sich direkt über den Eckpfosten des Bettes befinden, und befestigen den Rahmen des Betthimmels mit vier gleich langen Stücken Seil oder Kette daran, damit der Rahmen an allen Ecken gleich hoch hängt.

Vorhänge

Die Länge der Vorhänge hängt natürlich davon ab, wie hoch Sie Ihren Rahmen aufgehängt haben. Insgesamt benötigen Sie sechs Stoffstücke. Soweit als möglich können Sie die Webkanten des Stoffes verwenden, dies erspart eine Menge Näharbeit.

Den oberen und unteren Saum der Vorhänge sollten Sie aber versäubern und unten 25 mm breit und oben 38 mm breit umnähen. Dann nähen Sie die Vorhänge an den Ringen am Rahmen des Betthimmels fest. An die Längsseiten gehören je zwei, an die Schmalseiten je ein Vorhangteil.

Himmel

Für den eigentlichen Betthimmel schneiden ein einzelnes Stoffstück gemäß der in Materialliste angegebenen Maße zu. Schneiden Sie an jeder Ecke ein Stück mit einer Seitenlänge von 114 mm aus dem nicht versäuberten Stoff, wodurch der Himmel zwischen den Deckenbefestigungen nach unten herabhängen kann. Diese Stoffform müssen Sie an den Rändern komplett versäubern, 13 mm breit umnähen, sodass der Stoff nicht ausfransen kann, und ihn am Bettrahmen befestigen.

Seitenansicht

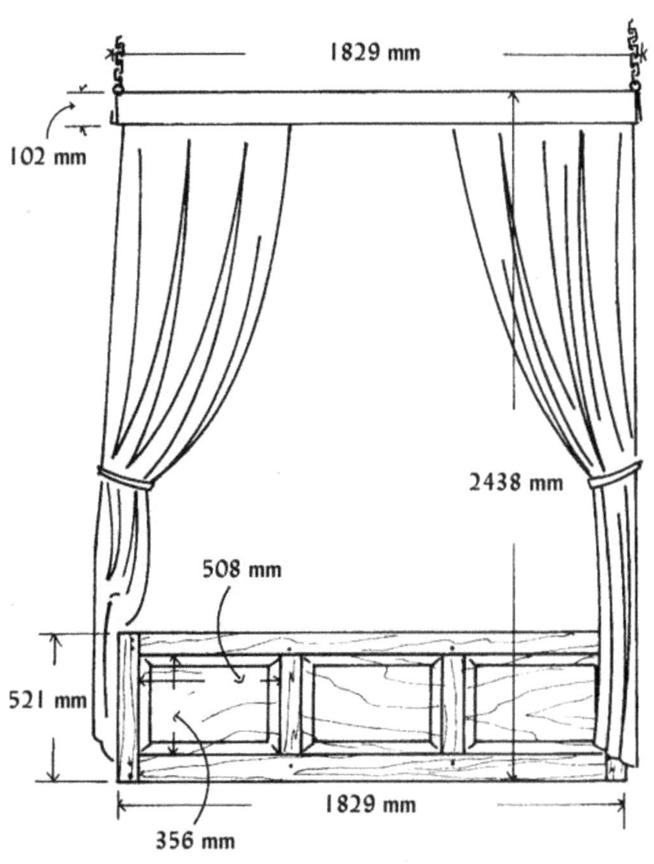

Schmalseite

356 mm

521 mm

749 mm

902 mm

Draufsicht

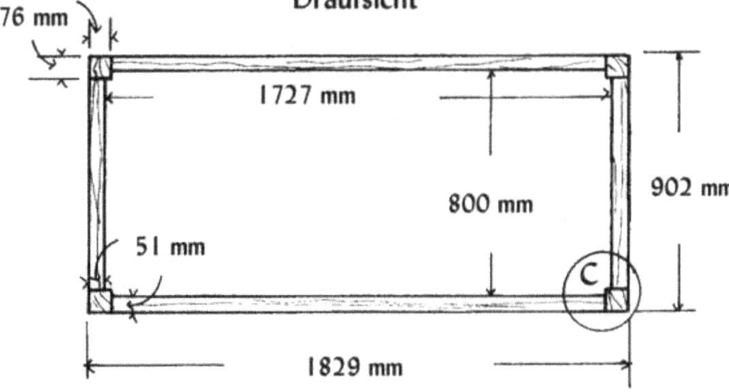

Seitenansicht, Schnittzeichnung

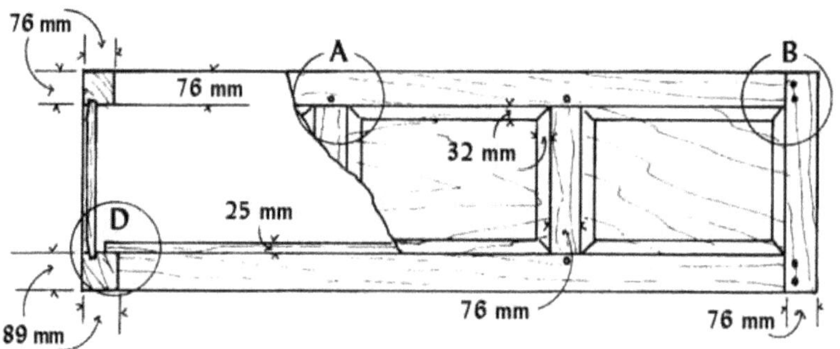

Detailzeichnung A und B

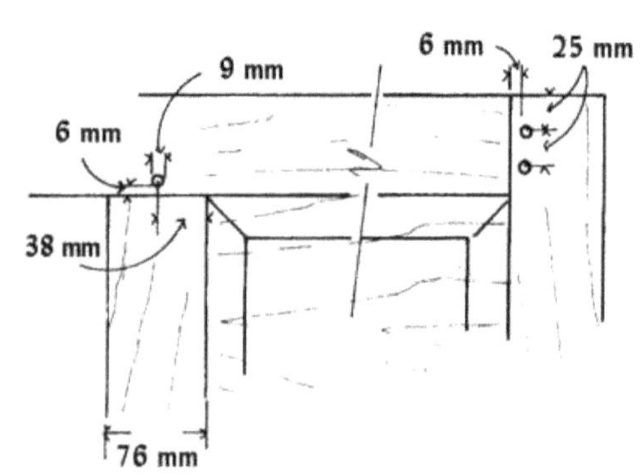

Detailzeichnung A und B

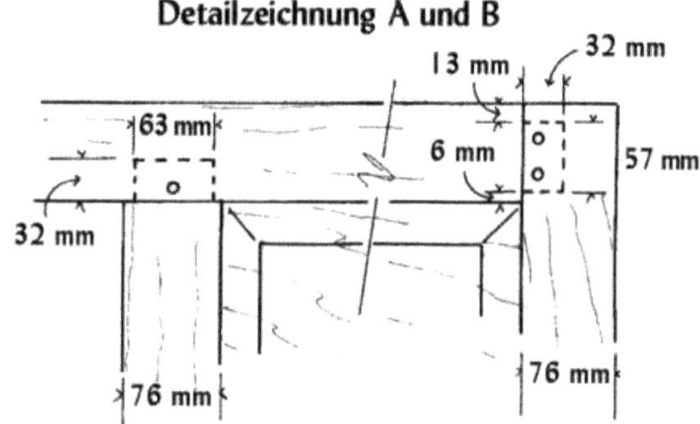

Detail C, Draufsicht der Zapfenverbindungen

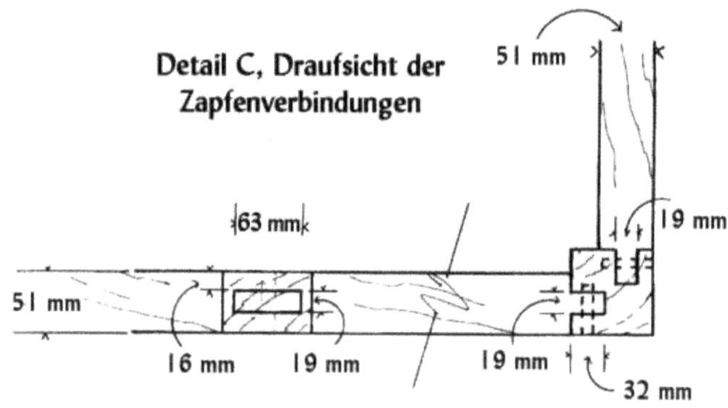

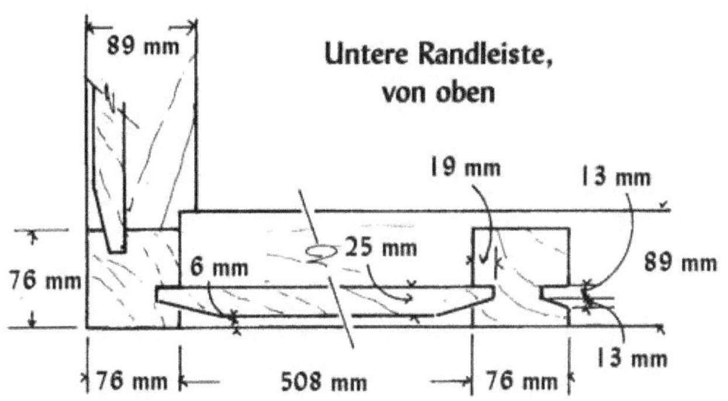
Untere Randleiste, von oben
89 mm
19 mm
13 mm
76 mm
25 mm
6 mm
89 mm
13 mm
76 mm
508 mm
76 mm

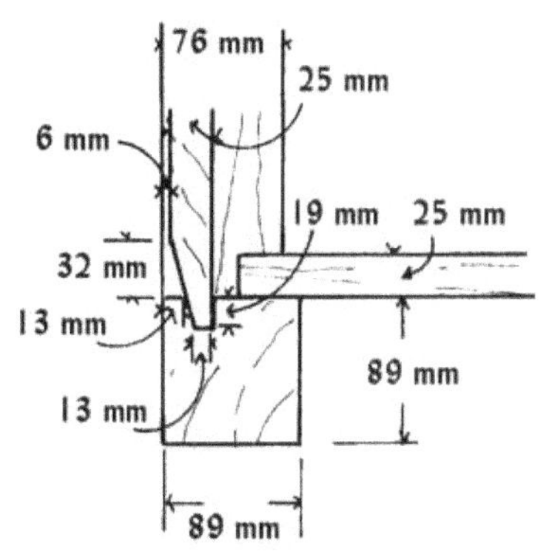
Detailzeichnung D, untere Randleiste und Bodenbrett
76 mm
25 mm
6 mm
19 mm
25 mm
32 mm
13 mm
89 mm
13 mm
89 mm

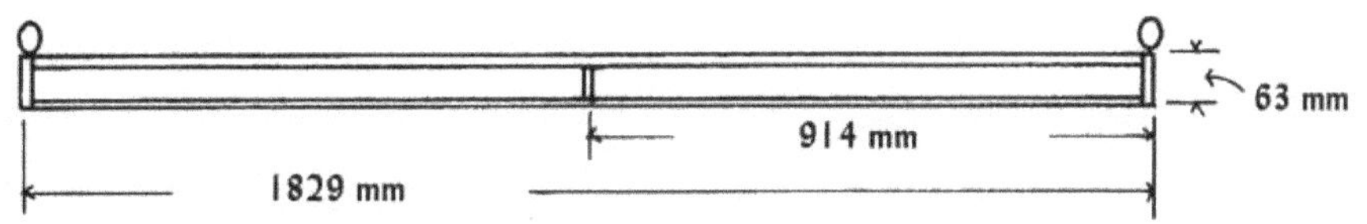
Rahmen des Betthimmels
63 mm
914 mm
1829 mm

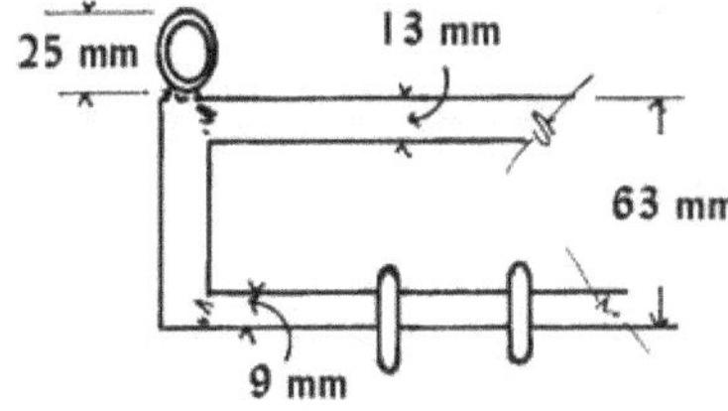
Rahmenecke
25 mm
13 mm
63 mm
9 mm

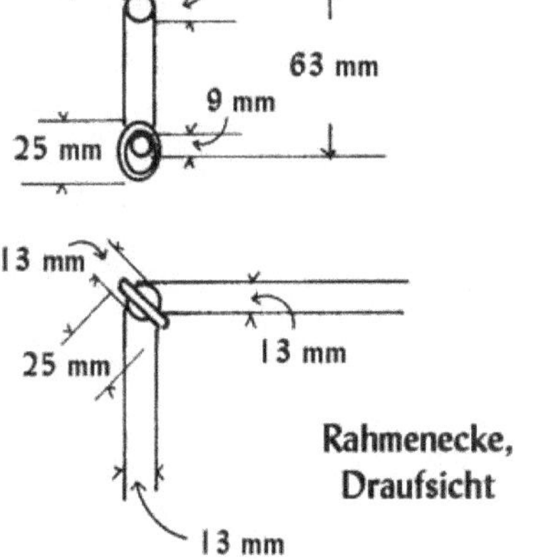
Rahmenecke, Schnittzeichnung
25 mm
13 mm
63 mm
9 mm
25 mm
13 mm
25 mm
13 mm
Rahmenecke, Draufsicht
13 mm

Fensterrahmen aus dem 15. Jahrhundert

Die aufwändigen Maßwerkverzierungen dieses Fensterrahmens aus dem späten 15. Jahrhundert sind an der Innen- und der Außenseite vollkommen identisch, was die Vermutung nahe legt, dass dieser Rahmen nie verglast gewesen ist. Vielleicht wurde dieser fein gearbeitete Fensterrahmen für das Haus eines reichen Kaufmannes gemacht, obwohl ein solches Fenster ohne Glaseinsatz nicht viel Schutz vor den Elementen gewährt hätte.
Nuten auf der Innenseite des Rahmens könnten zwar auf ehemals vorhandene, hölzerne Läden hinweisen, aber das hätte den ehemaligen Hausbewohnern nur die Wahl zwischen nahezu völliger Dunkelheit und dem Wüten des Wetters gelassen.
Die Abmessungen des Fensterrahmens deuten außerdem darauf hin, dass die Höhe des Raumes, für den er ursprünglich gemacht war, nicht besonders groß gewesen sein kann. Zieht man die Höhe der Fensterbank ab und berücksichtigt ein paar altersbedingte Zentimeter Materialverlust an den seitlichen Rahmenleisten, kann der Raum nicht viel höher als 2 m gewesen sein. Aber ganz abgesehen davon, beeindruckt die handwerkliche Perfektion, mit der dieser Fensterrahmen hergestellt wurde, einen heutigen Betrachter.
Vielleicht kann ein Nachbau dieses Fensterrahmens heute seinen ursprünglichen Zweck nicht mehr so recht erfüllen, aber er wäre immer noch ein wunderschöner Raumteiler oder eine Zierde jedes Innenraumes.
Das Original befindet sich heute in den Magazinen des Victoria and Albert Museums.

Bemerkungen zur Konstruktion

Der Fensterrahmen zeigt noch viele Spuren vom Einbau in eine Hauswand. Da diese Spuren aber keinen Einfluss auf die eigentliche Konstruktionsweise haben, sollen sie hier nicht weiter berücksichtigt werden.
Falls Sie beabsichtigen, den Rahmen zu verglasen und tatsächlich als Fenster in einer Außenwand zu verwenden, müssen Sie einige Vorbereitungen treffen. Es empfiehlt sich, eine einzige Doppelglasscheibe einfach über das gesamte Fenster zu legen, sodass die Linien der Konstruktion nicht verändert werden müssen. Ob Sie die Glasscheibe nun an der Außen- oder an der Innenseite des Rahmens anbringen, bleibt eigentlich Ihnen überlassen, aber da sich die Fensterpfosten auf der Innenseite des Rahmens befinden, sollte das Glas logischerweise außen eingesetzt werden.

Fensterrahmen; England, 15. Jahrhundert; Eiche, Höhe: 1,778 m, Breite: 1,981 m, Tiefe: 140 mm.
Victoria and Albert Museum, London, England.

Wenn Sie den Fensterrahmen im Inneren Ihrer Wohnung als Raumteiler benutzen wollen, müssen Sie Füße anbringen, die es Ihnen erlauben, den Rahmen am gewünschten Ort aufzustellen.

Materialien

Der Fensterrahmen wurde vollständig aus Eichenholz hergestellt. Es könnte allerdings schwierig werden, Bretter in den erforderlichen Maßen (140 x 178 mm) zu bekommen. Falls nötig leimen Sie einfach mehrere Bretter, wie in Kapitel 1 beschrieben, für die tragenden Teile des Rahmens zusammen. Sie könnten auch andere Hölzer für den Bau Ihres Fensterrahmens verwenden, aber hüten Sie sich vor druckbehandeltem Holz, das besseren Wetterschutz gewähren soll, es würde sich nach kurzer Zeit verwinden und reißen.

Rahmenkonstruktion

Beim Nachbau des Fensterrahmens beginnen Sie mit der Konstruktion des äußeren Rahmens. Sie werden bemerken, dass sich das Fensterbrett zwischen den äußeren, senkrechten Rahmenleisten befindet, der Fenstersturz aber auf den beiden Leisten sitzt. Behalten Sie das immer im Auge und gehen wie nun folgt weiter vor. Schneiden Sie die Zapfen aus den beiden oberen Enden der äußeren Rahmenleisten und in beide Enden des Fensterbrettes. Dann legen Sie die Rahmenleisten und den Fenstersturz rechtwinklig zueinander auf eine ebene Fläche und zeichnen Sie sich an, wo Sie die Zapfenlöcher in den Fenstersturz einschneiden müssen. Anschließend legen Sie das Fensterbrett rechtwinklig zwischen die Rahmenleisten und zeichnen die Zapfenlöcher auf den Rahmenleisten an.

Wenn Sie damit fertig sind, können die Zapfenlöcher ausgeschnitten werden. Diese Arbeit lässt sich vereinfachen, wenn Sie möglichst viel Holz mit einem Bohrer aus dem Zapfenloch entfernen und dann nur noch die Reste mit dem Stechbeitel ausstemmen.

Danach setzen Sie die vier Rahmenteile zusammen und überprüfen, ob sie gut ineinander passen und rechtwinklig zueinander sitzen. Die Arbeit an einem so großen Stück wie diesem Fensterrahmen erfordert einiges an Übung. Wenn nicht alle Ecken völlig rechtwinklig sind, können Sie zwar kleine Keile einsetzen, um das zu korrigieren, aber verlassen Sie sich nicht darauf, dass solche Tricks sorgfältiges Arbeiten ersetzen könnten. Die Struktur des Fensterrahmens ist am stabilsten, wenn alle Teile möglichst genau passen.

Vorarbeiten für die Fensterpfosten

Legen Sie den zusammengesetzten äußeren Rahmen auf den Boden und markieren Sie die Punkte, an denen die Fensterpfosten angebracht werden sollen. Achten Sie dabei darauf, dass die Pfosten auf die Innenseite des Fensters gehören und dass die beiden Zwischenräume auf der rechten Seite etwas enger sind als die übrigen drei. Zeichnen Sie die Umrisslinien jedes Fensterpfostens auf die Oberseite des Fensterbrettes und die Unterseite des Fenstersturzes. Sie tun sich dabei leichter, wenn Sie sich anhand der Zeichnungen in diesem Buch eine Pappschablone vom Umriss der Pfosten anfertigen. Die Schablone muss nicht in jedem Detail genau sein, es genügen die groben Konturen. Wenn Sie diese angezeichnet haben, markieren Sie den Umriss der entsprechenden Zapfen.

Die Kanten der Rahmenleisten und des Fenstersturzes sind auf der Innenseite mit mehreren Abstufungen verziert. Zeichnen Sie diese Verzierungen ebenfalls an den senkrechten Rahmenleisten an und markieren Sie den Punkt, an dem das Fensterbrett auf die Rahmenleisten trifft. Dort beginnen die Verzierungen der Kanten der äußeren Rahmenleisten.

Jeweils an dem Punkt, an dem die abgestufte Kante des Fenstersturzes auf eine senkrechte Rahmenleiste oder einen Fensterpfosten trifft, ist sie mehrfach verkröpft, um die Abstufung an den Kanten der senkrechten Bauteile aufzunehmen.

Fensterpfosten

Legen Sie den äußeren Rahmen des Fensters nun erst einmal beiseite und wenden sich den Fensterpfosten zu. Noch bevor Sie mit den Schnitzarbeiten an den Pfosten beginnen, ähnelt ihr Querschnitt eher einer Raute als einem Quadrat.

Sie benötigen zunächst eine Leiste, die in ihren Dimensionen dem größten Umriss des späteren Fensterpfostens entspricht (114 x 92 mm). Aus dieser Leiste schnitzen Sie zuerst die Abstufungen der Kantenverzierung der Innenseiten heraus und beginnen erst danach mit der keilförmigen Außenseite.

Materialliste

Holz

Alle Holzteile sind aus Eichenholz. Die Holzdübel bestehen aus Ahorn oder Birke.

Teil	Anzahl	Stärke	Breite	Länge
Rahmenleisten	2	140 mm	178 mm	1,702 m
Fenstersturz	1	140 mm	178 mm	1,982 m
Fensterbrett	1	140 mm	178 mm	1,778 m
Fensterpfosten	4	114 mm	92 mm	1,295 m
Dreipässe	3	25 mm	286 mm	305 mm
Dreipässe	2	25 mm	286 mm	298 mm
Holzdübel	1	13 mm (rund)		1,524 m
Holzdübel	1	19 mm (rund)		762 mm

Haben Sie diese aufwändigen Arbeiten beendet, schneiden Sie aus dem oberen Ende jedes fertig gestellten Fensterpfostens einen Zapfen aus, der in den Fenstersturz gehört.

Einschneiden der Nut

Nehmen Sie nun den äußeren Rahmen wieder auseinander und schneiden die Nut, in welche die Maßwerkverzierungen später eingesetzt werden, in die Fensterpfosten, die Rahmenleisten und den Fenstersturz. Beachten Sie (s. Zeichnung "Dreipass, Detail"), dass die Nut in den Rahmenleisten etwas tiefer als im Fenstersturz sein muss. Die Nut durchschneidet die Fensterpfosten aber nicht komplett, in der Mitte jedes einzelnen Pfostens bleibt etwas Holz stehen, sodass jeder Pfosten eine separate Nut links und rechts aufweist, welche die Schnitzerei aufnimmt (s. schattierten Bereich in Zeichnung "Fensterpfosten, Detail").
Um diese Arbeit etwas leichter zu gestalten, können Sie die Nut im Fenstersturz in einem Stück in ganzer Länge durchlaufen lassen, anstatt sie bei jedem Fensterpfosten zu unterbrechen.

Ausschneiden der Zapfenlöcher

Schneiden Sie die Zapfenlöcher an den bereits markierten Stellen in das Fensterbrett und den Sturz. Die Zapfenlöcher und die Nut liegen so zwar ineinander, aber das schadet nicht, da die Zapfenlöcher ein gutes Stück tiefer sein müssen.
Passen Sie dann die Fensterpfosten in den Sturz ein und markieren, welcher Pfosten in welches Zapfenloch gehört, da es sehr unwahrscheinlich ist, dass die einzelnen Pfosten untereinander austauschbar sind.

Kantenverzierungen

Schneiden Sie nun die abgestuften Verzierungen in die Kanten der Rahmenleisten und des Fenstersturzes. Diese noch relativ einfache Arbeit können Sie mit einem speziellen Hobel verrichten. Arbeiten Sie zunächst an den seitlichen Rahmenleisten, da hier die Schnitzerei in einem Stück vom Ansatz des Fensterbrettes bis zum Ende der Rahmenleiste verläuft. Am Beginn der Schnitzerei, am Fensterbrett, schnitzen Sie die Verzierungen zunächst mit einem Hohlbeitel heraus, bevor Sie den Hobel ansetzen können.

Am Fenstersturz können Sie in gleicher Weise vorgehen, aber achten Sie auf die Verkröpfungen über den Fensterpfosten. Diese müssen ebenfalls mit dem Hohlbeitel und gegebenenfalls einem Schnitzmesser geformt werden. Damit die Übergänge der Verzierungen an den Verkröpfungen möglichst gleichmäßig werden, stecken Sie die Fensterpfosten vorher in den Sturz.

Anpassen der Fensterpfosten

Bauen Sie die Rahmenleisten und das Fensterbrett wieder zusammen, achten Sie darauf, dass alle rechten Winkel eingehalten werden. Setzen Sie den Fenstersturz mit den Fensterpfosten auf die Rahmenleisten, sodass die unteren Enden der Pfosten auf dem Fensterbrett ruhen.
Wenn Sie wieder alles rechtwinklig gegeneinander ausgerichtet haben, positionieren Sie jeden Fensterpfosten gegenüber dem entsprechenden Zapfenloch im Fensterbrett und markieren dann die exakte Länge jedes einzelnen Pfostens. Nehmen Sie diese dann aus dem Sturz heraus und schneiden die Zapfen an den unteren Enden zu. Mit Ausnahme der Dreipässe sollte sich nun der gesamte Fensterrahmen passgenau ineinander fügen lassen.

Dreipässe

Schneiden Sie die Bretter, aus denen die Dreipässe ausgesägt werden sollen, nun in der Länge so zu, dass sie in die Nut zwischen den Fensterpfosten passen. Ziehen Sie um das obere Ende und die beiden Seiten jedes Brettes eine Linie und notieren Sie, in welchen Zwischenraum jedes Brett gehört. Dann nehmen Sie die Bretter wieder aus der jeweiligen Nut heraus.
Vergrößern Sie die Vorlage für die Dreipässe mit Hilfe eines Fotokopiergerätes bis zur benötigten Größe und übertragen diese auf das so eben zugeschnittene Brett. Anschließend sägen Sie die Dreipässe mit einer Stichsäge aus und schleifen die Kanten mit Sandpapier glatt. Mit einem Hohlbeitel und einem Schnitzmesser können Sie nun die leicht konkaven Kanten des Maßwerks ausarbeiten, die sich an der Innen- und der Außenseite des Fensterrahmens befinden. Zuletzt müssen noch die in der Zeichnung schattierten Flächen als Vertiefungen (vgl. Zeichnung "Dreipass, Detail") in das Maßwerk geschnitzt werden.

Füße

Damit Sie das Fenster gegebenenfalls als freistehendes Möbelstück verwenden können, müssen Sie noch Standfüße bauen. Die Bretter für die Füße sollten die selben Dimensionen wie die Rahmenleisten haben (140 x 178 mm). Um dem Fensterrahmen einen sicheren Stand zu verleihen, müssen sie 965 mm lang sein, sie stehen dann vorn und hinten 406 mm über.

Die Enden der Füße können Sie entweder zu Löwenfüßen formen, wie beim bereits beschriebenen Scherenstuhl, oder unverziert lassen, wie bei der gotischen Wiege, deren Anleitung zum Nachbau an späterer Stelle erfolgt.

Die Füße des Fensterrahmens benötigen allerdings Verstrebungen, die sich gegen die senkrechten Rahmenleisten abstützen. Diese sollten vom äußeren Ende jedes Fußes bis zu einem Punkt 406 mm vom unteren Ende der Rahmenleisten entfernt verlaufen. Schnitzen Sie die unteren 127 mm jeder Strebe zu einem Zapfen mit einer Höhe und Breite von 76 mm und schneiden ein entsprechendes Zapfenloch in den Fuß.

Die Streben müssen nicht aufwändig verziert werden und können nach dem Vorbild der Beine der gotischen Wiege angebracht werden.

Zusammenbau

Bauen Sie Ihren Fensterrahmen ohne Standfüße, so sollten Sie das tun, während er am Boden ausliegt. Setzen Sie alle Teile zusammen, achten Sie darauf, dass alles rechtwinklig passt und fixieren das Ganze mit Schraubzwingen, damit sich der Rahmen beim Verdübeln nicht verziehen kann. Vergessen Sie aber auch hier nicht, ein Brettchen unterzulegen, damit das Holz Ihres Werkstückes nicht beschädigt wird.

Verdübeln

Wenn Sie den Fensterrahmen mit Schraubzwingen fixiert haben, bohren Sie die Löcher für die Dübel und schlagen diese ein. Die für den äußeren Rahmen verwendeten Dübel haben einen Durchmesser von 19 mm, bei den Fensterpfosten sind diese bloß 13 mm stark.

Wenn alle Dübel eingeschlagen sind, können Sie die Schraubzwingen entfernen, die überstehenden Enden der Dübel absägen und beischleifen.

Anbringen der Füße

Sie können die Standfüße vor oder nach dem Zusammenbau des äußeren Rahmens anbringen. Haben Sie sich entschieden, dies vor dem Zusammenbau des Fensterrahmens zu tun, muss das Fenster aufrecht stehend zusammengesetzt werden. In diesem Fall setzen Sie das Fensterbrett ein, sobald die Füße angebracht sind, und setzen dann die Fensterpfosten ein. Schieben Sie nun die Dreipässe in die vorgesehene Nut und bauen den Fenstersturz an. Richten Sie dann wieder alles rechtwinklig aus und bringen die Schraubzwingen an. Die nachfolgende Arbeit des Verdübelns verläuft wie bereits beschrieben, obwohl Sie sich in dieser aufrechten Position etwas schwieriger gestalten wird.

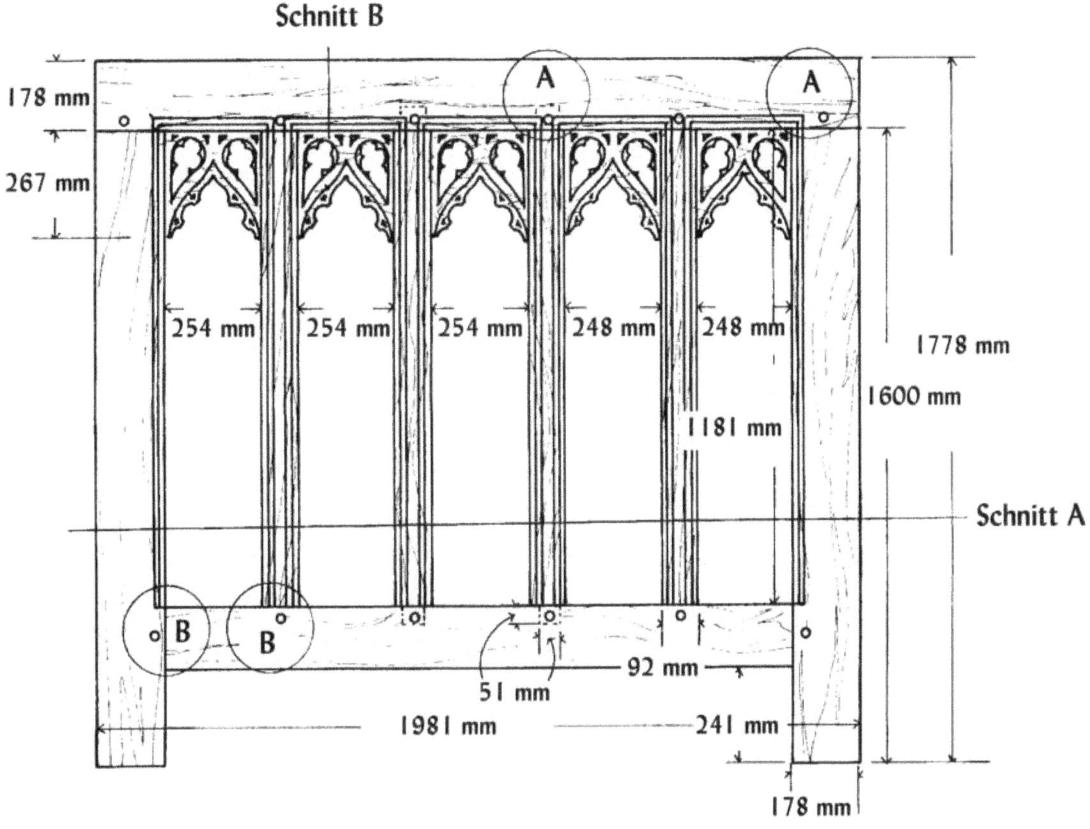
Schnitt B
A
A
178 mm
267 mm
254 mm
254 mm
254 mm
248 mm
248 mm
1778 mm
1600 mm
1181 mm
Schnitt A
B
B
92 mm
51 mm
1981 mm
241 mm
178 mm

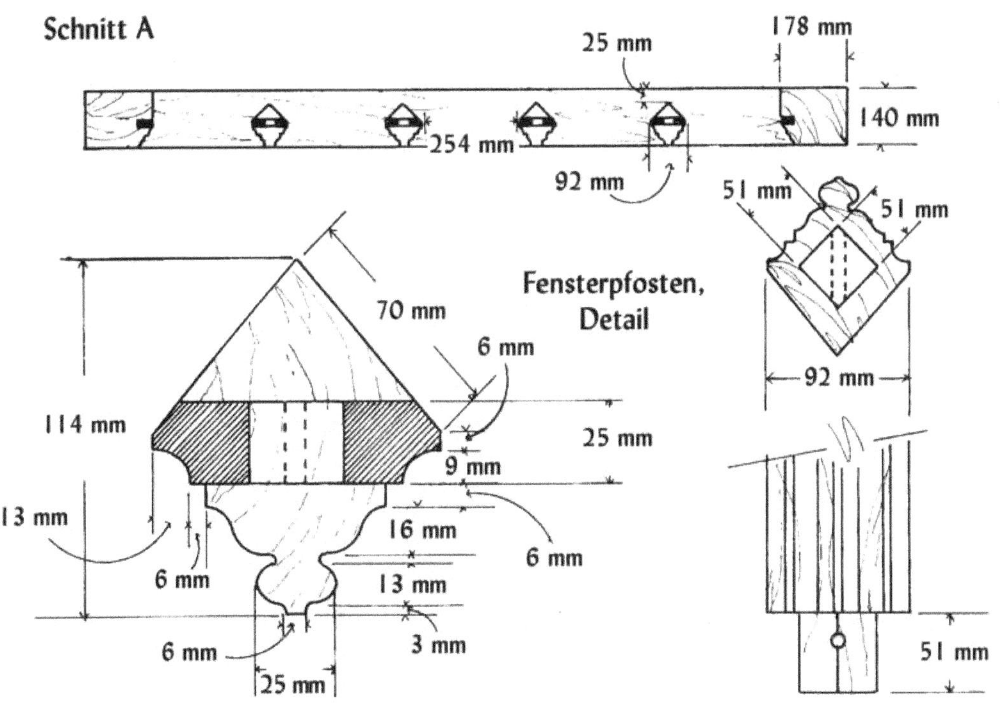
Schnitt A
25 mm
178 mm
140 mm
254 mm
92 mm
51 mm
51 mm
70 mm
Fensterpfosten,
Detail
6 mm
114 mm
25 mm
9 mm
92 mm
13 mm
16 mm
6 mm
6 mm
13 mm
6 mm
3 mm
25 mm
51 mm

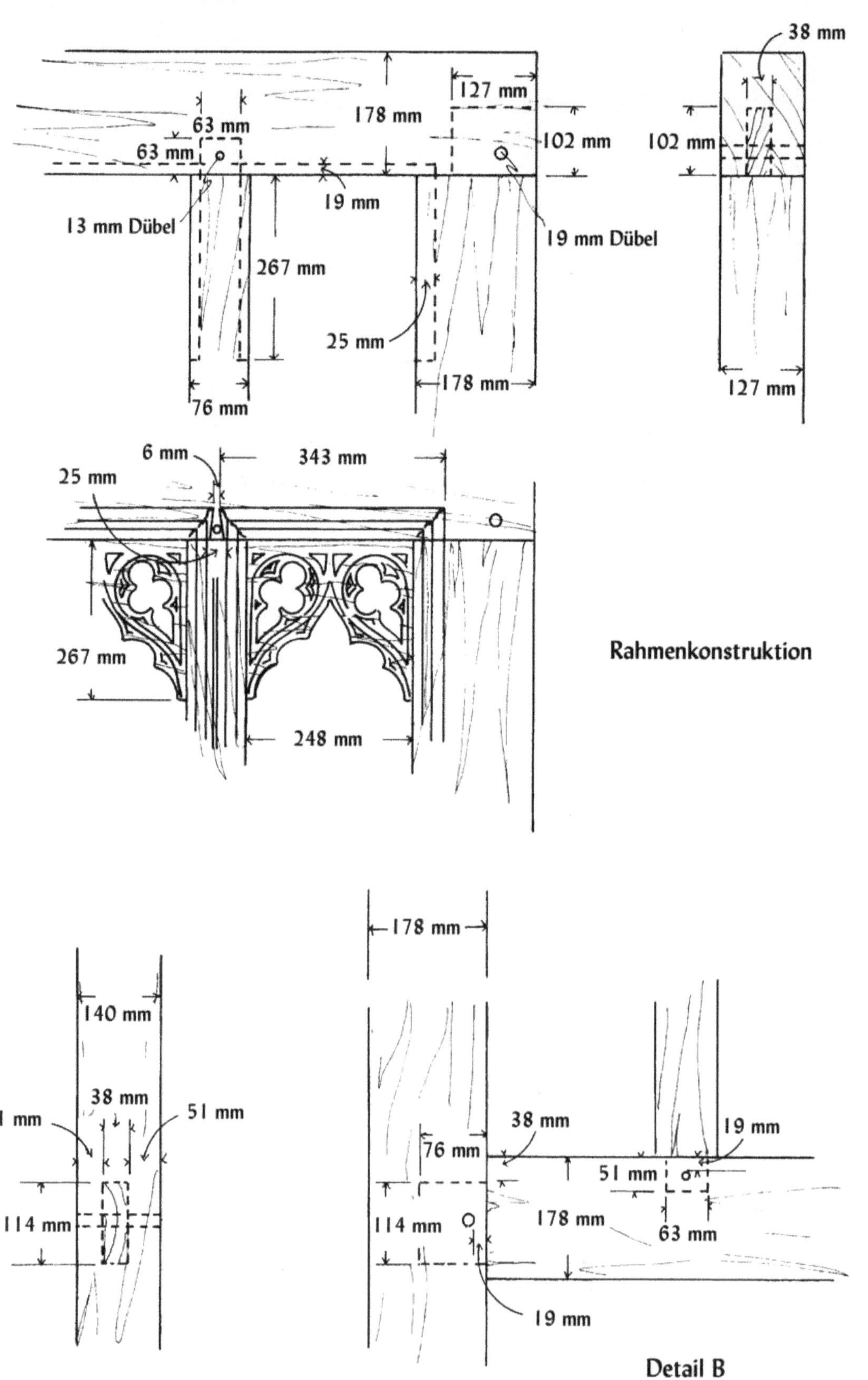
Detail A
38 mm
127 mm
63 mm
178 mm
102 mm
102 mm
63 mm
19 mm
13 mm Dübel
19 mm Dübel
267 mm
25 mm
178 mm
127 mm
76 mm
6 mm
343 mm
25 mm
267 mm
Rahmenkonstruktion
248 mm
178 mm
140 mm
38 mm
51 mm
51 mm
114 mm
76 mm
38 mm
19 mm
51 mm
114 mm
178 mm
63 mm
19 mm
Detail B

152 mm

127 mm

25 mm

267 mm

286 mm

Schnitt B

Dreipass, Detail

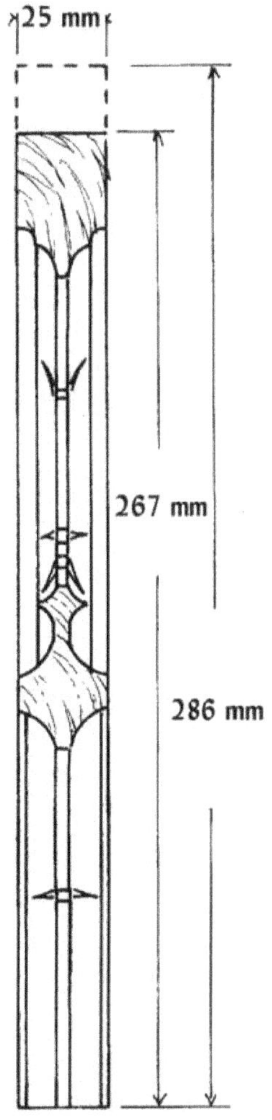

25 mm

Schnitt B

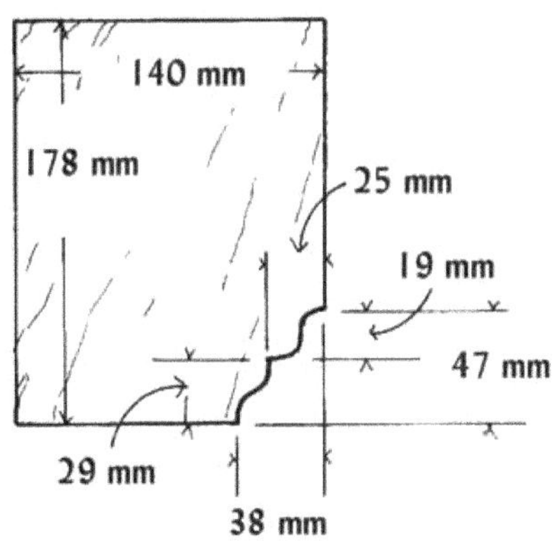

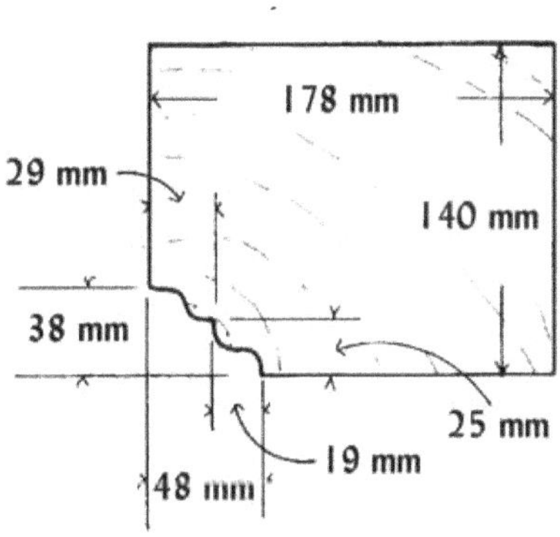

Weinschrank

Mittelalterliche Händler waren nach unserem heutigen Verständnis nicht nur Groß- sondern auch Einzelhändler und die Weinhändler bildeten dabei keine Ausnahme. Für den Adel und reiche Bürger, die sich einen eigenen Weinkeller leisteten, hielt der Weinhändler immer ein Angebot in großen und kleinen Fässern bereit. Die Wünsche nicht so solventer Kunden und kleiner Kneipen um die Ecke stellten jedoch ein Problem dar. Das Verfahren, Wein auf Flaschen zu ziehen, war noch nicht bekannt und der Verkauf von geringen Mengen war deshalb immer etwas umständlich. Man bewahrte also große Krüge eines bestimmten Weines im Laden auf und wenn ein Kunde diesen verlangte, füllte man aus den Vorratskrügen ein mitgebrachtes Gefäß ab.

Die Schränke, in denen der Weinhändler sein Sortiment aufbewahrte, mussten in Größe und Form ganz bestimmten Anforderungen entsprechen. Das Äußere eines solchen Schrankes sollte den Laden schmücken und das Innere mehreren Vorratskrügen Raum bieten, die manchmal immerhin ein Fassungsvermögen von bis zu 18 Litern hatten. Damit der Wein atmen konnte, waren die Türen des Schrankes mit Schnitzwerk durchbrochen.

Die hier vorgestellte schöne Reproduktion eines mittelalterlichen Weinschrankes steht im Verkaufsraum des Medieval Merchant's House in Southampton, einem der ältesten Kaufmannshäuser Englands.

Bemerkungen zur Konstruktion

Obwohl der Weinschrank auf den ersten Blick eher schlicht aussieht, machen ihn die Stärke der verwendeten Bretter und die Feinheit der Schnitzereien und der Metallteile zu einem besonders schönen Beispiel mittelalterlich inspirierter Handwerkskunst.

Materialien

Auch bei diesem Schrank wurde wieder ausschließlich Eichenholz verwendet. Nur die Holzdübel sind wahlweise aus Ahorn oder Birke. Die meisten Bretter, die Sie benötigen, sollten ohne Schwierigkeiten im Fachhandel erhältlich sein. Die Bretter für die Tür, für die Seiten der Front und die Oberseite müssen allerdings zusammengeleimt werden. Damit sie sich nicht verziehen können, ist es besser, sie aus drei oder vier einzelnen Brettern und nicht nur aus zweien zusammenzuleimen.

Bevor Sie mit der Arbeit am Weinschrank beginnen, sollten Sie sich die Materialliste genau durchlesen. Sie werden bemerken, dass die oberen und unteren Leisten, welche die Vorder- und Rückseite sowie die Seiten verbinden, zwar alle die selbe Stärke aufweisen, aber unterschiedlich breit sind.

Zapfenlöcher und Zapfen

Sämtliche Zapfen an diesem Schrank sind 13 mm breit und nicht ganz mittig angeordnet (s. Zeichnung "Eckpfosten und Leisten, Draufsicht"). Dabei entsprechen sie in ihrer Höhe der Gesamthöhe der Leisten, aus denen sie geschnitten werden (s. Zeichnung "Detail B, obere Ecke, Seitenansicht"). Deshalb müssen Sie auch beim Einschneiden der Zapfenlöcher besonders sorgfältig vorgehen, da jede Abweichung von den erforderlichen Maßen nach dem Zusammenbau sichtbar bleiben wird.

Rahmenkonstruktion

Legen Sie die Eckpfosten, die obere und die untere Leiste der Schrankvorderseite auf einem ebenen Untergrund aus. Die Breitseiten der Eckpfosten sollten zur späteren Vorder- bzw. Rückseite des Schrankes hin orientiert sein. Achten Sie darauf, dass alle Einzelteile rechtwinklig zueinander liegen und markieren Sie die Stellen, an denen die obere bzw. untere Leiste auf die Eckpfosten trifft. Danach können Sie die Zapfen und Zapfenlöcher anzeichnen (s. Zeichnungen "Detail A" und "Eckpfosten und Leisten, Draufsicht"). Wenn Sie diese dann zuschneiden, müssen Sie sich merken, welche Seite des jeweiligen Brettes später die Schrankaußenseite bzw. -innenseite sein wird, da die Zapfen und Zapfenlöcher, wie bereits angesprochen, nicht mittig sitzen. Markieren Sie immer wieder auf allen Pfosten und Leisten, an welchen Platz Sie gehören und welche Seite die Schrankaußenseite ist, genauso wie die korrespondierenden Zapfen und Zapfenlöcher, da diese handbearbeiteten Bauteile nicht untereinander austauschbar sind.
Sind Sie mit der Vorderseite des Weinschrankes fertig, verfahren Sie mit der Rückseite genauso. Danach kommen die Seiten des Schrankes an die Reihe (s. Zeichnung "Detail B, obere Ecke, Seitenansicht"). Auch hier müssen Sie wieder aufpassen, welcher der Eckpfosten zur Vorder- bzw. zur Rückseite des Weinschrankes gehört, da auch die oberen bzw. unteren Leisten der Seiten nicht von gleicher Breite sind.
Haben Sie alle Zapfen und Zapfenlöcher zugeschnitten, setzen Sie den Rahmen Ihres Weinschrankes das erste Mal zusammen. Wenn alle Einzelteile gut und rechtwinklig ineinander greifen, sollten Sie jetzt bereits ein Rahmengerüst haben, das in seinen Außenmaßen denen des fertigen Möbels entspricht.

Nuten

Zeichnen Sie an der linken und rechten Seite des Rahmengerüstes die Nuten in der oberen und unteren Leiste an, in welche die Seitenwände gehören, die später von innen in diese Nuten eingesetzt werden (s. Detailzeichnung "C" und "D"). In die untere Leiste, die den rechten und linken vorderen Eckpfosten verbindet, schneiden Sie ebenfalls eine Nut ein. Auf der Außenseite der Schrankrückseite zeichnen Sie eine weitere Nut an, in welche die Bretter der Rückwand, diesmal von außen anstatt von innen, eingesetzt werden.
Abschließend müssen Sie noch die Positionen der Verstärkungsleisten für die Bodenbretter des Weinschrankes markieren. Zeichnen Sie den Umriss der Leisten an den Eckpfosten des Rahmengerüstes an, sodass die Oberkante jeder Verstärkungsleiste in einer Ebene mit den Nuten für die Seitenwandbretter liegt.
Nun nehmen Sie das Rahmengerüst wieder auseinander und schneiden die angezeichneten Nuten aus.

Verstärkungsleisten für den Schrankboden

Die Verstärkungsleisten müssen 571 mm lang sein und eine Kantenlänge von 51 mm haben. Schneiden Sie in beide Enden einen Zapfen mit quadratischem Querschnitt (Kantenlänge 25 mm). Dadurch bleibt rund um den Zapfen eine Auflagefläche von 13 mm stehen.
Schneiden Sie entsprechende Zapfenlöcher innerhalb der Umrisse aus, die Sie auf den Eckpfosten des Schrankes vorgezeichnet haben.

Zusammenbau des Rahmengerüstes

Nachdem die Nuten ausgeschnitten wurden, setzen Sie alle Bauteile des Rahmens auf einem ebenen Untergrund wieder zusammen, diesmal aber inklusive der Verstärkungsleisten für den Boden. Auch hier müssen Sie wieder überprüfen, ob alle Einzelteile rechtwinklig ausgerichtet sind.
Fixieren Sie das ganze Rahmengerüst durch Schraubzwingen und bohren die Führungslöcher für die 13 mm-Holzdübel, die den Rahmen zusammenhalten. Schneiden Sie jeden Dübel 25 mm länger als benötigt zu und spitzen ihn leicht an, damit er gut in das vorgebohrte Loch passt. Sind die Dübel dann eingeschlagen, können Sie diese absägen und beischleifen.
Sind alle Ecken mit Dübeln verbunden, können Sie die Verstärkungsleisten des Bodens befestigen. Jede Leiste sollte gleichmäßig an zwei Stellen entlang ihrer

Replik eines Weinschrankes, England, 14. Jahrhundert; Eiche, Höhe: 1,588 m, Breite: 838 mm, Tiefe: 673 mm. Sammlung des Medieval Merchant's House, Southampton, England.

Gesamtlänge festgedübelt werden. Die entsprechenden Führungslöcher müssen komplett durch die Verstärkungsleiste hindurch gehen und 25 mm tief in die Leisten reichen, die Vorder- und Rückseite verbinden. Sie dürfen später nicht an der Außenseite des Weinschrankes sichtbar sein.

Seitenbretter

Schneiden Sie die Seitenbretter, zwei breitere und zwei schmalere, so zu, dass sie in die Nuten auf der Innenseite der Schmalseiten des Rahmengerüstes passen. Die Bretter sind nur lose durch Nut und Feder verbunden und berühren den vorderen und hinteren Eckpfosten kaum (s. Zeichnung "Seite, Querschnitt").

An beiden Schmalseiten des Weinschrankes steht das schmalere Seitenbrett näher zum vorderen Eckpfosten und das breitere näher zum hinteren. Die Feder befindet sich dabei jeweils am schmaleren Brett und ist 6 mm breit.

Holz

Alle Holzteile sind aus Eichenholz. Die Holzdübel bestehen aus Ahorn oder Birke.

Teil	Anzahl	Stärke	Breite	Länge
Eckpfosten	4	44 mm	127 mm	1,549 m
Tür	1	19 mm	546 mm	1,168 m
Breite Seitenbretter	2	19 mm	444 mm	1,194 m
Schmale Seitenbretter	2	19 mm	108 mm	1,194 m
Rückwandbrett	1	19 mm	152 mm	1,219 m
Rückwandbrett	1	19 mm	178 mm	1,219 m
Rückwandbrett	1	19 mm	203 mm	1,219 m
Oberseite	1	38 mm	190 mm	838 mm
Oberseite	1	38 mm	438 mm	838 mm
Vordere obere Leiste	1	44 mm	51 mm	610 mm
Seitliche obere Leiste	2	44 mm	76 mm	597 mm
Hintere obere Leiste	1	44 mm	51 mm	610 mm
Vordere untere Leiste	1	44 mm	102 mm	610 mm
Seitliche untere Leiste	2	44 mm	102 mm	597 mm
Hintere untere Leiste	1	44 mm	76 mm	610 mm
Boden	1	25 mm	533 mm	711 mm
Verstärkungsleisten für den Boden	2	51 mm	51 mm	571 mm
Rahmendübel	1	13 mm (rund)		1,829 m
Holzdübel	1	9 mm (rund)		1,829 m

Metallteile

Teil	Anzahl	Stärke	Breite	Länge
Scharnierbänder	2	3 mm	51 mm	527 mm
Scharniere	2	3 mm	76 mm	152 mm
Riegel	1	13 mm (rund)		209 mm
Riegelführungen	3	3 mm	19 mm	114 mm
Überwurf	1	2 mm	32 mm	127 mm
Krampe	1	5 mm (rund)		127 mm
Platte für die Krampe	1	3 mm	25 mm	76 mm

Der Spalt zwischen den Eckpfosten und den Seitenbrettern beträgt 2 mm und ist nicht das Resultat eischlampiger Schreinerarbeit, sondern soll dem gelagerten Wein vermutlich genügend Luft zum Atmen zuführen.
Nachdem die Seitenbretter mit Nut und Feder verbunden wurden, können Sie diese mit den 9 mm-Dübeln befestigen. Die schmalen Bretter werden von je zwei Dübeln oben und unten, die breiten von je fünf Dübeln gehalten. Bohren Sie die Löcher für die Dübel von der Innenseite des Schrankes her durch die Seitenbretter und ca. 13 mm tief in die obere bzw. untere Leiste, damit sie von außen nicht sichtbar sind.

Oberseite

Als nächstes befestigen Sie die Oberseite des Weinschrankes. Verdübeln Sie dazu die entsprechenden Bretter gemäß der Zeichnung direkt in die seitlichen oberen Leisten. Die Bretter müssen vorn, hinten und seitlich überstehen (s. in der Zeichnung angegebene Maße), wobei das schmalere Brett zur Rückseite des Schrankes hin angebracht wird.

Boden

Der Boden des Weinschrankes kann aus zwei, drei oder sogar vier Brettern zusammengesetzt sein. Da man den Boden nicht sehen kann, ist die exakte Breite dieser Bretter nicht weiter wichtig. Das vordere Brett muss aber an den Ecken leicht eingesägt werden, damit es die Kanten der Eckpfosten aufnehmen kann. Trotz allem sollten die Bodenbretter gut passen und nicht allzu locker sitzen, da sie die Seitenbretter überdecken und an ihrem Platz halten.

Rückwand

Wie in der Zeichnung zu sehen, werden die Bretter der Rückwand von der Außenseite her angebracht. Auch hier bleiben wieder die Spalten zwischen den einzelnen Brettern, wie bei den Seitenwänden, offen. Nachdem die Bretter festgedübelt wurden, können Sie die überstehenden Dübelenden absägen. Allerdings müssen Sie dabei nicht besonders sorgfältig vorgehen, da die gesamte Rückseite des Weinschrankes weitgehend roh belassen wird.

Tür

Die Tür des Weinschrankes besteht eigentlich aus einem einzelnen Brett, aber Sie sollten sich Ihre Tür lieber aus mehreren Bretter zusammenleimen lassen, da dann die Gefahr geringer ist, dass sich die Tür verzieht. Die Maße der Tür sollten so gewählt werden, dass an allen vier Seiten ein Spalt von 6 mm offen bleibt.
Vergrößern Sie die Zeichnung vom Türdurchbruch bis auf die gewünschte Größe, übertragen Sie diese auf die Tür und sägen sie mit einer Stichsäge aus. Die Innenseite der Schnitzerei kann mit Raspel und Sandpapier vorsichtig geglättet werden, sodass die filigranen Verästelungen des Maßwerkes nicht beschädigt werden. Dann können Sie die Außenseite der Schnitzerei gemäß dem in der Zeichnung gezeigten Profil bearbeiten (s. schattierte Bereiche der Zeichnung).
Abschließend müssen noch die kleinen winkelförmigen Verzierungen, die das Gitterwerk aus Dreiecken umgeben, und der den gesamten Durchbruch umfassende Kreis 4,5 mm tief ausgeschnitzt werden.

Zusätzliche Innenböden

Wenn Sie zusätzliche Innenböden in Ihrem Weinschrank benötigen, können Sie einfach Auflageleisten (Kantenlänge 51 mm) innen an den Seitenwänden mit modernen Holzschrauben befestigen. Sie müssen nur darauf achten, dass Sie diese parallel zur Verstärkungsleiste für den Boden befestigen.

Oberflächenbehandlung

Sind Sie mit dem Zusammenbau des Weinschrankes fertig, können Sie alle Außenflächen mit Sandpapier glätten und gemäß den Anweisungen in Kapitel 3 mit einem Ölfinish versehen.

Scharniere

Die längere Seite der Scharnierbänder wird aus 51 mm breitem Bandstahl geschnitten, wobei ein Ende zwei 38 mm lange Schenkel bildet (s. Kapitel 2). Das andere Ende des Bandes wird zu einem dekorativen Lilienornament geformt. Da der normale Bandstahl etwas zu schmal für dieses Ornament ausfällt, müssen die beiden äußeren "Blütenblätter" der Lilie separat ausgeschnitten und angeschweißt werden. Von den beiden Schenkeln des Scharniers zu dem dekorativen Ende hin,

sollte sich das Scharnierband von 51 mm auf 19 mm verjüngen.
Wenn Sie beim Schmieden der Verzierung mittelalterlich vorgehen, müssen die beiden seitlichen "Blütenblätter" zunächst wie die zwei geraden Zinken einer Gabel aussehen und quasi eine Verlängerung der Seiten des rautenförmigen Mittelteiles ergeben. (Wenn Sie die entsprechende Zeichnung genauer betrachten, dürfte klar werden, was gemeint ist.) Erst dann werden sie erhitzt und gebogen. Die kurze Seite des Scharniers kann in ähnlicher Weise geschmiedet werden – natürlich ohne das lange Scharnierband zwischen Schenkel und Lilienornament.

Krampe

Schneiden Sie die Platte für die Krampe, wie in der Zeichnung angegeben, aus und bohren die benötigten Löcher hinein. Die Krampe selbst wird aus einem 4,5 mm-Rundstab geformt, dessen Enden keilförmig zugeschliffen werden müssen.
Spannen Sie nun die Krampe mit den Enden nach oben in einen Schraubstock ein und stecken die Platte darauf. Dann erhitzen Sie die Enden der Krampe und schmieden sie auf die Platte um (s. Zeichnung "Schlossring").

Verriegelung

Überwurf

Schneiden Sie den Überwurf gemäß der Zeichnung aus. Den Schlitz im Überwurf können Sie aus dem Metall herausarbeiten, indem Sie es erhitzen und den Schlitz mit einem Meißel ausstechen oder Sie verwenden bei kaltem Metall einfach eine Metallsäge. Die Kanten des Überwurfes sollten dann noch mit einer Feile nachbearbeitet werden, bis sie völlig glatt sind.
Als nächstes müssen Sie einen Schlitz in den Riegel schneiden, durch den der Überwurf daran befestigt wird. Diese Arbeit kann ein bisschen frustrierend sein, da sie recht langwierig und aufwändig ist. An der Stelle, wo der Überwurf durch den Riegel hindurchgeht, bohren Sie eine Reihe von Löchern nebeneinander, deren Durchmesser der Stärke des Überwurfs entspricht. Dann entfernen Sie das zwischen den Löchern stehen gebliebene Metall mit einer dünnen Feile. Nun können Sie die Zunge des Überwurfes durch den Schlitz stecken, das überstehende Ende erhitzen und nach außen umbiegen.

Riegelführungen

Biegen Sie je ein Ende der drei in der Materialliste angegebenen Streifen Bandstahl 25 mm weit um. Dadurch erhalten Sie L-förmige Stücke, deren längeres Ende 89 mm lang ist. Spannen Sie diese Metallstreifen mit dem kurzen Ende in einen Schraubstock und biegen das längere Ende um einen Rundstab, der etwas stärker als der Riegel ist. Dadurch ergibt sich nach dem Biegen die Form eines Fragezeichens. Bei dieser Arbeit sollten Sie sich von einem Assistenten helfen lassen, der den Formstab hält, während Sie die Riegelführungen schmieden.
Ist das Metall dann abgekühlt, spannen Sie das noch nicht bearbeitete Ende des Metallstreifens in den Schraubstock und biegen dieses, bis beide Enden in einer Ebene liegen (vgl. Zeichnung "Riegelführung").
Platzieren Sie die fertigen drei Spangen nun auf der Vorderseite des Weinschrankes. Zwei gehören auf die Tür und einer auf den Eckpfosten. Bohren Sie zunächst die Führungslöcher für die Befestigungsnägel (38 mm Länge), legen den Riegel und die Spangen auf und nageln die Spangen fest. Dann erhitzen Sie die Nägel, die auf der Innenseite des Weinschrankes überstehen und biegen diese um.

Anbringen der Scharniere

Die längere Seite des Scharnierbandes wird nun auf der Außenseite der Tür angenagelt, nachdem die Löcher für die Nägel wiederum vorgebohrt wurden, wodurch ein Reißen des Holzes vermieden wird. Auch hier werden die Nägel auf der Schrankinnenseite wieder umgebogen. Sind die Scharnierbänder angebracht, kann die Tür eingesetzt werden. Achten Sie darauf, dass oben und unten ein Spalt von 3 mm Breite bleibt und einer von 5 mm Breite an der Seite der Tür, an der Riegel befestigt wurde.
Das kurze Scharnierband kann nun am entsprechenden Eckpfosten und die letzte Riegelführung am anderen aufgenagelt werden. Zum Schluss bringen Sie die Krampe so auf der Tür an, dass der Überwurf mit seinem Schlitz über den Ring greift.

Vorderansicht

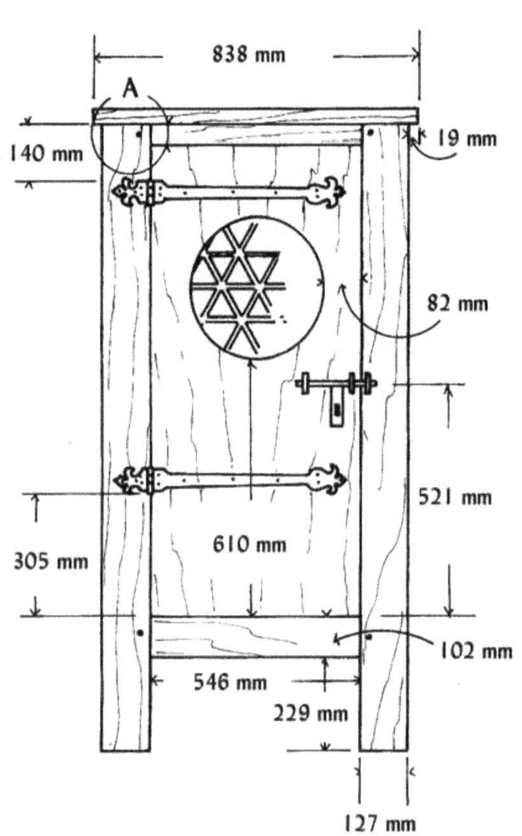

Rechte Seitenansicht

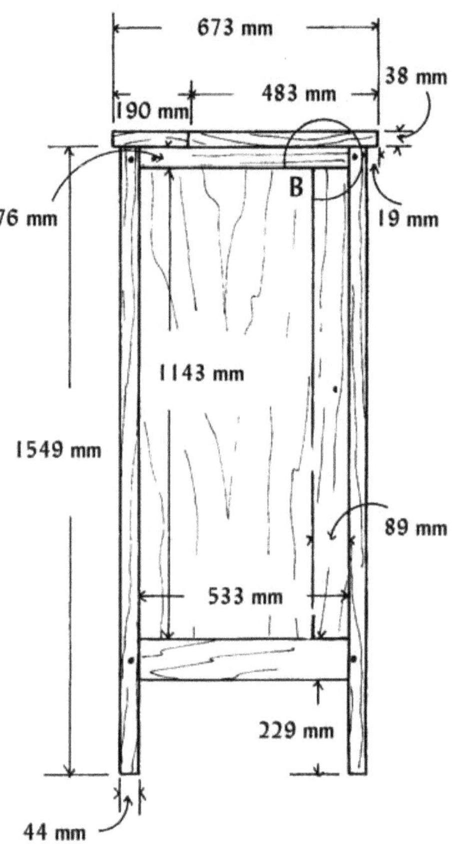

Draufsicht

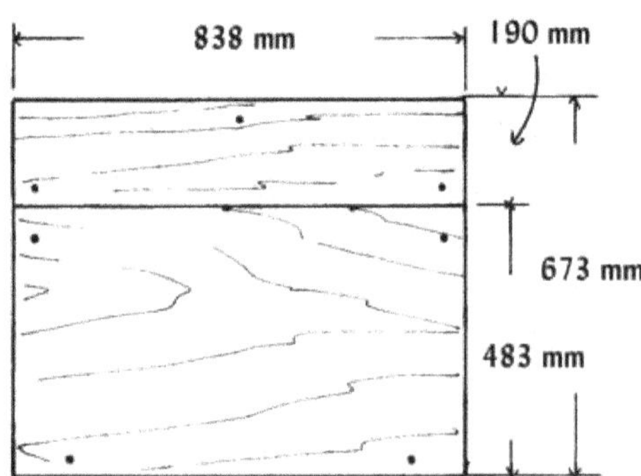

Weinschrank, Vorderseite entfernt

Rückansicht

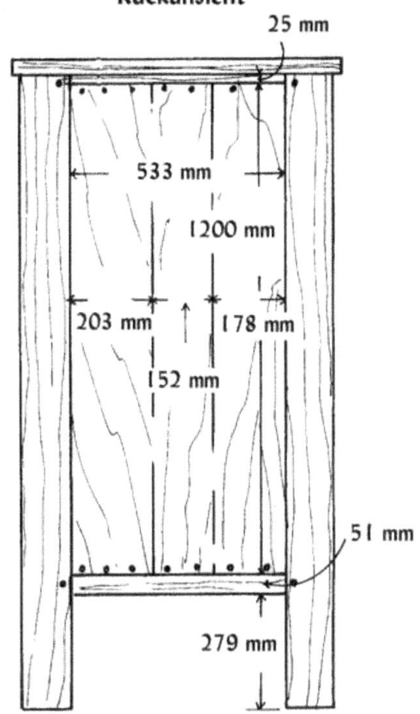

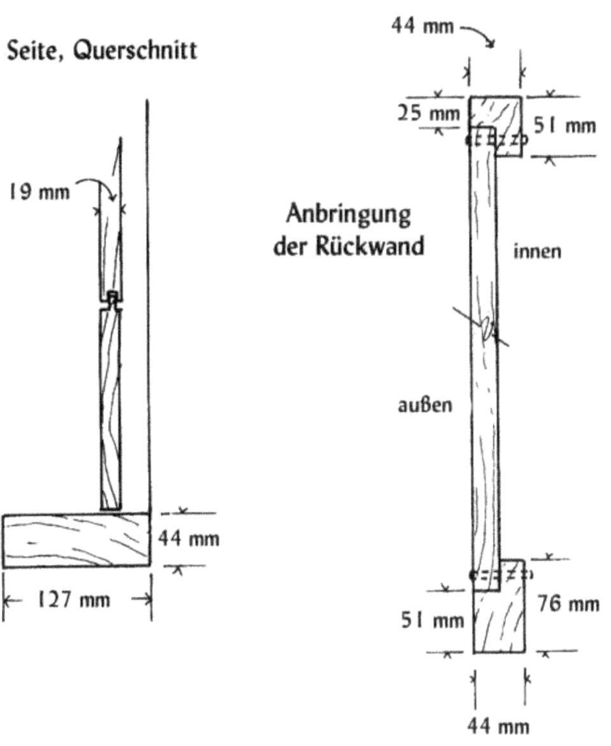

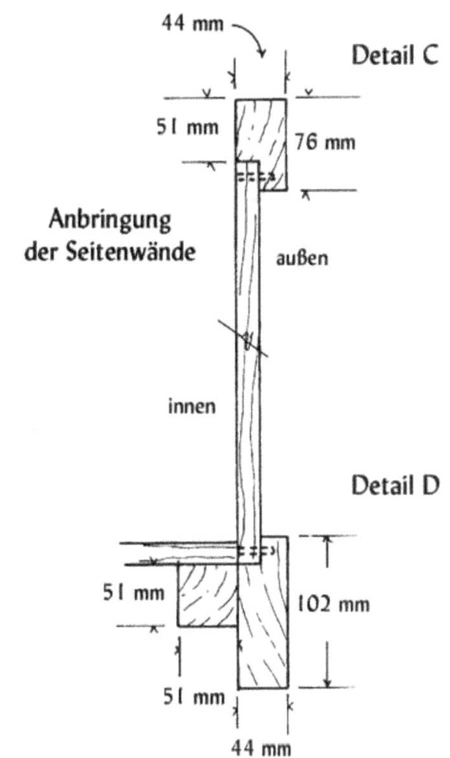

Schnitzerei

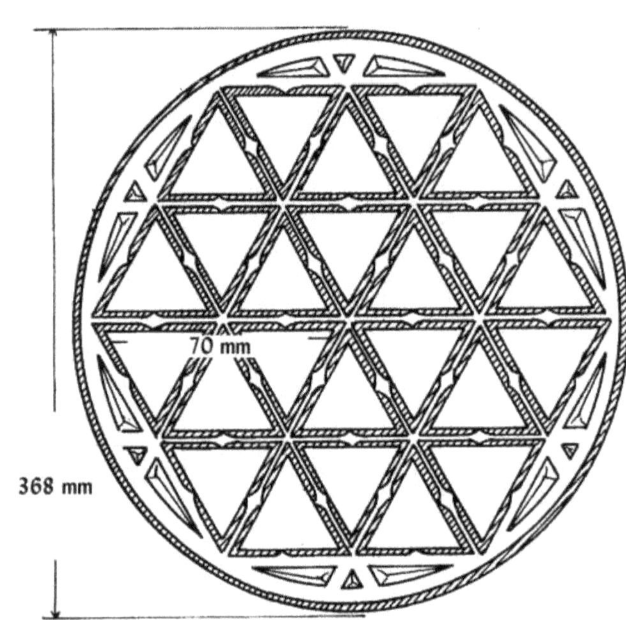

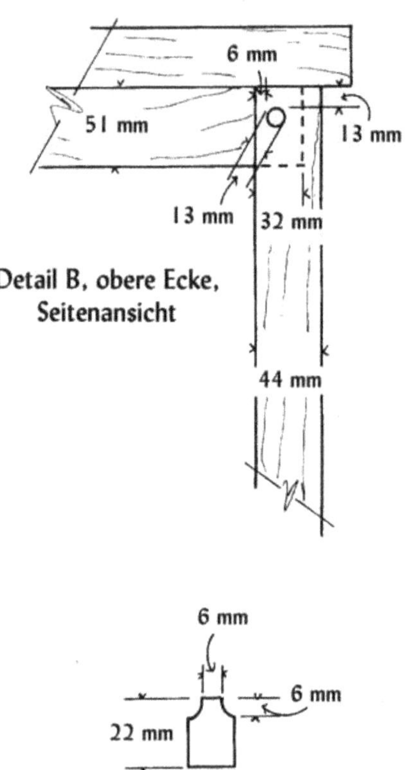

Detail B, obere Ecke, Seitenansicht

Profil der Schnitzerei

Detail A, obere Ecke, Vorderseite

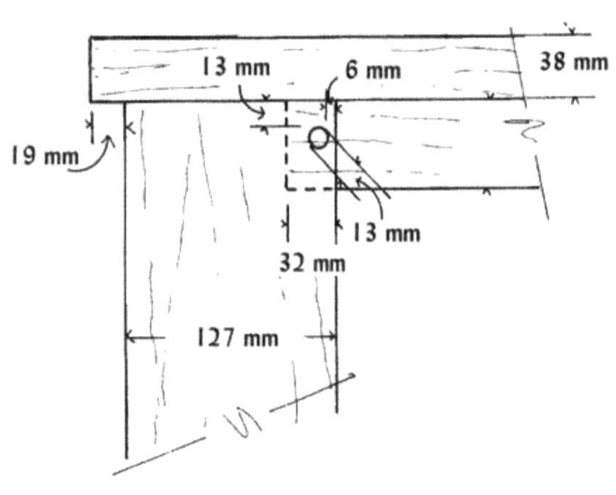

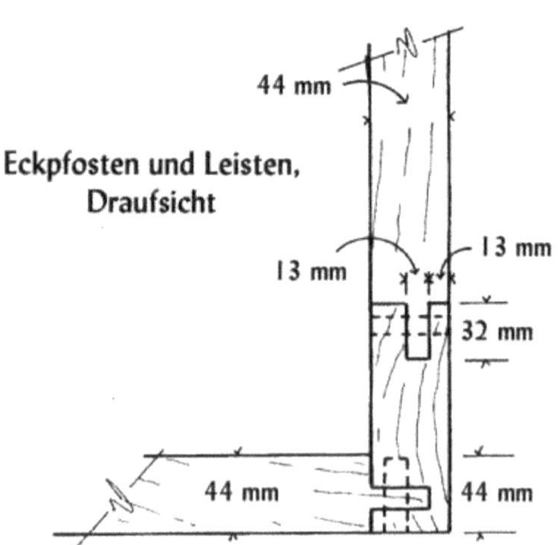

Eckpfosten und Leisten, Draufsicht

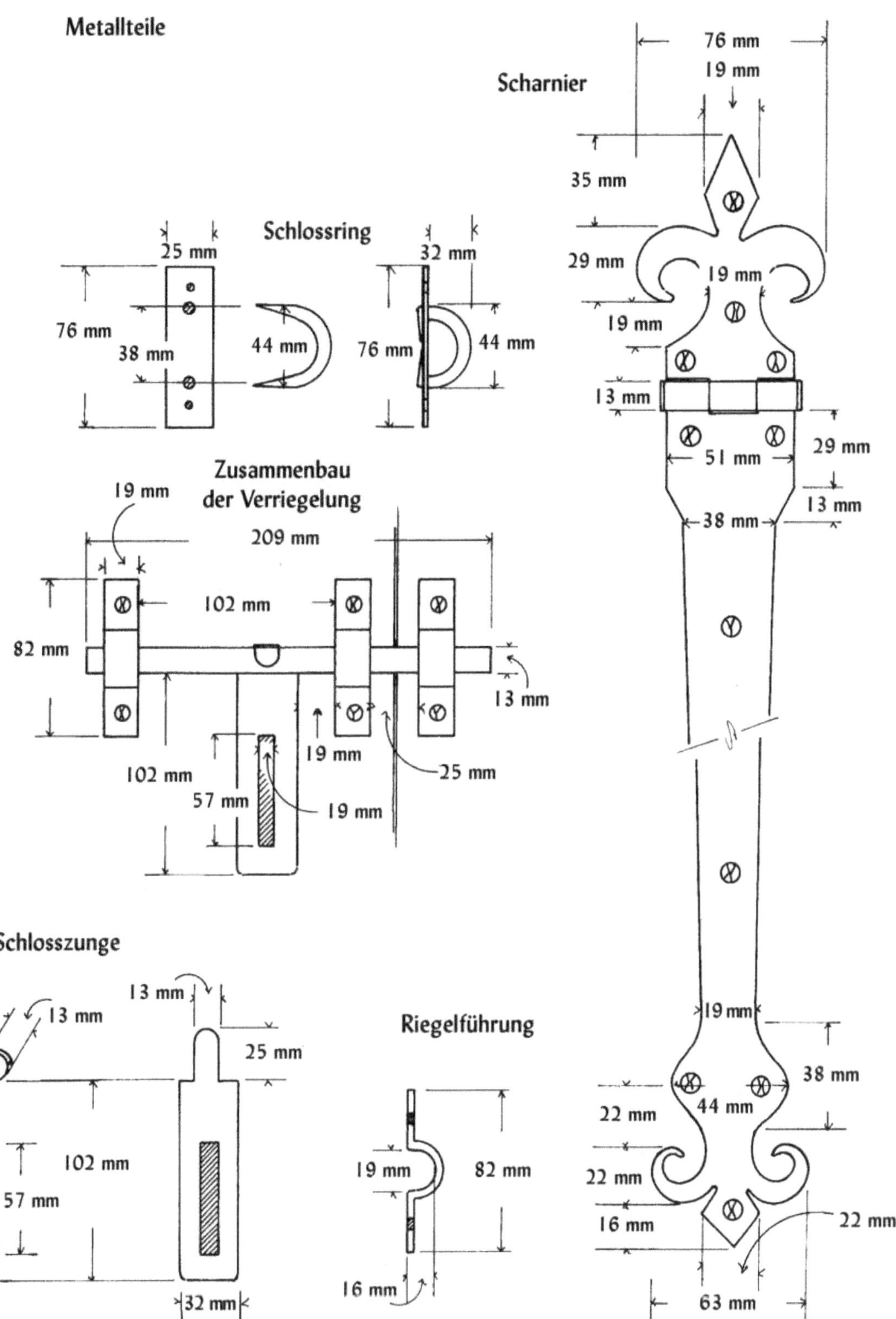
Metallteile
Scharnier
76 mm
19 mm
35 mm
29 mm
19 mm
19 mm
13 mm
51 mm
29 mm
13 mm
38 mm
19 mm
38 mm
44 mm
22 mm
22 mm
16 mm
22 mm
63 mm
Schlossring
25 mm
76 mm
38 mm
44 mm
32 mm
76 mm
44 mm
Zusammenbau
der Verriegelung
19 mm
209 mm
82 mm
102 mm
13 mm
19 mm
25 mm
102 mm
57 mm
19 mm
Schlosszunge
13 mm
13 mm
25 mm
102 mm
57 mm
32 mm
Riegelführung
19 mm
82 mm
16 mm

Gotische Wiege

Schon immer wusste man um die beruhigende Wirkung eines sanften Schaukelns auf Babys und auch im Mittelalter war man sich der daraus resultierenden Vorteile einer Wiege durchaus bewusst. Hatte man dann noch das nötige Kleingeld übrig, wurde das gute Stück auch mit Schnitzereien und bunten Bemalungen dekoriert.

Diese Replik einer Wiege im gotischen Stil des 14. Jahrhunderts ist dafür ein gutes Beispiel. Vielleicht lag einmal der kleine Heinrich V., der später König von England werden sollte, in einer ganz ähnlichen Wiege, wenn er sein Mittagsschläfchen hielt.

Sie wurde ganz aus Eiche gefertigt und mit einem gelblichen Ockeranstrich versehen. Die Umrisslinien der Ornamente sind rot. Solche polychromen Fassungen waren im Mittelalter nicht ungewöhnlich, brachten sie doch ein wenig Farbe in das Zwielicht, das praktisch die ganze Zeit über in fast jedem mittelalterlichen Gebäude herrschte.

Die meisten mittelalterlichen Möbel waren recht robust aufgebaut. Bei einer Wiege war das nicht anders, denn sie wurde meist von einer Generation an die nächste weiter gegeben und blieb jahrzehntelang im Gebrauch. Diese Reproduktion einer gotischen Wiege gehört zur Sammlung des Medieval Merchant's House in Southampton, einem der ältesten Kaufmannshäuser Englands.

Bemerkungen zur Konstruktion

Beim Nachbau der Wiege kann man, wie beim Original, feinstes Eichenholz verwenden, aber es wäre ebenfalls authentisch, günstigeres Holz wie Kiefer zu benutzen und dieses dann unter einem farbenprächtigen Anstrich zu verbergen.

Sie können natürlich auch die natürliche Maserung des Holzes wirken lassen und der Wiege ein einfaches Ölfinish verpassen.

Materialien

Egal ob Sie Ihre Wiege aus Eichen- oder Kiefernholz bauen, Sie sollten Holzdübel aus Ahorn oder Birke verwenden. Die Bretter für das Kopf- bzw. das Fußende der Wiege sind unter Umständen im Baumarkt in den benötigten Abmessungen nur schwer erhältlich und müssen dann aus einzelnen Brettern zusammengeleimt und die Verstärkungsleisten aus mehreren Schichten dünneren Holzes aufgebaut werden.

Die Seitenwände der Wiege im Merchant's House bestehen aus je einem einzelnen Brett. Da sie aber in das Kopf- bzw. Fußende eingezapft werden, besteht dafür kein konstruktiv bedingter Grund und Sie können ruhig günstigere, schmalere Bretter verwenden.

Kopf- und Fußende

Zeichnen Sie zunächst den Umriss von Kopf- bzw. Fußende so auf die vorgesehenen Bretter, dass die Maserung senkrecht von oben nach unten verläuft. Danach markieren Sie die Positionen für die Nuten, in welche die Seitenwände geschoben werden. Diese sollten 13 mm tief und breit sowie 356 mm lang sein (s. Zeichnung "Bettkonstruktion"). Anders als die Seitenbretter ist der Boden der Wiege nicht fest mit anderen Elementen der Wiege verbunden.
Schneiden Sie nun die Nuten ein und markieren anschließend die Zapfenlöcher für die Seitenleisten, bevor Sie diese in das Kopf- bzw. Fußende einschneiden.

Seitliche Leisten

Schneiden Sie die oberen und unteren Leisten gemäß der in der Materialliste angegebenen Maße zu. In die unteren Seitenleisten müssen Sie eine Nut einarbeiten (s. Zeichnung "Bettkonstruktion"), in welcher das Bodenbrett später aufliegen soll. Dann zeichnen Sie die entsprechenden Zapfen an beiden Enden der seitlichen Leisten an und schneiden diese aus.
Wenn alle zwölf Zapfenverbindungen ausgeschnitten und eingepasst wurden, können Sie die eigentliche Wiege, in der das Kind später liegen soll, das Bett, schon einmal zusammenbauen. Die Bretter der Seitenwände sollten sich dabei ohne Widerstand in die vorgesehenen Nuten schieben lassen.

Zusammenbau des Bettes

Verbinden Sie die seitlichen Leisten und das Kopf- bzw. Fußende und fixieren die Bauteile mit Schraubzwingen. Anschließend verdübeln Sie die Zapfenverbindungen mit 9 mm-Dübeln, sägen die überstehenden Dübelenden ab und schleifen sie bei.
Legen Sie dann das Bodenbrett in das Bett und schieben die Seitenbretter in die Nuten. Diese sollten den Boden fest an seinem Platz halten.

Aufsätze

Die kugelförmigen Aufsätze auf allen vier Ecken des Bettes dienen dazu, die Seitenwände an ihrem Platz zu halten. Schnitzen oder drehen Sie die Aufsätze, wie in der Zeichnung zu sehen, in Form. Die Basis der Aufsätze muss eine Seitenlänge von 51 mm haben, sodass sie die Oberseite der seitlichen Leiste und die Breite des Kopf- bzw. Fußendes bedeckt.
Setzen Sie in die Unterseite jedes Aufsatzes einen 9 mm-Dübel ein, der 25 mm aus der Unterseite heraus ragen sollte. In jede Ecke des Bettes muss nun ein entsprechendes Loch gebohrt werden, in das die Dübel gehören. Haben Sie alle Arbeiten am Bett soweit erledigt, können Sie es vorerst beiseite legen.

Beine

Sägen Sie die Beine und die Füße zu, wie in der Materialliste angegeben, und schneiden die Zapfen in die Beine. Diese Zapfen sind 63 mm lang und müssen vollständig durch die Füße hindurch gehen. Dadurch sorgen sie für die höchstmögliche Stabilität der gesamten Konstruktion. Achten Sie darauf, dass die Einzelteile der Beinkonstruktion nicht durcheinander geraten, da sie wahrscheinlich nicht untereinander austauschbar sein werden.
Zeichnen Sie sich die Umrisse der Verstrebungen für die Beine auf, indem Sie die Zeichnungen in diesem Buch mit Hilfe eines Fotokopierers vergrößern, schneiden Sie diese aus und versehen die Enden bei der Gelegenheit gleich mit den erforderlichen Zapfen am oberen Ende (s. Zeichnung "Detailansicht der Schnitzereien").
Stellen Sie nun die Verstrebungen gegen die Beine und markieren den Punkt, an dem diese die Beine berühren. Dabei müssen die unteren Enden der Verstrebungen auf einer Höhe mit dem unteren Ende der Beine abschließen. Jetzt können Sie die Zapfenlöcher, welche die Zapfen der Verstrebungen aufnehmen sollen, anzeichnen und in die Beine schneiden. Setzen Sie dann die Verstrebungen in die Beine ein, aber verdübeln Sie die Zapfenverbindungen noch nicht.
In dem Sie nun ein Winkelmaß an den Beinen ansetzen und eine Linie quer über die Verstrebung ziehen, bestimmen Sie, an welchem Punkt der Verstrebungen die Zapfen am unteren Ende ausgeschnitten werden müssen. Das Maß muss dabei genau rechtwinklig an den Beinen anliegen, da sonst die fertige Wiege nicht stabil steht.
Die Linie zeigt Ihnen nun an, an welchem Punkt Sie beginnen können, die Zapfen auszuschneiden. Sobald Sie das getan haben, stecken Sie Beine und Verstrebungen wieder zusammen und legen diese Baugruppen an den Fußleisten an. So können Sie die Stellen für die drei Zapfenlöcher pro Fußleiste anzeichnen, welche die

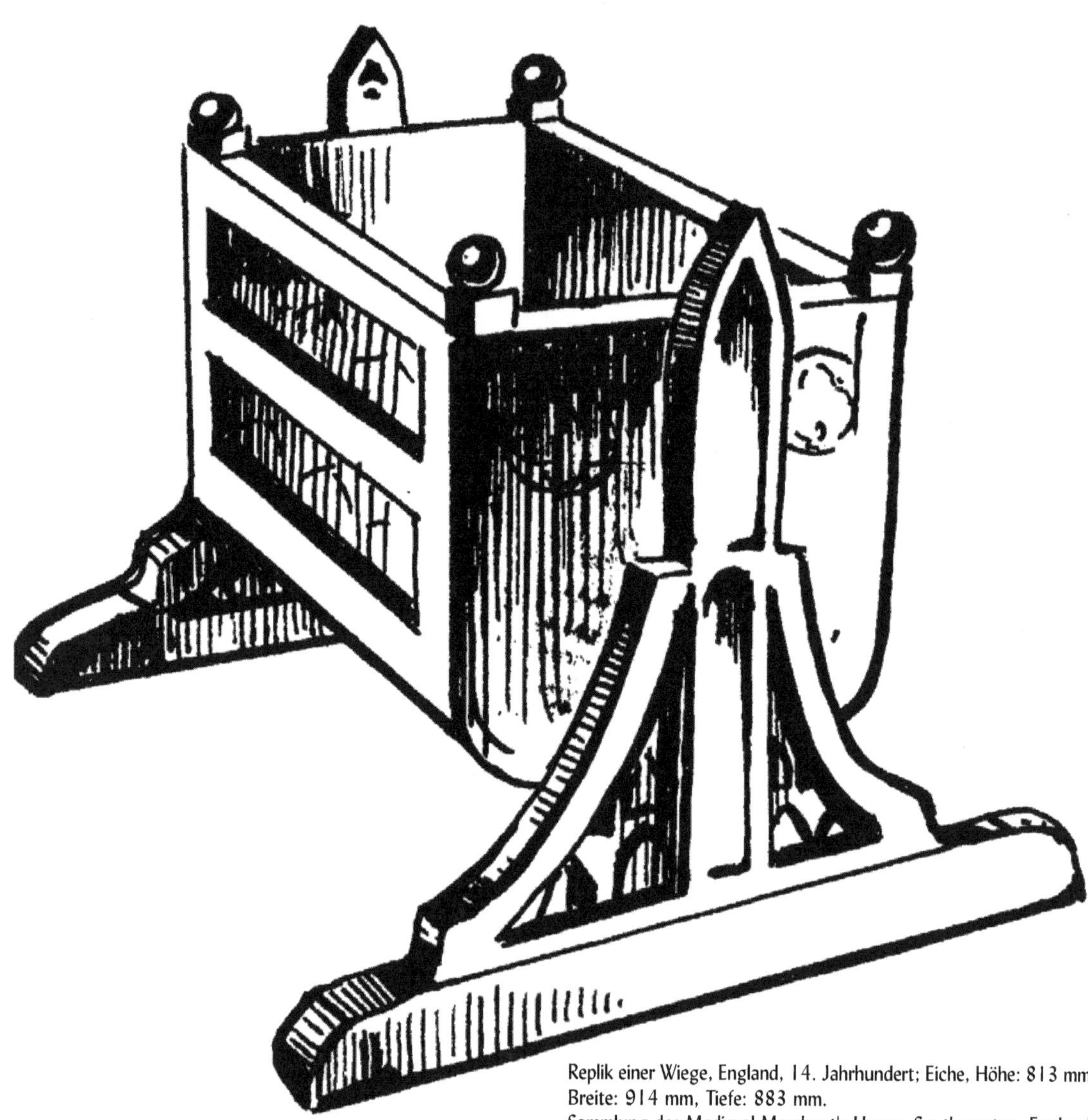

Replik einer Wiege, England, 14. Jahrhundert; Eiche, Höhe: 813 mm, Breite: 914 mm, Tiefe: 883 mm.
Sammlung des Medieval Merchant's House, Southampton, England.

Zapfen des Beines und der Verstrebungen aufnehmen. Beachten Sie dabei, dass das Bein komplett durchgezapft wird, die Verstrebungen in die Fußleiste aber nur eingezapft werden.
Wenn Sie alles zusammengebaut haben, müssen Sie noch die Nut für die dünnen Bretter, welche den Winkel zwischen Verstrebungen und Bein ausfüllen, auf der Innenseite der Verstrebungen und der Fußleiste anzeichnen. Danach nehmen Sie das ganze Bein wieder auseinander und schneiden die bloß 6 mm tiefe Nut ein.

Verzierungen zwischen den Verstrebungen

Um die Brettchen, die den Winkel zwischen Verstrebungen und Bein verzieren, ausschneiden zu können, legen Sie die zusammengebauten Beine auf ein Stück Papier, Pappe oder Sperrholz und umfahren den Raum zwischen Verstrebung und Bein mit einem Stift. Auf diese Weise erhalten Sie eine Schablone für das spätere Brett. Vergessen Sie aber nicht, bei Ihrer Schablone einen Rand von 6 mm für die Nut zuzugeben, bevor Sie die Bretter ausschneiden.

Angefaste Kanten

Fasen Sie die Kanten der Oberseiten der Fußleisten, der Außenseiten der Verstrebungen und der Innenseiten der Beine mit einer Handfräsmaschine (z. B. der Firma Dremel) oder einem Stechbeitel an. (s. Zeichnung "Seitenansicht")

Schnitzerei an den Beinen

Zeichnen Sie die gotischen Giebel- und Maßwerkformen, wie in der Zeichnung zu sehen, auf die Außenseiten der Beine (vgl. Zeichnung "Detailansicht der Schnitzereien"). Daneben erscheint auf den beiden Schmalseiten der Beine noch je ein Dreieck (s. Zeichnung "Seitenansicht").

Die Schnitzerei auf der Beinaußenseite ist nur 6 mm tief und wird von einer leicht konkaven Rinne umgeben. Diese können Sie wieder mit dem Hohlbeitel oder einer Handfräse ausarbeiten.

Schnitzereien zwischen den Verstrebungen

Vergrößern Sie die Zeichnung in diesem Buch so lange, bis sie auf die Bretter passt, die Sie mit Hilfe Ihrer Schablone ausgeschnitten haben und übertragen die Maßwerkornamente, die Sie dann mit einer Laubsäge (eine Stichsäge wäre für die Arbeiten an den dünnen Brettern ungeeignet) aussägen können.

Das Innere der Ausschnitte können Sie nun schon einmal mit Sandpapier glätten, bevor Sie die Kanten konkav ausschnitzen (die in der Zeichnung schattierten Bereiche). Beachten Sie, dass sowohl die Kanten der Außen- als auch der Innenseite des Maßwerkes konkav ausgeformt sind (s. Zeichnung "Detailansicht der Schnitzereien" und "Schnitt B").

Aufnahmeschlitz für das Bett

Der schräg nach unten verlaufende Schlitz, in den das Bett der Wiege eingehängt wird, beginnt 203 mm unterhalb der Spitze des Beines und endet 44 mm, mittig angeordnet, tiefer. Die genauen Maße für diesen

Materialliste

Holz

Alle Holzteile sind aus Eichenholz. Die Holzdübel bestehen aus Ahorn oder Birke.

Teil	Anzahl	Stärke	Breite	Länge
Kopf- und Fußbrett	2	44 mm	533 mm	533 mm
Seitenbretter	2	13 mm	356 mm	660 mm
Boden	1	13 mm	457 mm	635 mm
Obere seitliche Leisten	4	38 mm	51 mm	686 mm
Untere seitliche Leisten	2	51 mm	63 mm	686 mm
Steg	1	32 mm	70 mm	813 mm
Füße	2	63 mm	76 mm	884 mm
Verstrebungen	4	44 mm	127 mm	508 mm
Bretter zwischen den Verstrebungen	4	19 mm	216 mm	343 mm
Beine	2	63 mm	70 mm	813 mm
Aufsätze	4	51 mm	51 mm	70 mm
Holzdübel		9 mm (rund)		1,829 m

Metallteile

Teil	Anzahl	Stärke	Breite	Länge
Spindel	2	16 mm (rund)		32 mm
Spindelplatte	2	6 mm	63 mm	63 mm

Schlitz finden Sie in den Zeichnungen, die den Wiegenmechanismus erläutern. Da sich beide Aufnahmeschlitze auf der Innenseite der Beine befinden und man später die Wiege von einer Seite in diese einhängen muss, müssen beide Schlitze spiegelbildlich ins Holz gearbeitet werden.

Zusammenbau der Beine

Nachdem Sie alle Einzelteile der Beine mit Sandpapier geglättet haben, stecken Sie diese zusammen und fixieren sie. Dann bohren Sie die Dübellöcher durch die entsprechenden Stellen und verdübeln alle Bauteile mit 9 mm-Dübeln.

Steg

Schneiden Sie in jedes Ende des Steges einen 25 mm langen, 19 mm hohen und 32 mm breiten Zapfen und zeichnen auf die Innenseite beider Fußleisten die Umrisse für ein korrespondierendes Zapfenloch. Der Steg sollte in die Mitte der Fußleisten eingezapft werden und 6 mm über dem Boden verlaufen. Wenn Sie die Zapfenlöcher für den Steg ausschneiden, schneiden Sie vielleicht auch in den Zapfen des Beines. Das ist aber nicht weiter schlimm und hat keinen Einfluss auf die Stabilität der Wiege.
Nachdem nun Zapfen und Zapfenlöcher ausgearbeitet wurden, können Sie den Steg einsetzen, wieder alles mit Schraubzwingen fixieren und die Löcher für die Holzdübel von unten in die Fußleiste durch die Zapfen des Steges bohren, bevor Sie alles endgültig mit den Dübeln verbinden.

Spindel

Im Mittelalter wären die Spindeln der Wiege von einem Schmied hergestellt worden. Heute können Sie dazu eine Drehbank verwenden und die Spindeln nach den in der Zeichnung angegebenen Maßen herstellen. Geben Sie aber etwas Material hinzu, damit die Spindeln beim endgültigen Zusammenbau noch genau angepasst werden können.
Bohren Sie acht Löcher in die Platte jeder Spindel. Durch diese Löcher werden die Nägel geschlagen, welche die Spindeln fest mit den Schmalseiten der Wiege verbinden. Die Spindeln müssen 114 mm unterhalb der Oberkante des Kopf- bzw. Fußendes möglichst genau mittig angebracht werden.
Vermutlich ist eine Befestigung der Spindelplatte mit acht Nägeln völlig ausreichend, um das Gewicht eines Kleinkindes zu halten. Wenn Sie aber auf Nummer sicher gehen wollen, können Sie statt der Nägel auch Schrauben verwenden.
Bevor Sie die Spindeln anbringen, messen Sie die Gesamtlänge von Bett und Spindeln ab und vergleichen diese mit der Strecke zwischen der tiefsten Stelle der beiden Aufnahmeschlitze. Die Spindeln sollten diese gerade erreichen. Sind sie zu kurz, wird die ganze Wiege wackelig, sind sie zu lang, wird die ganze Konstruktion über Gebühr belastet.
Haben Sie die Spindeln auf die korrekte Länge gebracht und am Bett befestigt, sollte es sanft in die Aufnahmeschlitze gleiten und sich leicht hin und her schaukeln lassen.

Oberflächenbehandlung

Zum Schluss können Sie Ihre Wiege, wie in Kapitel 3 beschrieben, bemalen oder mit einem Ölfinish versehen.

Ansicht der Schmalseite

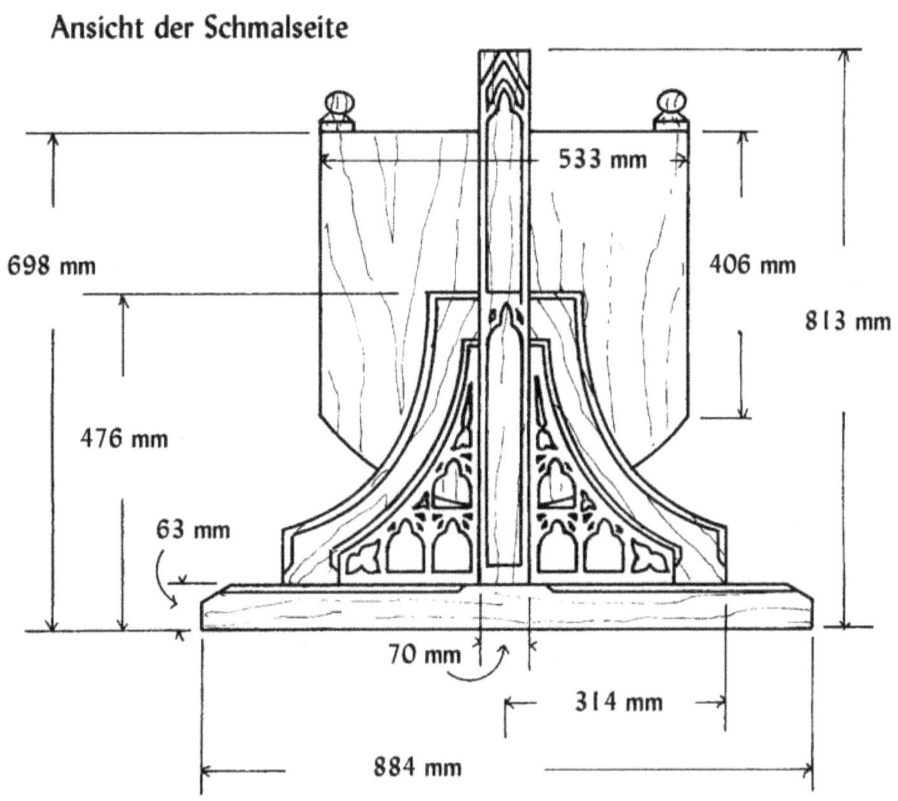

Seitenansicht

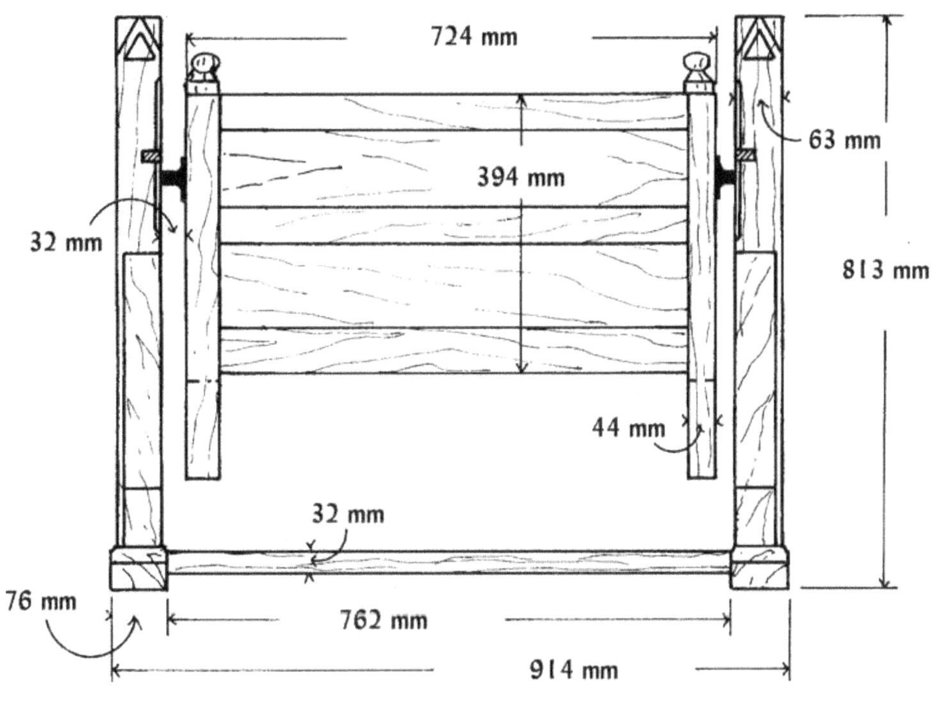

Bettkonstruktion

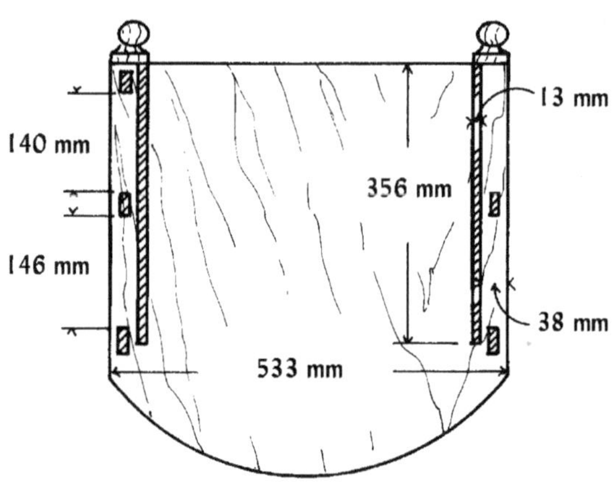

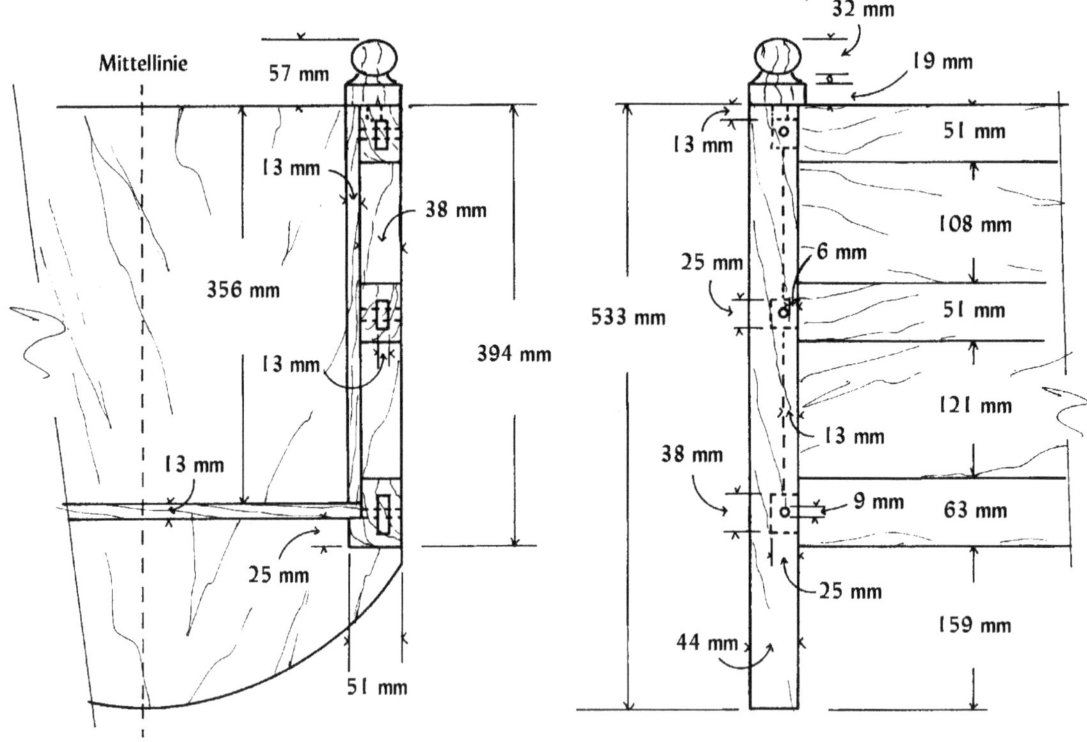

Konstruktion der Beine

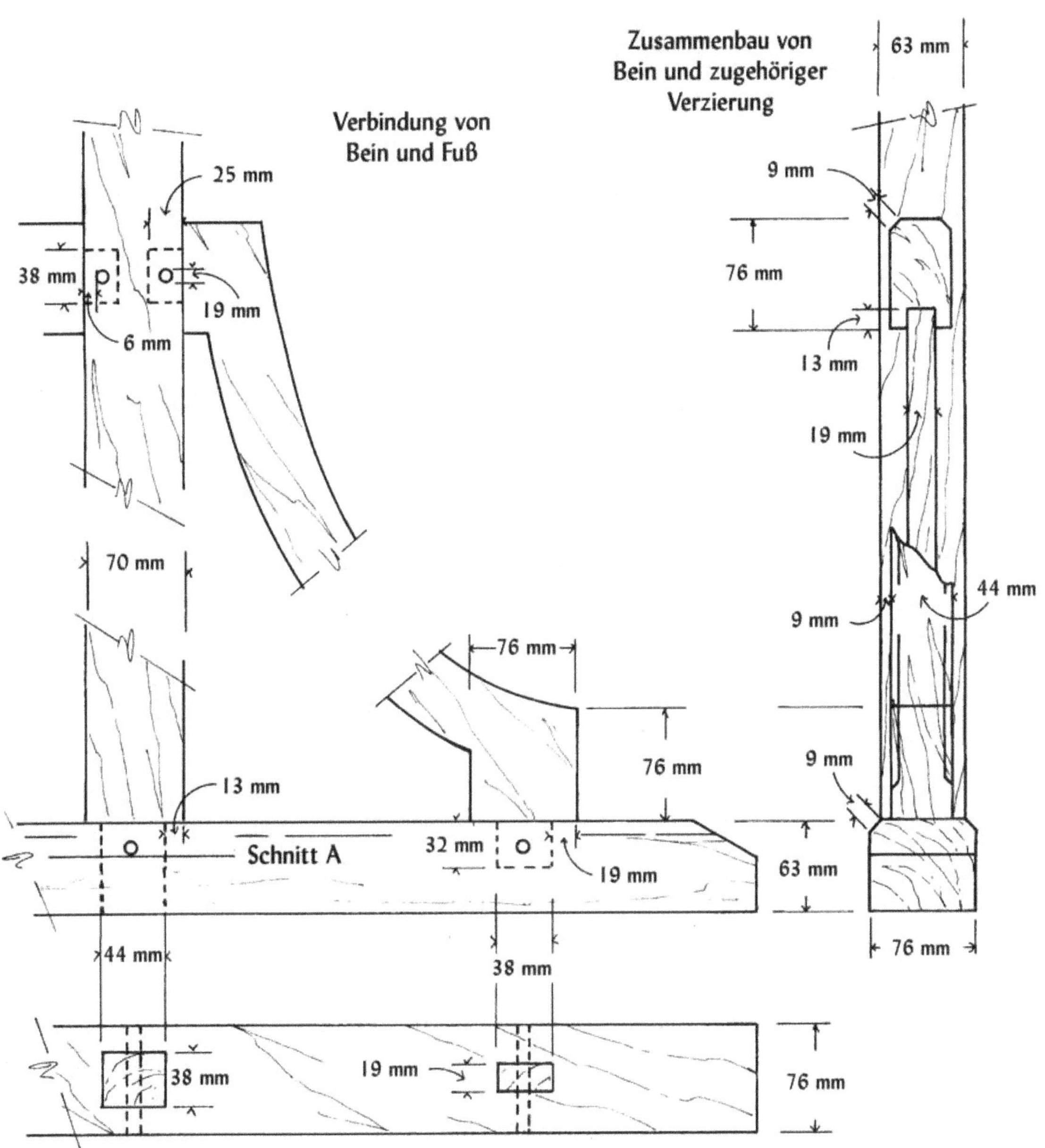

Unterseite der Fußleiste

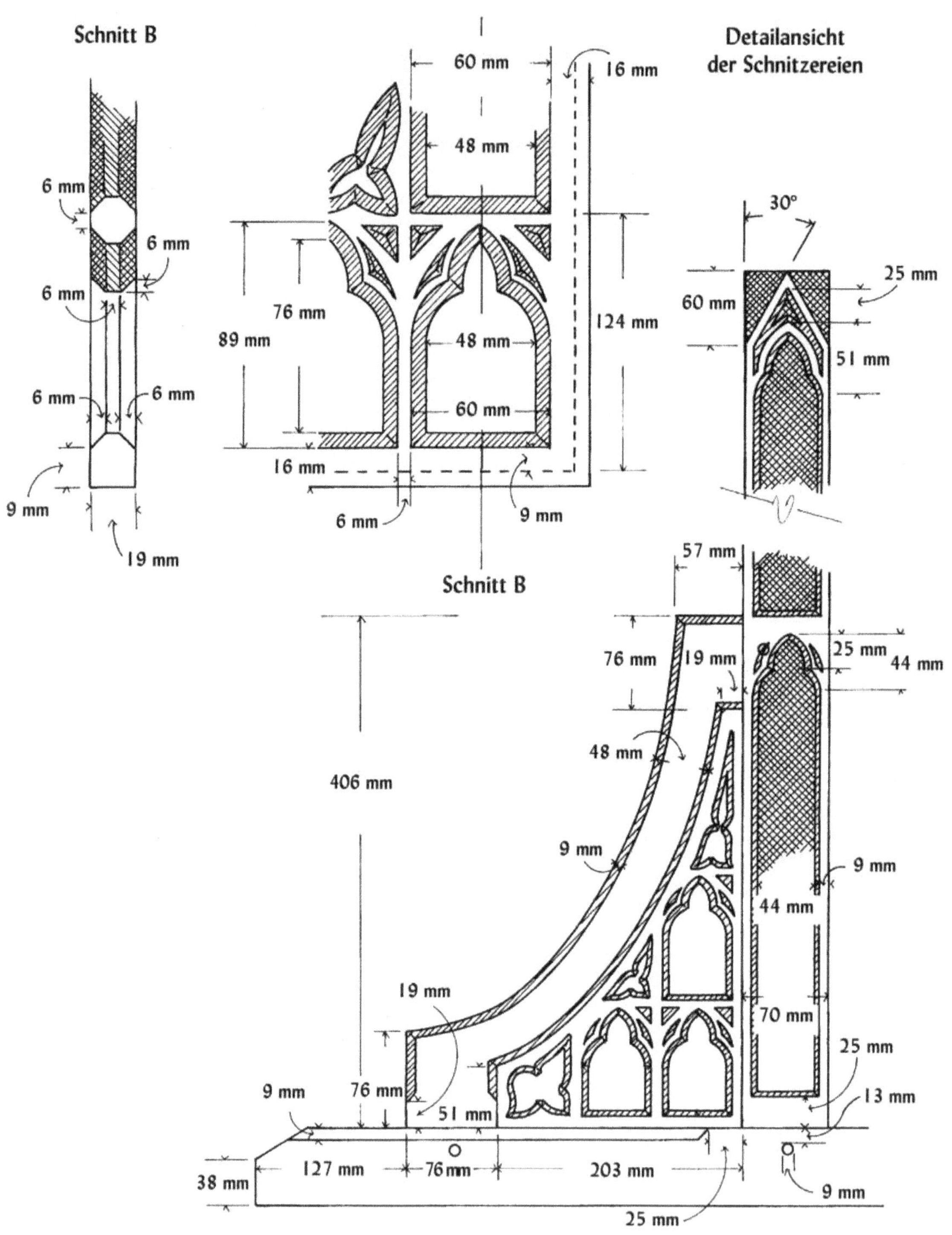
Schnitt B
6 mm
6 mm
6 mm
6 mm
6 mm
9 mm
19 mm
60 mm
16 mm
48 mm
89 mm
76 mm
48 mm
60 mm
124 mm
16 mm
6 mm
9 mm
Detailansicht
der Schnitzereien
30°
25 mm
60 mm
51 mm
57 mm
Schnitt B
76 mm
19 mm
25 mm
44 mm
48 mm
406 mm
9 mm
9 mm
44 mm
19 mm
70 mm
25 mm
9 mm
76 mm
51 mm
13 mm
38 mm
127 mm
76 mm
203 mm
9 mm
25 mm

Wiegenmechanismus

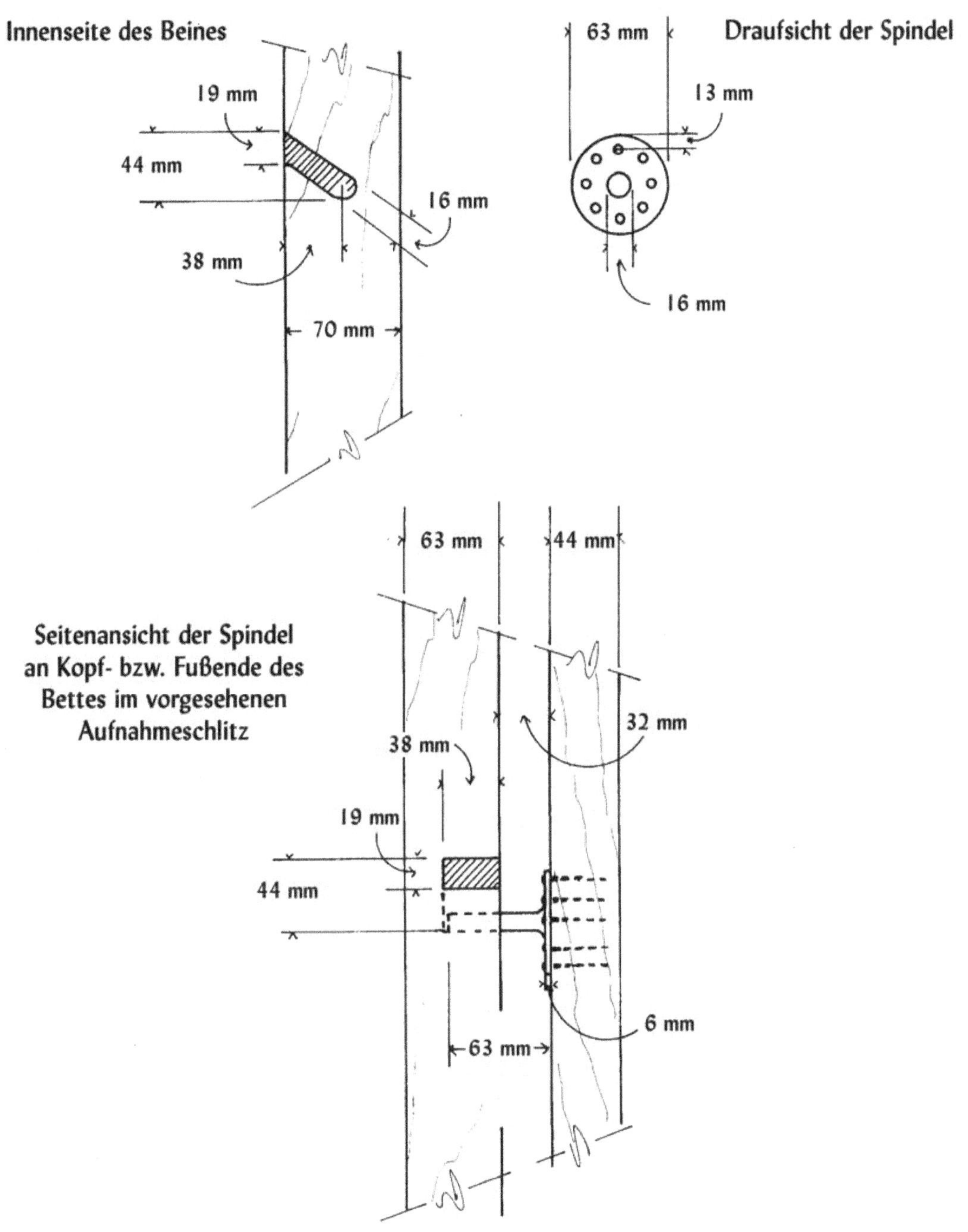

Tür aus dem 15. Jahrhundert

Die Tür war ein Symbol für Sicherheit, seit der Mensch die Prinzipien von Privatsphäre und persönlichem Eigentum entdeckte. Wenn im Mittelalter ein eremitischer Mönch die Tür hinter sich schloss, schützte er damit aber nicht nur seine wenigen Habseligkeiten, sondern sperrte auch die Welt aus seiner Zelle aus. Die Kartäusermönche im Kloster von Mount Grace in der Grafschaft Yorkshire hielten das nicht anders, obwohl sie in ihrem Kloster durchaus eine religiöse Lebensgemeinschaft bildeten.

Das 15. Jahrhundert sah die Bildung vieler mönchischer Gemeinschaften, die mit reichen Pfründen versehen waren. Zu diesen gehörte auch das Kloster von Mount Grace. Die Mönche lebten dort in einem Komplex, der aus einzelnen "Mönchszellen" bestand, von denen jede so komfortabel ausgestattet war wie das Haus so manches Kaufmannes. Jede Zelle für sich bestand aus vier Räumen mit einem kleinen ummauerten Garten und einer eigenen Wasserleitung.

Diese recht angenehme Umgebung linderte allerdings nicht die physischen und sozialen Entbehrungen, denen sich die Mönche unterwarfen – ihre Isolation war nahezu vollständig. Sogar ihre Nahrung erhielten sie durch einen Schlitz nahe des Eingangs ihrer Zelle.

Um ein solches Maß an Privatsphäre zu erreichen, benötigte man robuste Türen. Die hier beschriebene rekonstruierte Eichentür von Zelle Nummer acht aus dem Kloster Mount Grace ist ein Beispiel für die Kunst des Schreiners. Sie kommt völlig ohne Metallteile wie Nägel oder Scharniere aus und trotzdem schwingt diese schwere Tür so leicht auf und zu wie eine moderne.

Bemerkungen zur Konstruktion

Das Interessante an dieser Tür ist, dass sie von Holznägeln zusammengehalten wird – nicht einfachen Holzdübeln, die ja nichts weiter sind als bloße Stifte, sondern echten Nägeln mit artikulierten Köpfen und Spitzen, die aus Eichenholz geschnitzt wurden.

Ebenso interessant ist das völlige Fehlen sichtbarer Scharniere. Das Türblatt wurde oben und unten, auf der Seite auf der die Tür schwingt, mit großen hölzernen Zapfen versehen, die wiederum in Fassungen in der Schwelle und dem Sturz stecken.

Auf den ersten Blick mag es aussehen, als wäre diese Tür recht einfach zu bauen, aber lassen Sie sich davon nicht täuschen – machen Sie sich auf eine echte Herausforderung gefasst.

Materialien

Die Tür besteht vollständig aus Eichenholz und da die Holznägel einen sichtbaren Teil der Gesamtkonstruktion bilden, sollte man für diese auch Eiche verwenden. Ob Sie sich für Rot- oder Weißeiche oder sogar ein anderes Holz zum Bau entscheiden, bleibt im Grunde Ihnen überlassen, nur die Holznägel müssen in jedem Fall aus Weißeichenholz sein, denn dieses Holz ist härter als die meisten anderen. Die Scharnierzapfen müssen dagegen aus Ahorn oder Birke sein, weil sich dieses Holz weniger schnell abnutzt als Eiche.

Holznägel

Da die ganze Tür mit hölzernen Nägeln zusammengehalten wird, sollten Sie diese auch zuerst herstellen. Die Gesamtlänge der fertigen Nägel beträgt 76 mm, aber sie lassen sich leichter schnitzen, wenn man sie einen nach dem anderen aus einem längeren Stück Holz herausarbeitet.

Nehmen Sie ein Stück Kantholz (13 mm) und zeichnen den Kopf des Nagels an einem Ende an. Der Kopf entspricht den Abmessungen des Kantholzes, während der Schaft einen Durchmesser von 9 mm haben sollte.
Mit einem scharfen Schnitzmesser oder einer Laubsäge machen Sie nun einen 2 mm tiefen Einschnitt um den Nagelkopf. (An den Kanten muss der Einschnitt natürlich etwas tiefer sein, da der Nagelschaft im Gegensatz zum Kopf rund ist.)
Nun können Sie vorsichtig beginnen, den Schaft zu schnitzen. Passen Sie aber auf, dass Sie die Ecken des Nagelkopfes nicht beschädigen. Wenn Sie den Nagel fast fertig haben, können Sie ihn vom Rest des Kantholzes absägen und den Schaft mit Schleifpapier glätten. Den Übergang zwischen Schaft und Kopf müssen Sie besonders sorgfältig bearbeiten, da der Nagelkopf später eng auf der Türoberfläche aufsitzen muss. Zuletzt können Sie die Kanten des Nagelkopfes und die Spitze anschrägen. Dadurch lässt er sich später leichter ins Holz treiben.
Insgesamt benötigen Sie 34 so hergestellte Nägel.

Scharnierzapfen

Schneiden Sie das stärkere Brett des Türblattes (s. Materialliste), welches die Scharnierzapfen aufnehmen soll, so zu, dass es 13 mm kürzer als die Türöffnung hoch ist. Die Scharnierzapfen sollten oben und unten 13 mm von der Außenkante der Tür entfernt sein (s. Zeichnung "Türbefestigung") und genau mittig in dem stärkeren Brett sitzen. Beide Scharnierzapfen müssen oben und unten genau gleich platziert werden, da die Tür sonst später nicht frei schwingt und sich verziehen könnte.
Bohren Sie 51 mm tiefe Führungslöcher genau senkrecht in das Brett und treiben die Zapfen dann mit einem Holzhammer hinein. Die Zapfen, deren Enden Sie leicht mit Sandpapier anschrägen können, sollten dann 32 mm weit oben und unten herausstehen.
Die Scharnierzapfen können eventuell noch zusätzlich durch einen Holzdübel befestigt werden, der durch das Türblatt und den Zapfen verläuft.

Türblatt

Durch die Breite der einzelnen Bretter des Türblattes wird es genau der Türöffnung angepasst, deshalb ist deren Breite auch ganz von Ihren speziellen Gegebenheiten abhängig. Die Gesamtbreite der ganzen

Replik einer Tür, England, 15. Jahrhundert; Eiche, Höhe: 1,81 m, Breite: 762 mm.
Sammlung der Mount Grace Priory, Northhallerton, England.

Türkonstruktion kann 838 bis 863 mm betragen, ohne dass Stabilitätsprobleme auftreten, aber es sie muss immer 22 mm geringer als die Breite des Türrahmens sein, damit die Tür frei schwingen kann.
Wenn Sie die korrekte Breite der einzelnen Bretter ermittelt haben, schneiden Sie diese auf die gleiche Länge zu wie das stärkere Brett, in das Sie die Scharnierzapfen eingesetzt haben.

Horizontale Verstärkungen

Die Länge der Verstärkungen hängt natürlich von der Breite des Türblattes ab. Ist Ihre Tür breiter oder schmaler als in den Zeichnungen angegeben, müssen Sie die Länge der Verstärkungen entsprechend anpassen. Sie müssen auf jeden Fall so lang sein, dass man an einem Ende einen 44 mm langen Zapfen herausarbeiten und immer noch bis auf 13 mm an die äußere Türkante heran reichen kann. Jede Verstärkung ist 25 mm stark und verjüngt sich von 102 mm an der Scharnierseite bis auf 76 mm an der entgegengesetzten Seite.

Schneiden Sie jede Verstärkung grob zu und arbeiten dann den Zapfen heraus. Wie Sie in der Zeichnung "Schnitt A" sehen können, liegt die Verstärkung an der Fläche des Türblattes an. Der Zapfen selbst ist 19 mm stark, sodass eine Auflagefläche von 6 mm bleibt. Dadurch ist das Zapfenloch später nicht mehr sichtbar.
Als nächstes fasen Sie die Kanten jeder Verstärkung an (s. Zeichnung "Seitenansicht, Verstärkung").

Ausschneiden der Zapfenlöcher

Legen Sie alle Bretter des Türblattes, auch das stärkere in dem sich bereits die Scharnierzapfen befinden, nebeneinander auf einer ebenen Fläche aus. Dann legen Sie die horizontalen Verstärkungen in gleichmäßigen Abständen (vgl. Zeichnung "Innenseite") so an, dass ihre Zapfen das stärkere Brett mit den Scharnierzapfen berühren. Nun können Sie die Umrisse der Zapfen an diesem Brett anzeichnen.
Anschließend schneiden Sie die entsprechenden Zapfenlöcher aus. Dabei sollten Sie aber auf einen festen

Materialliste

Holz

Die Tür kann aus Rot- oder Weißeiche aufgebaut werden, die Holznägel müssen aber aus Weißeiche sein. Die Scharnierzapfen sind aus Ahorn oder Birke.

Teil	Anzahl	Stärke	Breite	Länge
Türbrett (zur Aufnahme der Verstärkungen)	1	57 mm	203 mm	1,810 m
Türbretter	2	25 mm	190 mm	1,810 m
Türbrett	1	25 mm	190 mm	1,810 m
Horizontale Verstärkung	4	25 mm	102 mm	578 mm
Riegel	1	25 mm	41 mm	229 mm
Riegelführungen	2	25 mm	38 mm	197 mm
Türknöpfe	2	38 mm	38 mm	51 mm
Holznägel	1	13 mm	13 mm	3,658 m
Stift	1	13 mm (rund)		102 mm
Scharnierzapfen	2	32 mm (rund)		82 mm

Sitz der Zapfen achten. Gleichzeitig dürfen diese aber nicht zu fest sitzen, da das Holz sonst reißen könnte. Es ist ebenfalls wichtig, dass die horizontalen Verstärkungen genau rechtwinklig über das Türblatt verlaufen.

Zusammensetzen der Tür

Legen Sie alle Bretter des Türblattes wieder nebeneinander auf eine ebene Fläche. Damit die fertige Tür später auch gut aussieht, dürfen zwischen den einzelnen Brettern keine Spalten zu sehen sein. Sollten doch kleine Unregelmäßigkeiten und Lücken sichtbar werden, hobeln und schleifen Sie die Kanten der Bretter so lange, bis sie fugenlos aneinander liegen.

Passen die Bretter dann ordentlich nebeneinander, legen Sie die horizontalen Verstärkungen auf und versenken sie in die vorgesehenen Zapfenlöcher. Damit Sie alle Einzelteile fest zusammennageln können, müssen Sie die Tür in ihrer ganzen Breite nun noch mit Schraubzwingen fixieren.

Zusammennageln der Tür

Zeichnen Sie die Führungslöcher für die Holznägel vorher auf den horizontalen Verstärkungen an. Ein Nagel verläuft dabei durch den Zapfen im stärkeren Brett mit den beiden Scharnierzapfen, 19 mm von dessen Kante entfernt. Die übrigen Nägel sitzen mittig auf der Verstärkung in gleichmäßigen Abstand zueinander verteilt. Die Anzahl der Nägel hängt dabei weniger von der Breite des Türblattes als von der Länge der Verstärkung ab.

Nun können Sie die Führungslöcher in das Brett mit den Scharnierzapfen bohren. Nach und nach schieben Sie die Tür über den Rand Ihrer Werkbank, gerade so weit, dass Sie einen Nagel einschlagen können. Auf die gleiche Weise verfahren Sie mit allen vier horizontalen Verstärkungen. Die Spitzen der Holznägel werden auf der anderen Seite durchkommen, aber darum kümmern Sie sich später.

Als nächstes kommen die Holznägel an die Reihe, die direkt neben dem Brett mit den Scharnierzapfen sitzen. Arbeiten Sie zunächst nur an der obersten bzw. untersten horizontalen Verstärkung. An diese beiden Bauteile werden nach und nach alle Bretter des Türblattes genagelt, bevor Sie mit den mittleren beiden horizontalen Verstärkungen in gleicher Weise verfahren.

Legen Sie die Tür nun wieder auf Ihre Werkbank, sodass die Nagelköpfe unten liegen und die Spitzen nach oben weisen. Mit einem Holzhammer schlagen Sie nun vorsichtig um jeden Nagel herum, damit die Bretter des Türblattes fest gegen die Verstärkungen gepresst werden. Sie können sich dazu aber auch einen Holzblock anfertigen, der mit einem Loch versehen ist, dass über den Nagel passt. Schlagen Sie aber nicht zu fest auf den Holzblock ein, da sonst die Nagelköpfe, die auf der Werkbank aufliegen, beschädigt werden könnten. Haben Sie alle Nägel so weit nachbearbeitet, können Sie die Überstände absägen und beischleifen.

Verzierung des Türblattes

Die Kanten des Brettes mit den Scharnierzapfen können in den Zwischenräumen zwischen den horizontalen Verstärkungen mit einer Fase verziert werden, die Sie mit einem Stechbeitel oder einer Handfräse ausformen können. Ebenso können Sie eine 6 mm breite Fase um die äußeren Kanten dieses Brettes führen, wodurch sich die Breite des Spaltes verringert, der nötig ist, damit die Tür frei schwingen kann.

Riegel

Schneiden Sie die beiden Führungen, wie in der Zeichnung "Seitenansicht", und den Riegel, wie in der Zeichnung "Vorderansicht" zu sehen, aus. Danach benötigen Sie noch zwei Türknöpfe. Diese sehen von der Seite zwar fast rund aus (vgl. Zeichnung "Schnitt von oben"), in der Draufsicht sind sie aber annähernd quadratisch. Bohren Sie anschließend ein Loch mit einem Durchmesser von 13 mm durch die Mitte des Riegels und 25 mm tief in die Unterseite der Türknöpfe.
Damit der Riegelmechanismus funktionieren kann, müssen Sie einen Schlitz in Ihre Tür sägen, durch den ein Stift gesteckt wird, der wiederum durch das Loch im Riegel verläuft und auf dessen Enden die beiden Türknöpfe aufgesteckt werden. Der Schlitz sollte 63 mm lang und 16 mm hoch sein und 63 mm von der Türkante entfernt beginnen. Damit der Riegelmechanismus nachher einwandfrei funktioniert und ordentlich aussieht, muss der Schlitz sauber geglättet werden und der Stift darf nicht zu kurz sein.

Befestigung des Riegelmechanismus

Zeichnen Sie an, wo die Riegelführungen auf der Tür befestigt werden müssen (vgl. Zeichnung "Innenseite"), setzen Sie die Führungen auf die Tür und bohren die Löcher durch die Führungen und in die Tür hinein. Dann entfernen Sie die Riegelführungen wieder, stecken den Stift des Riegels durch den Schlitz und setzen die Türknöpfe auf. Achten Sie darauf, dass der Stift lang genug ist und genügend Spielraum zwischen Riegel und Türblatt vorhanden ist, damit der Riegel sich gut schieben lässt. Anschließend kommen die Riegelführungen wieder über das Ganze und werden festgenagelt. Die überstehenden Nägel können wieder abgesägt und beigeschliffen werden.

Oberflächenbehandlung

Schleifen Sie die Oberfläche der Tür glatt und geben ihr ein Ölfinish wie in Kapitel 3 beschrieben.

Einhängen der Tür

Ursprünglich wurde die Tür gleichzeitig eingehängt, als man Türsturz und -schwelle baute. Die seitlichen senkrechten Pfosten wurden in die Schwelle eingezapft, die Tür mit dem unteren Scharnierzapfen in die Schwelle gesetzt und dann kam der Sturz darauf, der auch den oberen Scharnierzapfen aufnahm.
Die Aufnahmelöcher für die Zapfen müssen etwas größer sein als diese, aber nicht so groß, dass die Tür später wackelt. Ein Aufnahmeloch, dass 2 mm größer als der Zapfen ist, sollte ausreichend sein, dass die Tür einwandfrei schwingt. Die Aufnahmelöcher müssen 44 mm vom Türpfosten entfernt sein, damit die Ecken der Tür zwischen Scharnierzapfen und Türpfosten Platz haben.
Der untere Scharnierzapfen muss etwas länger (6 mm) als das Aufnahmeloch tief sein. Dadurch wird die Tür etwas vom Boden abgehoben und kann frei schwingen. Passend dazu muss der obere Scharnierzapfen natürlich etwas kürzer sein.
In einem modernen Haus kann diese mittelalterliche Tür in jeden Türrahmen eingebaut werden, der keine erhöhte Schwelle hat. Legen Sie unter den unteren Scharnierzapfen eine dünne Schicht Dämmmaterial, der das Holz etwas vor der Abnutzung schützt.
Ob das untere Ende der Tür aber in einer Schwelle oder in einem Loch in ebenem Fußboden ruht, der Sturz muss immer aufgesetzt werden, nachdem die Tür im unteren Aufnahmeloch ruht, damit der obere Scharnierzapfen an seinem Platz ist.

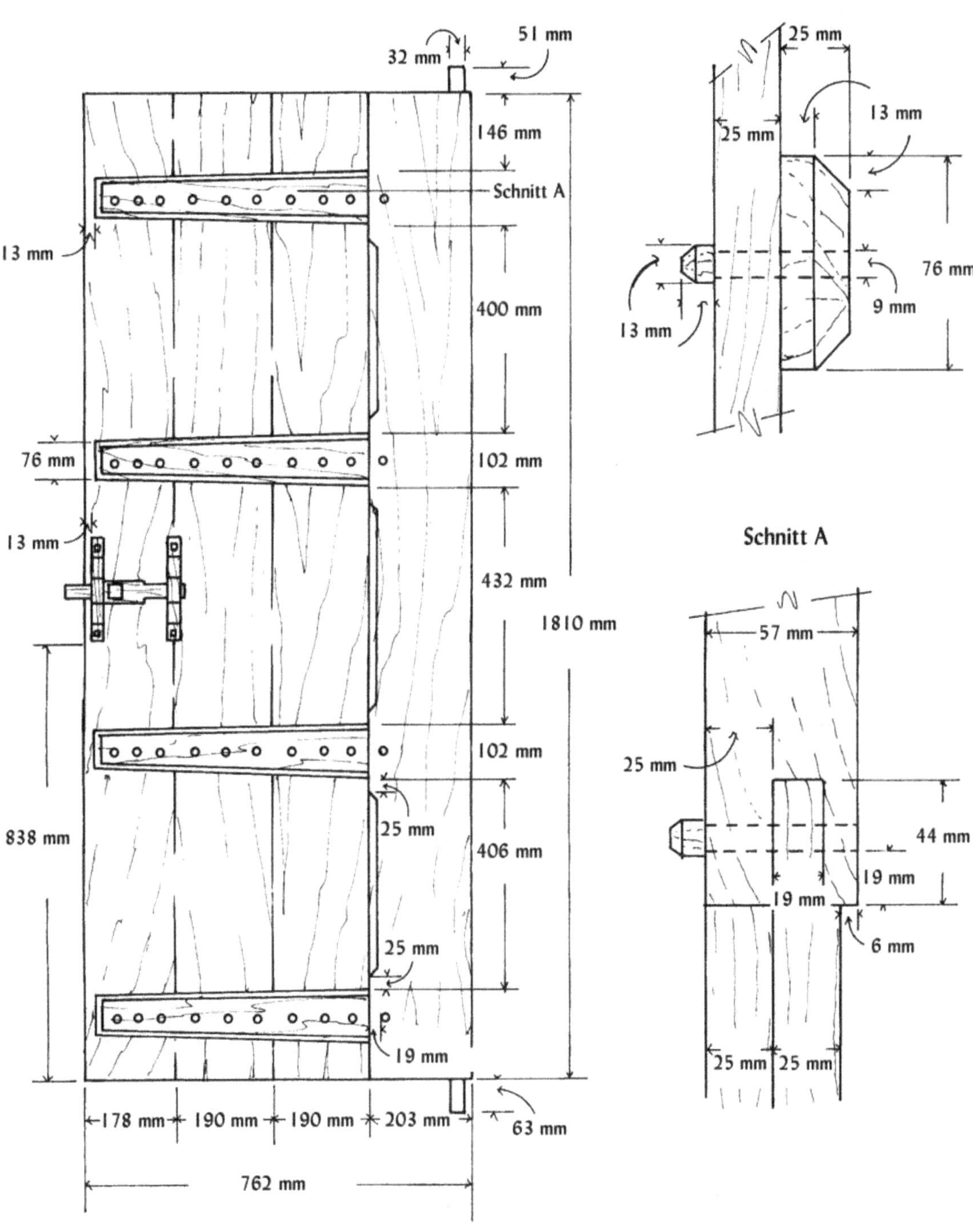

Innenseite
Seitenansicht, horizontale Verstärkung
32 mm
51 mm
146 mm
Schnitt A
13 mm
400 mm
76 mm
102 mm
13 mm
432 mm
1810 mm
102 mm
838 mm
25 mm
406 mm
25 mm
19 mm
178 mm
190 mm
190 mm
203 mm
63 mm
762 mm
25 mm
25 mm
13 mm
76 mm
9 mm
13 mm
Schnitt A
57 mm
25 mm
44 mm
19 mm
19 mm
6 mm
25 mm
25 mm

Holznagel

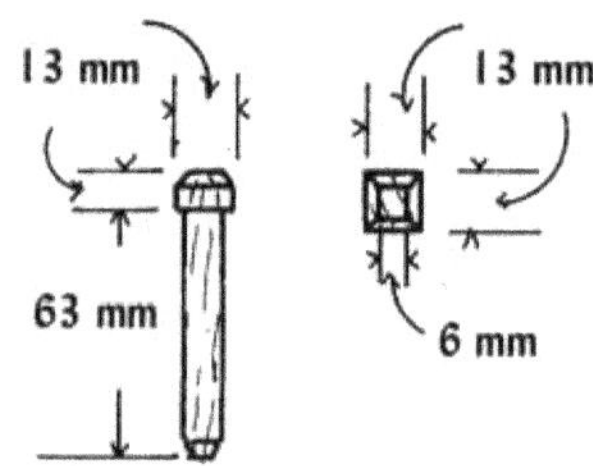

Seitenansicht

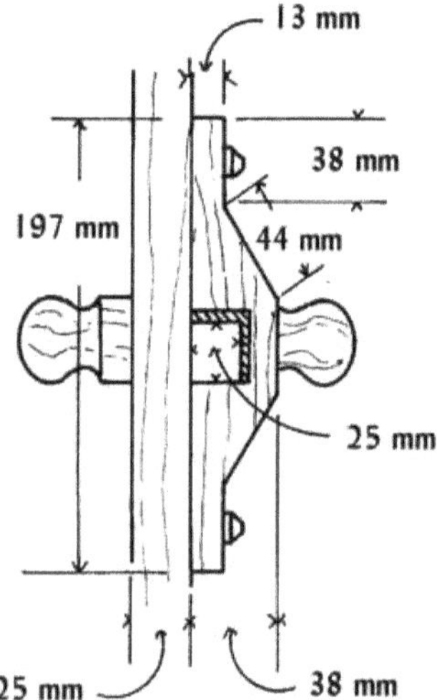

Seitenansicht, Schnittzeichnung

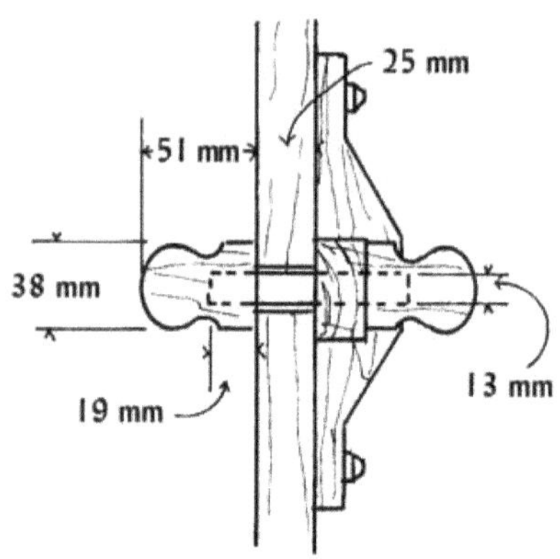

Türbefestigung

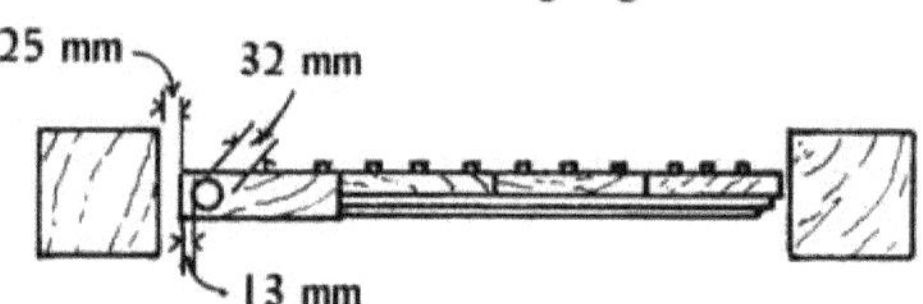

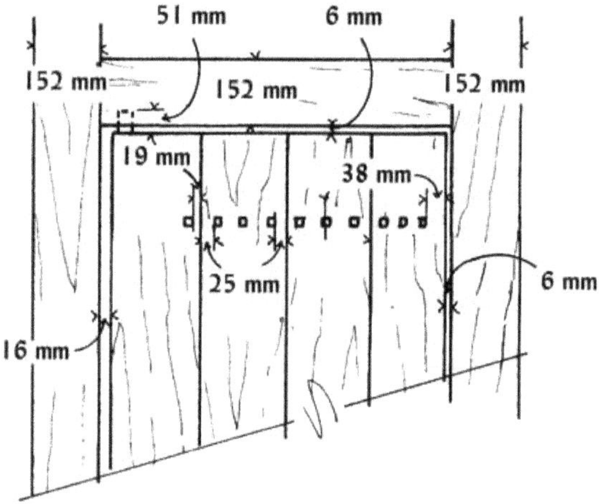

Schnitt von oben

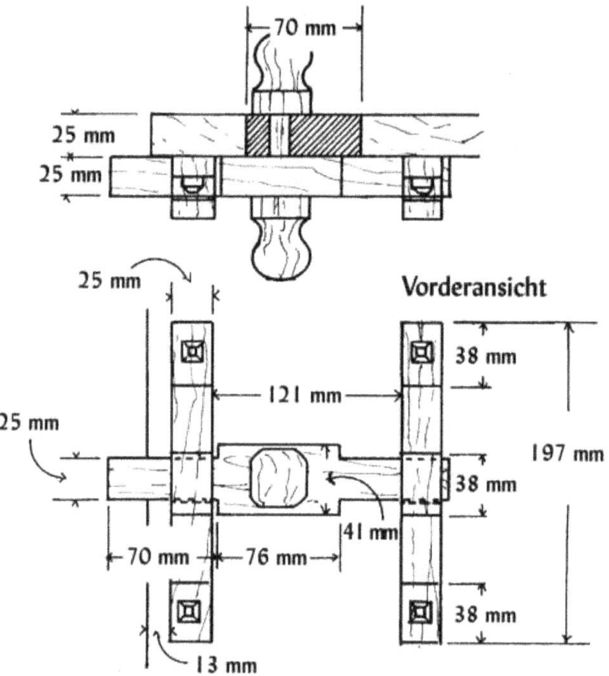

Glastonbury-Stuhl

Beim Glastonbury-Stuhl handelt es sich um einen Faltstuhl für den liturgischen Gebrauch. Solche Stühle wurden um 1500, wie der Name schon sagt, in der Abtei von Glastonbury in England hergestellt und einer von ihnen befindet sich heute im Bischofspalast von Wells in der Grafschaft Somerset.

Die Abtei von Glastonbury war einmal die reichste und älteste aller klösterlichen Gemeinschaften in ganz England. Seit dem ersten Jahrhundert wurde Christus dort verehrt und man glaubte, dass Glastonbury der Ort wäre, an dem König Artus begraben läge. Der Rang und der Einfluss dieser Abtei waren deshalb im mittelalterlichen England unbestritten.

Was nun diesen Faltstuhl von anderen, ähnlichen Möbeln abhebt, sind die reichen Schnitzereien, welche die Rückenlehne und die Armlehnen überziehen. Im oberen Abschnitt der Rückenlehne lesen wir die Worte "Monacus Glastome", welche die Herkunft des Stuhles bezeichnen und auf der Außenseite der Armlehnen die Sätze "Gott errette ihn" und "Möge der Herr ihm Frieden schenken" – beide natürlich ebenfalls in Latein. In die Innenseite der linken Armlehne wurde der latinisierte Name von John Arthur Thorne, "Johanus Arthurus", des Schatzmeisters der Abtei, eingegraben, für den dieser Stuhl gedacht war.

1539 löste Heinrich VIII. alle Klöster in England auf und Glastonbury wurde von seinen Truppen bis auf die Grundmauern abgebrannt. Dabei wurden der Abt und zwei Mönche getötet – einer von ihnen war Bruder Johanus Arthurus.

Der Stuhl, nach dem die hier vorliegenden Baupläne angefertigt wurden, ist eine frühe Kopie des Glastonbury-Stuhles aus Wells und befindet sich heute in der Halle des George and Pilgrim-Hotels in Glastonbury.

Bemerkungen zur Konstruktion

Dieser wunderschöne Stuhl ist nicht nur das beeindruckendste Möbelstück in diesem Buch, sondern auch am schwierigsten nachzubauen. Zum einen sind die Schnitzereien aufwändig und detailreich und zum anderen die Holzverbindungen sehr viel trickreicher, als auf den ersten Blick zu erkennen. Wenn Sie sich aber beim Nachbauen viel Zeit nehmen, wird das Resultat der Mühe Wert sein.

Obwohl die Konstruktionszeichnungen in diesem Kapitel Sie mit allen wichtigen Informationen versorgen, empfiehlt es sich, wenn nicht von allen Bauteilen, so doch zumindest von den Armen und Beinen des Stuhles, Pappschablonen anzufertigen. Schon die kleinsten Abweichungen von den Zeichnungen führen zu Veränderungen an den Bauteilen unter denen die Stabilität des gesamten Stuhles leiden würde.

Damit der fertige Stuhl dann später auch wirklich stabil genug ist, sollten Sie massives Holz in den in der Materialliste angegebenen Maßen verwenden.

Sitzfläche und Rückenlehne

Bei originalen Glastonbury-Stühlen aus dem Mittelalter bestehen Sitzfläche und Rückenlehne aus einem einzelnen

Replik eines Glastonbury-Stuhles, England; Eiche, Höhe: 838 mm, Breite: 610 mm, Tiefe: 508 mm.
Sammlung des George and Pilgrim Hotel, Glastonbury, England.

19 mm dicken Brett, doch selbst bei der diesem Kapitel zugrundeliegenden, Jahrhunderte alten Kopie, wurden diese Bauteile schon aus zwei einzelnen Brettern zusammengeleimt. Aus ökonomischen Gründen können Sie beide Bauteile aber sogar aus drei einzelnen Teilen zusammenfügen. Die beiden Einzelteile, Sitzfläche und Rückenlehne, werden dann durch eine Querleiste, die sich am unteren Ende der Rückenlehne befindet und einen Teil des Rahmens darstellt, verbunden.

Auf keinen Fall dürfen Sie jedoch Eichenfurnier verwenden, da dieses nicht mehr stark genug ist, wenn erst die Ränder der eigentlichen Sitzfläche und der Rückenlehne abgeschrägt werden, sodass diese Bretter später in der dafür vorgesehenen Nut in der Rahmenkonstruktion

Platz finden (vgl. Zeichnung "Seitenansicht, Schnitt"). Außerdem würde das Furnier an den abgefasten Kanten der Bretter sichtbar werden, worunter das authentische Aussehen des Stuhles leiden würde.

Wenn Sie die Rückenlehne und die Sitzfläche zuschneiden, müssen Sie zudem in Höhe und Breite 19 mm zugeben, damit genügend Material übrig bleibt, das in die erwähnte Nut passt, welche sich in der Innenseite der Rahmenkonstruktion für Sitzfläche und Rückenlehne befindet. Die Sitzfläche trifft in einem 110-Grad-Winkel auf diese Leiste, wodurch der Stuhl der menschlichen Anatomie besser angepasst ist und erheblich an Bequemlichkeit gewinnt. In die hintere Seite der Sitzfläche müssen außerdem zwei Aussparungen gearbeitet werden, damit Sie zwischen die Leisten der Rahmenkonstruktion passt.

Rahmenkonstruktion

Ursprünglich wurde beim Bau der Glastonbury-Stühle komplett auf die Verwendung von Leim verzichtet. Die großen Holzdübel, die über die seitlichen Rahmenleisten hinaus durch die überkreuzten Beine ragen, wurden wiederum durch kleinere Dübel fixiert (s. Zeichnungen "Detail A" und "Detail B"). Diese Kombination verschiedener Dübel verband auch die Rahmenteile, die wiederum Sitzfläche und Rückenlehne zusammenhielt. Damit diese Konstruktion aber hält, ist genaues Arbeiten an allen Holzverbindungen unerlässlich.

Insgesamt benötigen Sie acht der kleineren Holzdübel, mit denen die großen Dübel, welche Sitzfläche und Rückenlehne mit den Beinen verbinden und die beiden Stege zwischen den Stuhlbeinen fixieren, befestigt werden. Diese sollten so fest in den vorgesehenen Löchern sitzen, dass sie mit einem Holzhammer eingeschlagen werden müssen. Schneiden Sie die kleinen Dübel am besten so zu, dass sie 25 mm bis 50 mm länger als eigentlich benötigt sind und sägen diese, nachdem sie fest an ihrem Platz sitzen, sauber ab.

Sie können statt der kleinen Holzdübel natürlich auch moderne Holzschrauben verwenden, aber dann sollten Sie die Köpfe der Schrauben so weit versenken, dass sie, um des authentischen Aussehens Ihres Möbels willen, versteckt werden können.

Materialliste

Holz

Als Material benötigt man ausschließlich Eichenholz, nur die Holzdübel und Keile sind aus Ahorn.

Teil	Anzahl	Stärke	Breite	Länge
Armlehnen	1	32 mm	203 mm	1,067m
Beine	4	25 mm	70 mm	686 mm
Seitliche Rahmenleisten	2	25 mm	76 mm	496 mm
Rahmenleisten für die Sitzfläche	2	32 mm	70 mm	457 mm
Obere Rahmenleiste der Rückenlehne	1	32 mm	89 mm	457 mm
Steg	1	57 mm	57 mm	610 mm
Sitzfläche	1	19 mm	203 mm	1,219 m
Rückenlehne	1	19 mm	152 mm	1,219 m
Keile	1	6 mm	51 mm	914 mm
Große Dübel	1	29 mm (rund)		1,829 m
Kleine Dübel	1	6 mm (rund)		1,219 m

Armlehnen

Die korrekte Positionierung der Armlehnen ist der schwierigste Teil beim Nachbau des Glastonbury-Stuhles. Da die Sitzfläche 51 mm breiter als die Rückenlehne ist, laufen die Armlehnen in einem leichten Winkel nach hinten zur Rückenlehne zusammen. Es ist also nicht ganz einfach, die Armlehnen so zu bearbeiten, dass sie flach an den Rahmenleisten für Sitzfläche und Rückenlehne anliegen. Um dies aber zu erreichen, können Sie mit einem kleinen Trick die Rahmenleisten der Sitzfläche und der Rückenlehne als eine Art Schablone verwenden.

Bohren Sie die Löcher für die großen Dübel in zwei der Rahmenleisten für Sitzfläche und Rückenlehne und verbinden Sie diese an der Basis der Sitzfläche durch die entsprechenden Löcher mit einem Stück Rundholz mit 29 mm Durchmesser, aus dem Sie normalerweise auch die großen Dübel herstellen würden. Verbinden Sie nun die freien Enden der Rahmenleisten mit denen der Armlehne, sodass sich ein Dreieck ergibt, ganz so, als wären die Einzelteile schon am Stuhl befestigt. Achten Sie aber darauf, dass die Rahmenleiste der Sitzfläche über der für die Rückenlehne liegt und fixieren diese Anordnung auf Ihrer Werkbank mit Schraubzwingen. Ihre "Schablone" ist nun fertig.

Damit die Armlehne aber nun wirklich flach an den Rahmenleisten aufliegen kann, müssen beide Enden in einem 5-Grad-Winkel abgearbeitet werden (vgl. Zeichnung "Armlehne, Draufsicht"). Nach und nach können Sie nun das überschüssige Material mit einer Raspel abtragen, bis die gewünschte Passform erreicht ist. Erst wenn die Armlehnen flach am Rahmen anliegen, können Sie die Löcher für die großen Dübel durch die Armlehnen bohren. Da die Armlehnen nicht rechtwinklig anliegen, müssen die Bohrungen natürlich in einem korrespondierenden Winkel verlaufen, damit die Armlehne glatt über die Dübel gleiten kann.

Beine

Obwohl alle vier Beine die selben Maße haben, muss das außen liegende Beinpaar eine 6 mm tiefe Aussparung haben, damit beide Beinpaare ineinander passen. Dadurch stützen sich beide Beinpaare gegeneinander ab, wenn sie durch das Gewicht eines Sitzenden belastet werden und der Druck auf die Dübel wird verringert.

Dübel und Keile

Der gesamte Stuhl wird von acht 29 mm-Dübeln zusammengehalten. Sechs davon sitzen in den 32 mm starken Querleisten. Jeder dieser Dübel wird über eine Strecke von 63 mm, mit der er später in den Querleisten sitzt, auf einen Durchmesser von 19 mm reduziert. Beim Bohren der entsprechenden Löcher müssen Sie vorsichtig zu Werke gehen, da das Holz der Querleisten leicht beschädigt werden kann, wenn Sie senkrecht in die Maserung bohren.

Die kleinen Dübel, welche die großen fixieren, sollten so angebracht werden, dass sie mithelfen, das Gewicht des Sitzenden zu tragen, d.h. die Dübel in den Rahmenleisten der Rückenlehne sollten vertikal und die in der vorderen Rahmenleiste der Sitzfläche horizontal verlaufen.

Was den ganzen Stuhl aber eigentlich zusammenhält sind nicht die Dübel, sondern die Keile in den Enden der Dübel. Diese bestehen aus 6 mm starkem Ahornholz. Die Schlitze, in welche die Keile gehören, sind relativ schwierig zu arbeiten. Bohren Sie zunächst zwei Löcher in den Dübel, den Sie gerade verkeilen wollen. Eines verläuft senkrecht und markiert das eine Ende des Schlitzes, welches zur Sitzfläche hin weist, das andere verläuft in einem 15- oder 20-Grad-Winkel und markiert das andere Ende. Nun müssen Sie noch das Holz zwischen den beiden Bohrungen entfernen und der Schlitz ist fertig.

Schnitzereien und Oberflächenbehandlung

Das Schnitzen der Reliefverzierungen dieses Stuhles ist mühselig und zeitaufwändig, das harte Eichenholz und die komplexen Formen der mittelalterlichen Buchstaben machen diese Arbeit vielleicht eher zu einer Aufgabe für einen Profi. Aber auch wenn die Schnitzereien und Inschriften eigentlich den speziellen Reiz dieses Stuhles ausmachen, ist er doch auch ohne die Verzierungen ein dekoratives und durchaus praktisches Möbelstück.

Ursprünglich legte man auf die Sitzfläche wohl ein Kissen, um den Stuhl noch ein wenig komfortabler zu machen. Wenn Sie das ebenfalls vorhaben, sollten die das Muster des Kissenbezuges auf den Grad der Verzierung und den Farbton des Oberflächenfinishs des Holzes abstimmen.

Seitenansicht

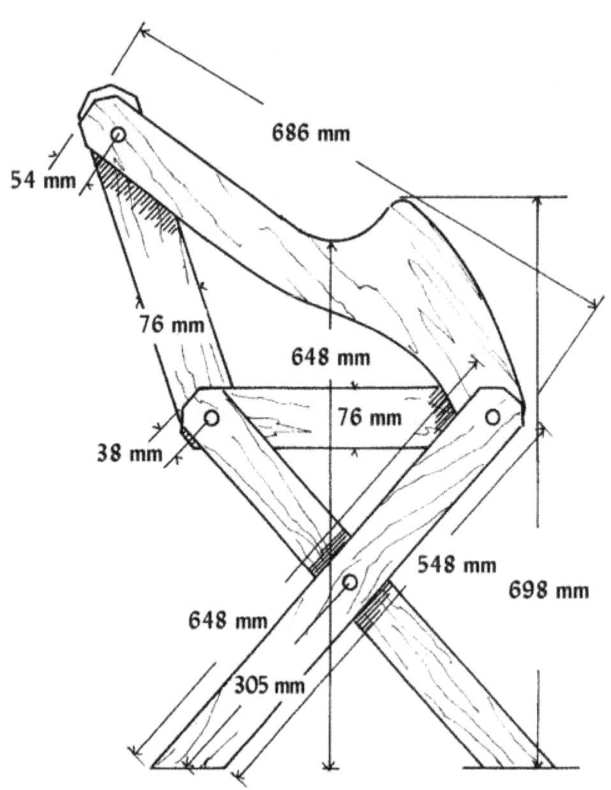

Armlehne, Draufsicht

Draufsicht

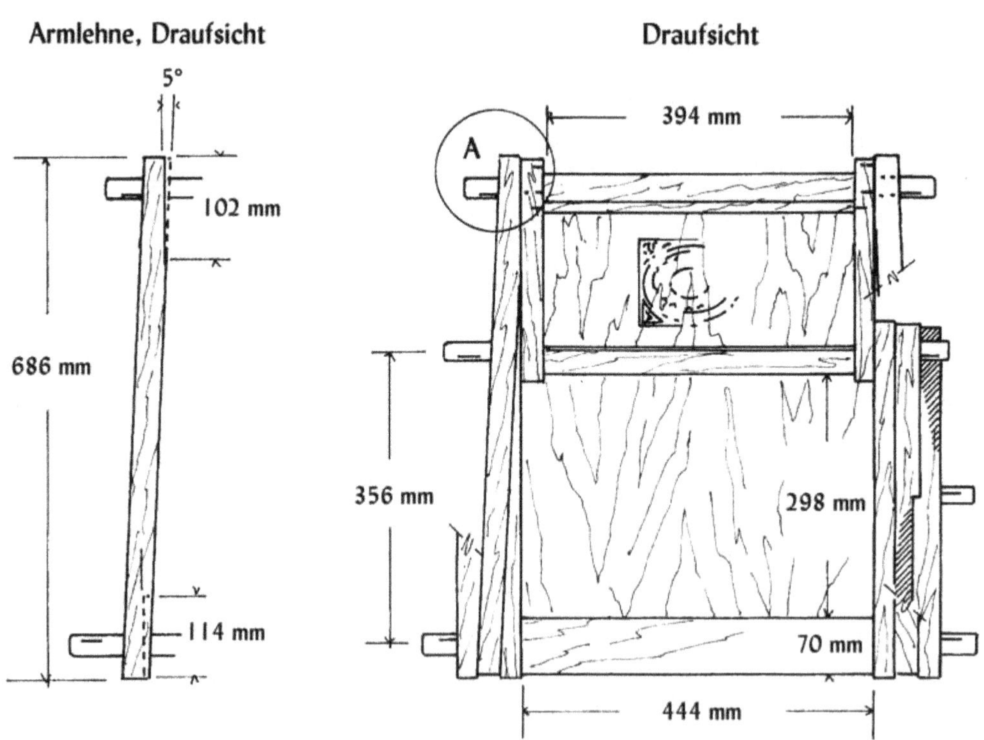

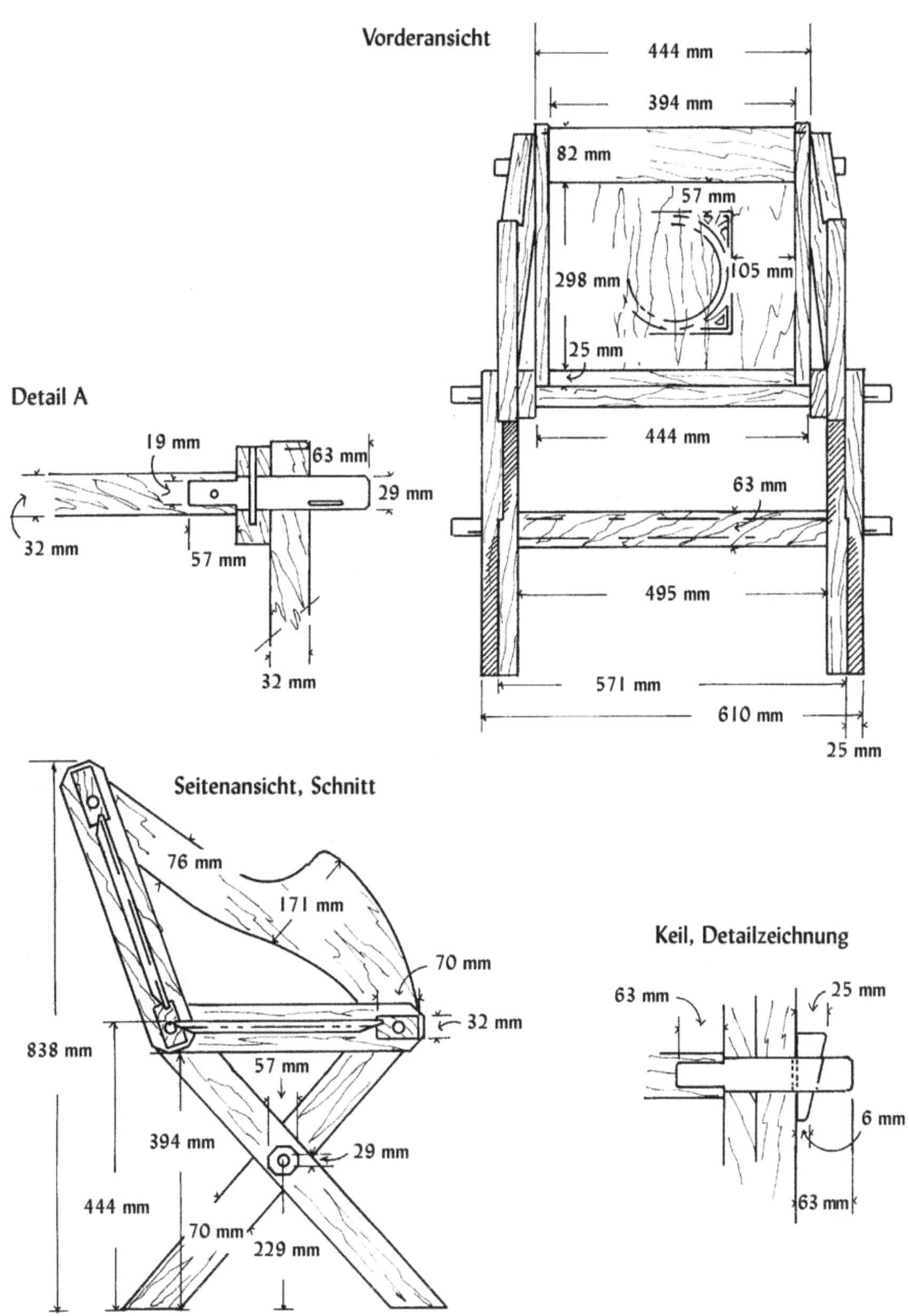
Vorderansicht
444 mm
394 mm
82 mm
57 mm
298 mm
105 mm
25 mm
444 mm
63 mm
495 mm
571 mm
610 mm
25 mm
Detail A
19 mm
63 mm
29 mm
32 mm
57 mm
32 mm
Seitenansicht, Schnitt
76 mm
171 mm
70 mm
32 mm
838 mm
57 mm
394 mm
29 mm
444 mm
70 mm
229 mm
Keil, Detailzeichnung
63 mm
25 mm
6 mm
63 mm

Obere Rahmenleiste der Rückenlehne, Vorderseite

394 mm
B
32 mm
44 mm
13 mm

Detail B

13 mm
19 mm
13 mm

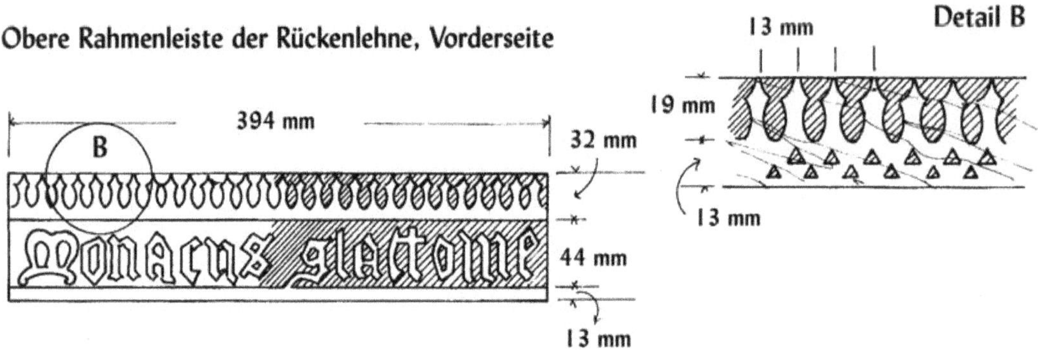

Schnitzereien

Rückenlehne

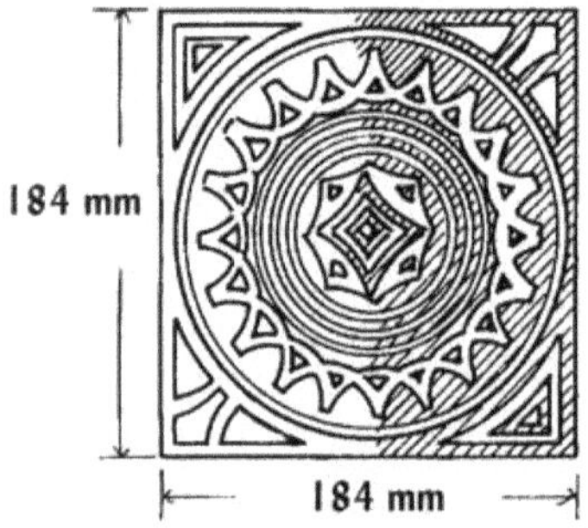

184 mm
184 mm

Vorderseite

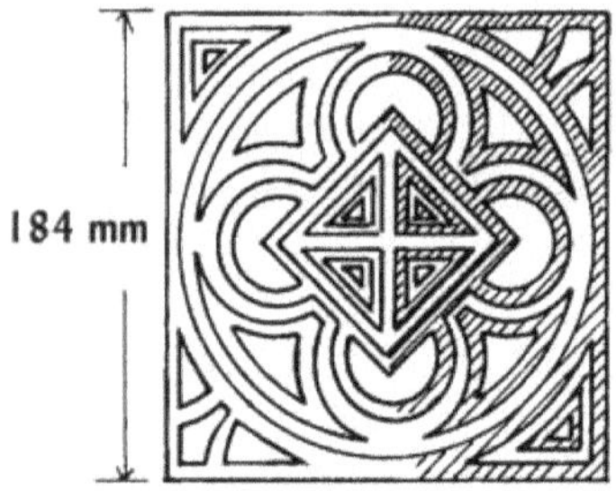

184 mm

Rückseite

Seitliche Rahmenleisten

Profil der seitlichen Rahmenleisten

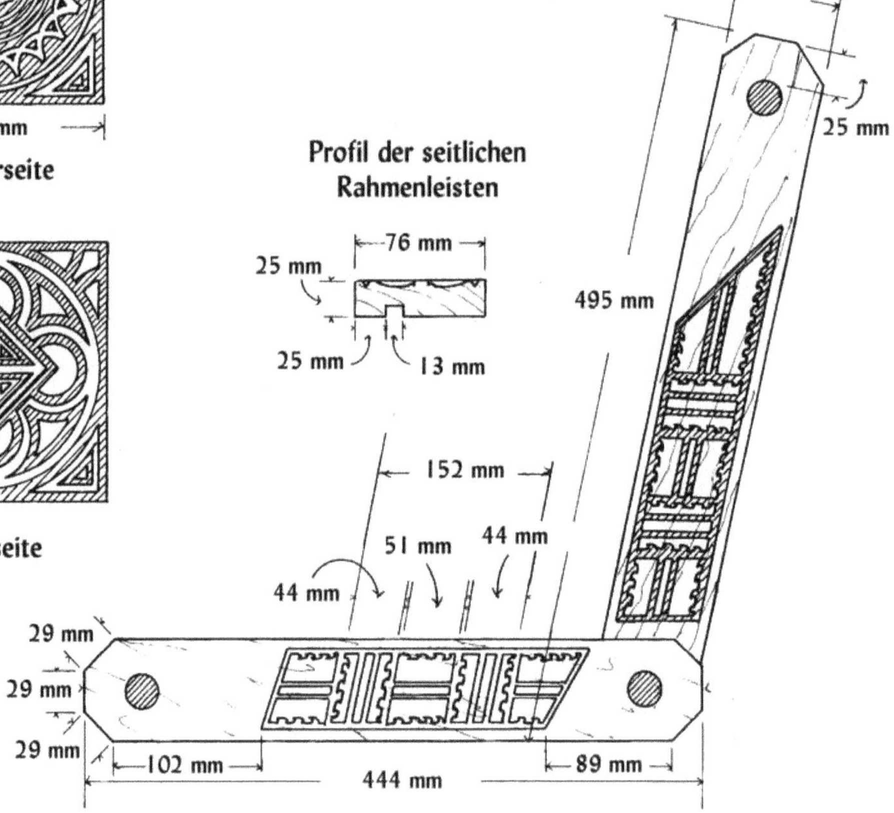

70 mm
25 mm
76 mm
25 mm
25 mm
13 mm
495 mm
152 mm
51 mm
44 mm
44 mm
29 mm
29 mm
29 mm
102 mm
444 mm
89 mm

Obere Rahmenleiste der Rückenlehne, Rückseite

394 mm
51 mm
89 mm
356 mm

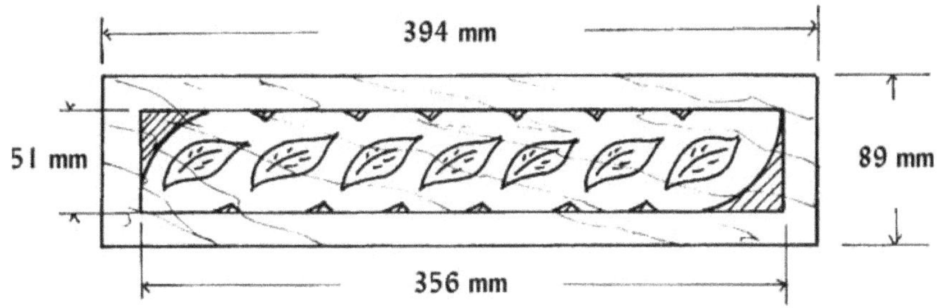

Linke Armlehne

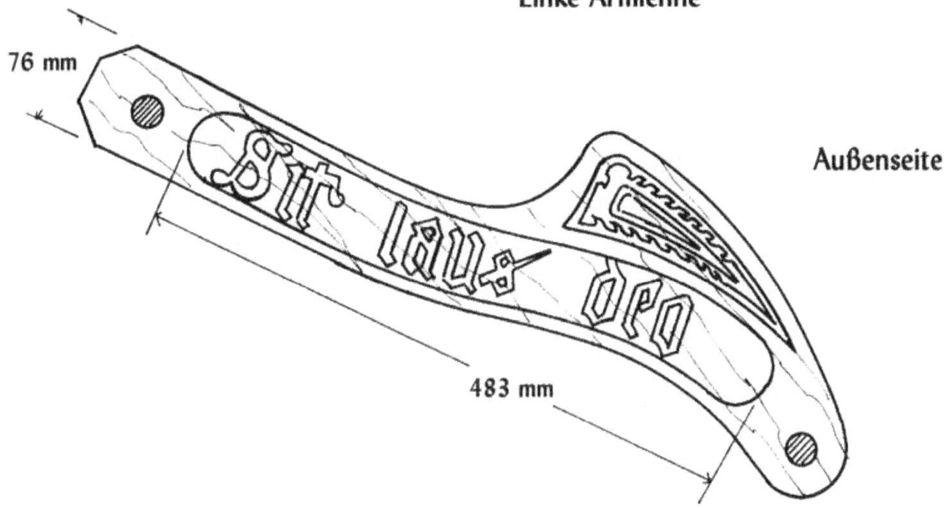

76 mm
Außenseite
483 mm

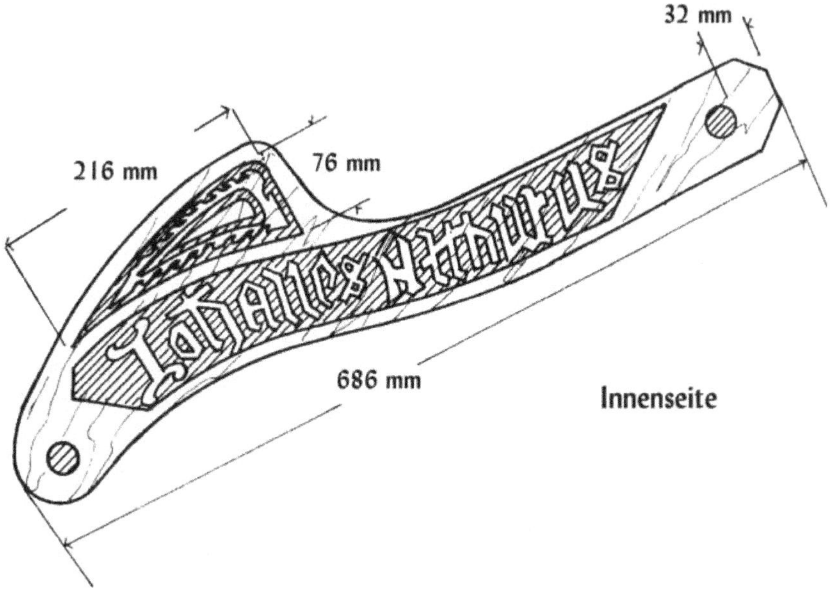

32 mm
216 mm
76 mm
686 mm
Innenseite

Rechte Armlehne

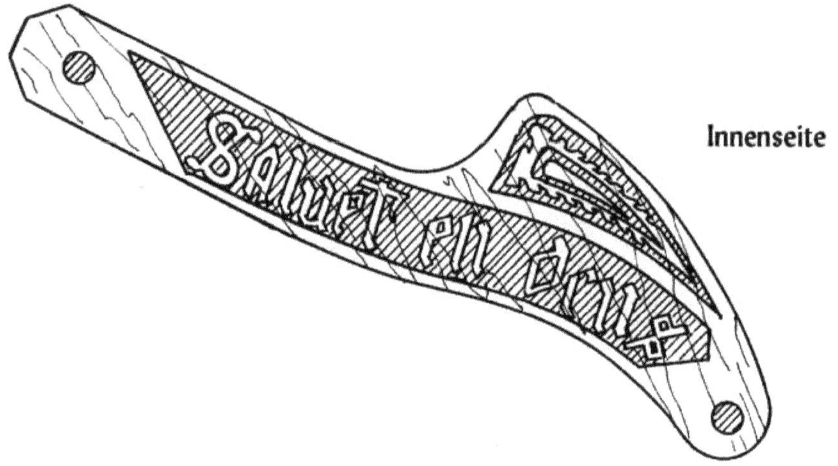

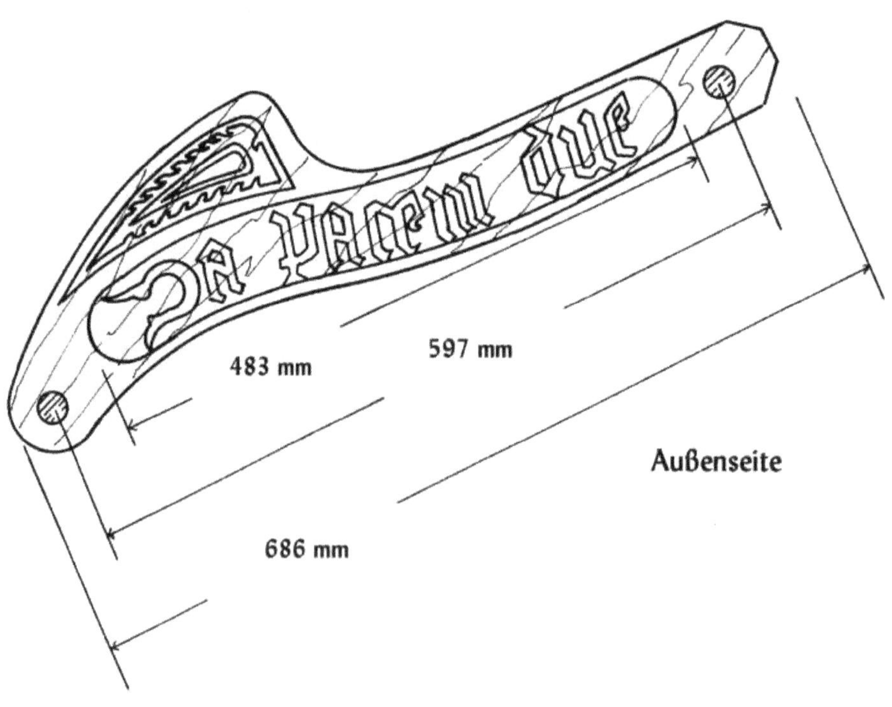

Wandleuchter mit Reflektor

Dieser aus dem 15. Jahrhundert stammende Wandleuchter ist ein gutes Beispiel für die Handwerkskunst und den Einfallsreichtum der deutschen Spätgotik. Vor einem konvexen Reflektor aus poliertem Messing ist ein Kerzenleuchter angebracht, dessen Licht, zündet man die Kerze an, in den Raum reflektiert wird. Hängt man einen solchen Wandleuchter über einem Tisch auf oder verteilt man mehrere davon über die Wände eines Raumes, wird das Licht weniger Kerzen wirksam verstärkt. So konnte man an teuren Wachskerzen sparen und auf die rußenden und stinkenden Talglichter verzichten.

Ursprünglich war der Wandleuchter bunt bemalt, was seine dekorative Wirkung sicher noch steigerte. Die Vorderseite war ockerfarben bemalt, die Seitenflächen waren grün und das geschnitzte Blattwerk braun. Zudem waren die Kanten der seitlichen Verzierungen vergoldet.

Darüber hinaus waren in den vier Zwickeln um den Reflektor herum Glasstücke eingelegt, die mit Hinterglasmalereien von Wappen geschmückt wurden.

Der Wandleuchter befindet sich heute in der Cloisters-Sammlung im Metropolitan Museum of Art in New York und obwohl er im Laufe der Jahrhunderte immer wieder beschädigt und repariert wurde, ist er dennoch ein Stück von ungewöhnlicher Schönheit. Der einzige weitere erhaltene Leuchter dieser Art befindet sich im Germanischen Nationalmuseum Nürnberg.

Bemerkungen zur Konstruktion

Das eigentliche Konstruktionsprinzip dieses höchst dekorativen Stückes ist relativ simpel. Die Schnitzereien und der Spiegel aus poliertem Messing machen aber den Versuch, diesen Wandleuchter nachzubauen, zu einer echten Herausforderung. Man kann nur dazu raten, die Zeichnungen genau zu studieren, bevor man mit dem Bau beginnt.

Grundbrett

Das Grundbrett dieses Wandleuchters besteht aus zwei einzelnen Brettern, die horizontal zusammengeleimt werden. Bestreichen Sie dazu die Kanten der Bretter mit Leim und pressen sie mit Schraubzwingen zusammen. Zunächst können Sie das Ganze mit zwei quer zur Leimung verlaufenden Leisten verstärken, die Sie von hinten mit kurzen Holzschrauben auf das Grundbrett schrauben. So verstärkt ist es stabil genug, um die kreisförmigen und quadratischen Vertiefungen hineinschnitzen zu können.

Die Bearbeitungsspuren auf dem Original lassen darauf schließen, dass die Kreisornamente seinerzeit mit Hilfe einer Drehbank ausgeführt wurden. Sollten Sie Zugang zu einer Drehbank haben, die sich für Werkstücke mit einem Durchmesser von 660 mm eignet, sollten Sie diese verwenden. Falls Ihnen ein solches Werkzeug nicht zur Verfügung steht, ist eine Handfräse das geeignete Werkzeug. Allerdings sollten Sie sich dann sicherheitshalber eine Schablone für jeden Viertelkreis anfertigen, an der entlang Sie mit der Handfräse arbeiten können.

Die Kreisornamente liegen nicht ganz in der Mitte des Grundbrettes, sondern 13 mm unterhalb und erstrecken sich über eine Fläche, die 457 mm breit und 470 mm hoch ist. Denken Sie daran, wenn Sie eine Vorzeichnung der Ornamente auf dem Grundbrett anfertigen und wenn Sie eine Drehbank verwenden, spannen Sie deshalb das Grundbrett 13 mm unterhalb der Mitte ein.

Die restlichen Reliefschnitzereien auf der Oberfläche des Wandleuchters wurden im 15. Jahrhundert frei Hand ausgeführt. Das schließt den äußersten der Ringe und das Innere der Zwickel mit ein. Auch hier sollten Sie wieder eine Schablone verwenden, da es sonst fast unmöglich ist, mit einer Handfräse eine gerade Linie auszuarbeiten.

Die Ecken selbst müssen Sie komplett von Hand schnitzen. Alle "Wände" der Zwickelvertiefungen müssen senkrecht gearbeitet sein und möglichst geradlinig verlaufen, da sich die Glasstücke sonst nicht genau einpassen lassen.

Seitenteile

Jedes der Seitenteile besteht aus einem einzelnen Holzstück, das außen und innen mit gotischen Schnitzereien verziert ist. Beide Teile sind identisch, sodass es keine Unterscheidung zwischen rechter und linker Seite gibt. Beim Original sind beide Teile und auch das Oberteil aus Eichenholz, aber da man die Holzart unter der Bemalung praktisch nicht erkennen kann, könnte man stattdessen auch ein anderes Holz mit einer geraden Maserung wie Kiefer, Pappel oder Mahagoni verwenden, das sich leichter als Eiche bearbeiten lässt.

Die Schnitzerei füllt nur den oberen Winkel jedes Seitenteiles aus und wächst quasi aus einer senkrechten Leiste heraus. Dieser Abschnitt des Seitenteiles ist von keilförmigem Querschnitt, den Sie am besten mit einer Tischsäge, die Sie auf einen Schneidwinkel von 45 Grad einstellen, aussägen.

Den unteren Abschluss jedes Seitenteiles, können Sie entweder mit dem Seitenteil in einem Stück ausarbeiten oder separat schnitzen. Dazu sägen Sie die grobe Form zurecht und arbeiten die Form mit Raspel und Schnitzmesser nach.

Oberteil

Das dekorative Oberteil des Wandleuchters, das die meisten Schnitzereien erhält, ist ziemlich dünn. Seien Sie also entsprechend vorsichtig, um es nicht zu zerbrechen. Runden Sie zunächst die untere Kante ab, bevor Sie mit dem Schnitzen beginnen.

Schnitzereien

Die Schnitzereien am Oberteil und beiden Seitenteilen werden vermutlich sehr zeitaufwändig und mühsam, aber es lohnt sich, hier etwas Arbeit zu investieren.

Aus Stabilitätsgründen sollten Sie die Schnitzarbeiten so weit wie möglich fertig stellen, bevor Sie das überschüssige Holz entlang der Umrisslinien des Oberteils und der Seitenteile wegsägen. Wenn Sie das tun, sollte das Werkstück flach auf Ihrer Arbeitsfläche liegen und maximal 12 mm über deren Kante überstehen, denn je mehr übersteht, desto höher ist die Gefahr, dass das Holz entlang der Maserung bricht.

Das Rankenwerk der Schnitzereien des Oberteiles muss vollplastisch und durchbrochen ausgeführt werden, d.h. Sie müssen zunächst die grobe Form aussägen, bevor Sie mit der eigentlichen Schnitzarbeit anfangen können.

Die Schnitzereien der Seitenteile sind nicht durchbrochen, was bedeutet, dass sie so tief wie möglich aus dem Holz herausgearbeitet werden müssen, wobei man natürlich nicht vergessen darf, dass die Seitenteile nur 19 mm stark sind. (In den Zeichnungen wird die Tiefe der einzelnen Reliefformen durch die Schattierung dargestellt – je dunkler die Schattierung, desto tiefer das Relief.)

Vorbehandlung des Holzes

Schleifen Sie alle Holzteile, bis diese möglichst glatt sind, um sie so für die Bemalung vorzubereiten. Tragen Sie vor dem Zusammenbau zwei Schichten Kreidegrund auf und schleifen alles nochmals mit sehr feinkörnigem

Wandleuchter, Deutschland, 15. Jahrhundert; Eisen, Messing, Eiche, Glas und Temperafarbe, Höhe: 568 mm, Breite: 508 mm, Tiefe: 137 mm Cloisters Collection, Metropolitan Museum of Art, New York.

Sandpapier. Sind Sie mit allem fertig, sollten die Oberflächen so glatt sein, als kämen sie aus einer Gussform.

Zusammenbau

Alle Teile können nun zusammengenagelt werden, aber nicht ohne vorher Führungslöcher für die Nägel zu bohren. Zunächst nageln Sie die Seitenteile mit 38 mm langen Nägeln an das Grundbrett. Dann bohren Sie Löcher durch die Seitenteile und das Grundbrett, in welche die Nägel geschlagen werden, die das Ablagebrett halten. Zum Schluss nageln Sie das geschnitzte Oberteil an Ablagebrett und Seitenteilen fest.

Oberflächenbehandlung

Füllen Sie die Nagellöcher mit Modelliermasse, Kreidegrund oder einer Mixtur aus Sägemehl und Leim, legen Sie dann nochmals Kreidegrund auf und schleifen die gefüllten Nagellöcher bei.

Das Original wurde seinerzeit natürlich mit Temperafarben bemalt (vgl. Kapitel 3), aber eine matte Ölfarbe tut es heute auch. Alle Schnitzereien und die keilförmig zulaufenden Flächen der Seitenteile sind in einem tiefen Rotbraun gefasst. Es empfiehlt sich, mit dieser Farbe zu beginnen, damit man später Blattgold bis an die Kanten der braunen Farbflächen auftragen kann. Der untere Abschluss der Seitenteile erhält den gleichen rotbraunen Farbanstrich. Die übrige Vorderseite des Grundbrettes wird ockerfarben bemalt, während die Innen- und Außenseiten der Seitenteile eine moosgrüne Färbung bekommen.

Das Blattgold schmückt die schmale vordere Kante der Seitenteile und zieht sich vom unteren Abschluss der Seitenteile bis zum Beginn der Schnitzereien.

Das gesamte Oberteil wird wie die Schnitzereien rotbraun bemalt, die Unterseite des Ablagebrettes sollte dagegen schwarz sein. Ob dies beim Original aber wirklich auf einen Farbanstrich zurückzuführen ist oder vom Ruß der Kerzen herrührt, lässt sich heute nicht mehr mit Sicherheit feststellen.

Reflektor

Der heutige Reflektor aus Messing scheint irgendwann einmal den originalen bronzenen ersetzt zu haben. Aus Kostengründen sollten Sie sich bei Ihrem Nachbau ebenfalls auf Messing beschränken und deshalb 0,5 mm starkes Messingblech verwenden.

Metallblech dieser Stärke ist heute meist vergütet und deshalb relativ hart. Damit es sich leichter bearbeiten lässt, legen Sie es auf ein Backblech und schieben es für zweieinhalb Stunden bei 200° C in den Ofen. Dann nehmen Sie es aus dem Backofen und lassen es langsam abkühlen. Schrecken Sie es nicht mit Wasser ab oder beschleunigen den Abkühlungsprozess auf andere Weise.

Der Reflektor wird geformt, indem man das Blech von hinten in einen gedrehten oder geschnitzten Model drückt, bis es die gewünschte Form angenommen hat (vgl. Zeichnung "Querschnitt"). Der innere Teil des Reflektors ist leicht konvex und das Zentrum liegt ca. 6 mm höher als der äußere Rand. Der dekorative äußere Ring ist 13 mm hoch und 19 mm breit.

Haben Sie sich eine Form gebaut, schneiden Sie ein rundes Stück Messingblech mit einem Durchmesser von 356 mm aus. Je dünner das Blech ist, desto leichter lässt es sich natürlich formen, aber es darf nicht so dünn sein, dass es dabei reißt. Dann bohren Sie ein Loch in die Mitte der Scheibe und nageln diese in die Mitte des Models – nicht zu fest, sondern nur so, dass die Scheibe leicht in den Model gezogen wird. Nun drücken Sie das Metall vorsichtig in den Model, wobei Sie es mit einer Hand festhalten. Je mehr die Scheibe die Kontur des Models annimmt, desto lockerer sitzt sie auf dem fixierenden Nagel. Schlagen Sie den Nagel deshalb nach und nach etwas tiefer ein. Wenn die Scheibe für den Reflektor ihre endgültige Form angenommen hat, sollte der Nagel ganz im Model stecken.

Nun können Sie auf die gleiche Weise den äußeren dekorativen Ring des Reflektors formen. Dabei wird das überstehende Metall an den Rändern vermutlich Falten werfen. Solange sich diese aber nicht bis in die Reflektorkontur selbst hinein ziehen, brauchen Sie sich darüber keine Sorgen zu machen.

Sind Sie auch mit dem äußeren Ring fertig, können Sie den Nagel vorsichtig entfernen und den Reflektor aus dem Model heben. Schneiden Sie dann den überschüssigen, gefalteten Rand mit einer Metallschere ab.

Um das Metall zu polieren, drücken Sie den Reflektor mit der Rückseite vorsichtig in ein Sandbett, bis er ganz vom Sand ausgefüllt ist. Dadurch können Sie die Oberfläche nicht eindrücken, wenn sie diese bearbeiten. Nehmen Sie dazu eine Polierpaste für Metalle. Nach dem zweiten oder dritten Poliervorgang sollte die Oberfläche einen weichen Glanz haben.

Legen Sie den Reflektor nun auf das Grundbrett und nageln ihn mit acht rundherum gleichmäßig verteilten Nägeln an die leicht geneigte Wand der entsprechenden Kreisform auf dem Grundbrett. Wenn Sie einen kleinen Hammer verwenden, sollte Ihnen das gelingen, ohne das Metall zu beschädigen. Für den großen mittleren Messingnagel im Zentrum des Reflektors nehmen Sie am besten einen Polsternagel (Durchmesser des Kopfes 19 mm).

Zwickeldekorationen

Die Malereien in den vier Zwickeln des Grundbrettes sind vermutlich spätere Ergänzungen und es bleibt Ihrem Geschmack überlassen, ob Sie diese hinzufügen wollen oder nicht. Vermutlich handelt es sich bei den Malereien um Wappendarstellungen, die im Laufe der Zeit aber so verblasst sind, dass man sie nicht exakt wiedergeben kann.

Es ist heute unklar, ob diese Hinterglasmalereien in Tempera oder Öl ausgeführt wurden, da man ihr Alter nicht kennt. Tempera würde recht gut auf dem Glas haften, aber falls Sie sich für Ölfarben entscheiden, sollten Sie sich, bevor Sie mit dem Malen anfangen, im Künstlerbedarfshandel nach einem geeigneten Haftgrund erkundigen.

Lassen Sie sich die dreieckigen Glasstücke zuschneiden und vermerken Sie dabei, in welchen Zwickel welches Glasstück gehört. Dann zeichnen Sie das gewünschte Design (vgl. Zeichnung "Detail rechte Ecke" bzw. "Detail linke Ecke") auf ein Stück Papier, legen das Glasstück darauf und kopieren das Design direkt auf das Stück Glas. Dabei müssen Sie natürlich daran denken, dass Sie auf der Seite des Glases malen, die später auf dem Holz des Grundbrettes aufliegt.

Wenn die Bemalung fertig ist, legen Sie die Glasstücke in die entsprechende Vertiefung und fixieren sie mit einem kleinen Nagel pro Seite. In die schmale Fuge zwischen Holz und Glas drücken Sie dann etwas Kitt. Passen Sie aber auf, dass Sie das Glas dabei nicht zerbrechen. Nach einer Woche ist der Kitt ausgehärtet und

Sie können ihn mit der selben Ockerfarbe wie den Rest des Grundbrettes übermalen.

Leuchterarm

Der Leuchterarm ist ebenfalls eine spätere Ergänzung und passt nicht richtig durch die Befestigungsplatte. Diese ist ein rechteckiges, 2 mm starkes Stück Blech in den Maßen, die Sie in der entsprechenden Zeichnung finden (s. Zeichnung "Befestigungsplatte"). In die Mitte dieses Bleches bohren Sie ein Loch mit 9 mm Durchmesser und darum herum vier weitere Löcher, die gerade so groß sind, dass ein Nagel hindurch passt. Durch diese Löcher nageln Sie das Blech auf die Vorderseite des Grundbrettes.

Der Leuchterarm besteht aus einem 222 mm langen Vierkantstab mit einer Seitenlänge von 9 mm. Die beiden Biegungen des Armes, die übrigens nicht ganz 90 Grad entsprechen und nur einen dekorativen, keinen konstruktiven Zweck haben, formen Sie, indem Sie den Vierkantstab in einen Schraubstock einspannen, die Biegepunkte gemäß der Zeichnung erhitzen und dann mit einem Hammer in Form bringen. Das eine Ende schmieden Sie auf 38 mm Länge in eine Spitze aus und formen diese dann zu einer Schlinge. Beim Ausschmieden wird der Vierkantstab etwas breiter. Schleifen Sie das überflüssige Metall nach dem Erkalten einfach ab. Dann bohren Sie ein 6 mm tiefes Loch 6 mm hinter der Krümmung in den Vierkantstab.

Materialliste

Holz

Bei dem verwendeten Holz darf es sich um Kiefer, Pappel oder Mahagoni oder ein anderes Weichholz handeln.

Teil	Anzahl	Stärke	Breite	Länge
Grundbrett	1	22 mm	229 mm	457 mm
Grundbrett	1	22 mm	254 mm	457 mm
Oberteil	1	9 mm	89 mm	508 mm
Ablagebrett	1	13 mm	105 mm	457 mm
Seitenteile	2	25 mm	127 mm	549 mm

Metallteile

Teil	Anzahl	Stärke	Breite	Länge
Aufhänger	2	3 mm	19 mm	159 mm
Aufhängeringe	2	3 mm (rund)		457 mm
Befestigungsplatte	1	2 mm	32 mm	76 mm
Leuchterarm	1	9 mm	9 mm	222 mm
Befestigungsstift	1	9 mm (rund)	25 mm	
Kerzenhalterspangen	4	2 mm	5 mm	76 mm
Tropfschale	1	0,5 mm	32 mm	190 mm
Tropfschalenboden	1	3 mm	22 mm (Durchmesser)	
Reflektor	1	0,5 mm (Messing)	356 mm	356 mm
Geschmiedete Nägel	12			25 mm
Kurze Nägel	12			38 mm

Der Stift, der den Leuchterarm mit der Tropfschale verbindet wird aus einem 25 mm langen Stück 9 mm-Rundstab hergestellt. Dazu spannen Sie den Stift in eine Drehbank ein und drehen beide Enden auf einen Durchmesser von 3 mm ab.

Tropfschale

Die Tropfschale ist dazu da, herunter tropfendes Wachs aufzufangen. Sie besteht aus einem Streifen 0,5 mm starkem Blech, der 38 mm hoch und 171 mm lang ist. Zeichnen Sie an einer Seite des Blechstreifens ein Lilienmuster auf und schneiden es vorsichtig aus. Am besten geht das, wenn Sie den Blechstreifen bis nahe zur Schnittkante in einen Schraubstock einspannen, damit sich das Metall beim Schneiden nicht umbiegt. Sollte das doch einmal geschehen, können Sie es einfach wieder flach hämmern.

Sind Sie damit fertig, rollen Sie den Streifen zu einem Zylinder mit 51 mm Durchmesser zusammen, durchbohren die sich überlappenden Enden zweimal und vernieten diese mit kleinen Nieten.

Der obere Rand des Zylinders muss nun nach außen gebogen werden. Dazu benötigen Sie eine Form, die im Prinzip der ähnelt, die Sie auch zum Formen des Reflektors benutzt haben. Drehen Sie in einen 51 mm dicken Holzblock eine Vertiefung, die sich nach unten verjüngt. Dort setzen Sie den Zylinder mit dem Lilienornament nach unten hinein. Dann drücken Sie die Wände des Zylinders mit einem geeigneten Werkzeug gegen die Wände der Form.

Anschließend schneiden Sie eine Scheibe mit einem Durchmesser von 70 mm aus dem selben Blech wie den Zylinder, zeichnen einen konzentrischen Kreis mit 57 mm Durchmesser hinein und schneiden die Scheibe in Abständen von 6 mm V-förmig bis zum inneren Kreis ein. Biegen Sie die so entstandenen Laschen rechtwinklig nach oben und bohren Sie in die Mitte ein Loch mit 3 mm Durchmesser. Achten Sie darauf, dass der Verbindungsstift hindurch passt.

Drücken Sie die entstandene "Schale" in den Zylinder und löten diese fest, wenn sie spielfrei sitzt. Knipsen Sie nun mit einer Zange eines der Lilienornamente ab, damit die Tropfschale über den Leuchterarm passt.

Zusammenbau von Tropfschale und Leuchterarm

Spannen Sie den Leuchterarm in einen Schraubstock und erhitzen den Bereich um das gebohrte Loch herum. Wenn er leicht glüht, setzen Sie die Tropfschale darüber und stecken den Befestigungsstift durch die Tropfschale in den Arm. Nachdem das Metall abgekühlt ist, sollte der Stift fest sitzen.

Kerzenhalter

Biegen Sie die vier Spangen des Kerzenhalters mit einer Spitzzange in die Form, die in den Zeichnungen zu sehen ist. Aus 3 mm starkem Blech schneiden Sie anschließend eine Scheibe mit einem Durchmesser von 22 mm aus und bohren in deren Mitte ein Loch, das über das obere Ende des Befestigungsstiftes passt. An diese Scheibe schweißen Sie nun, wie auf der Zeichnung "Kerzenhalter" zu sehen, die vier Spangen und platzieren dann die Scheibe auf dem Befestigungsstift. Anschließend nieten Sie das Ende des Befestigungsstiftes um, damit der Kerzenhalter dauerhaft fixiert wird.

Befestigung des Leuchterarmes

Der später hinzugefügte Leuchterarm wird befestigt, indem das freie Ende einfach zu einer Spitze geschliffen und in ein Loch eingesetzt wird, das in das Grundbrett gebohrt wurde. Ursprünglich wurde dieses Bauteil vermutlich aufwändiger befestigt.

Aufhänger

Die eisernen Aufhänger an der Rückseite dieses Stückes werden genauso wie alle anderen Metallbeschläge in diesem Buch geformt. Schneiden Sie in das Ende eines Metallstreifens einen 6 mm breiten und 38 mm langen Streifen, der um einen Formstab, dessen Durchmesser 6 mm beträgt, zu einer Schlaufe geformt wird, aber schließen Sie diese noch nicht ganz. Aus einem 457 mm langen und 3 mm dicken Stück Rundstab formen Sie einen Ring mit einem Durchmesser von 38 mm. Wenn das Metall abgekühlt ist, sägen Sie das gebogene Stück ab, erhitzen es erneut und schließen den Ring. Mit dem Rest des gebogenen Rundstabes verfahren Sie genauso.

Bohren Sie in den Aufhänger gemäß den Zeichnungen Löcher, legen Sie die fertigen Ringe ein und biegen die Lasche des Aufhängers ganz zusammen. Durch die vorgebohrten Löcher können Sie die Aufhänger auf der Rückseite des Wandleuchters festnageln.

Vorderansicht   Seitenansicht

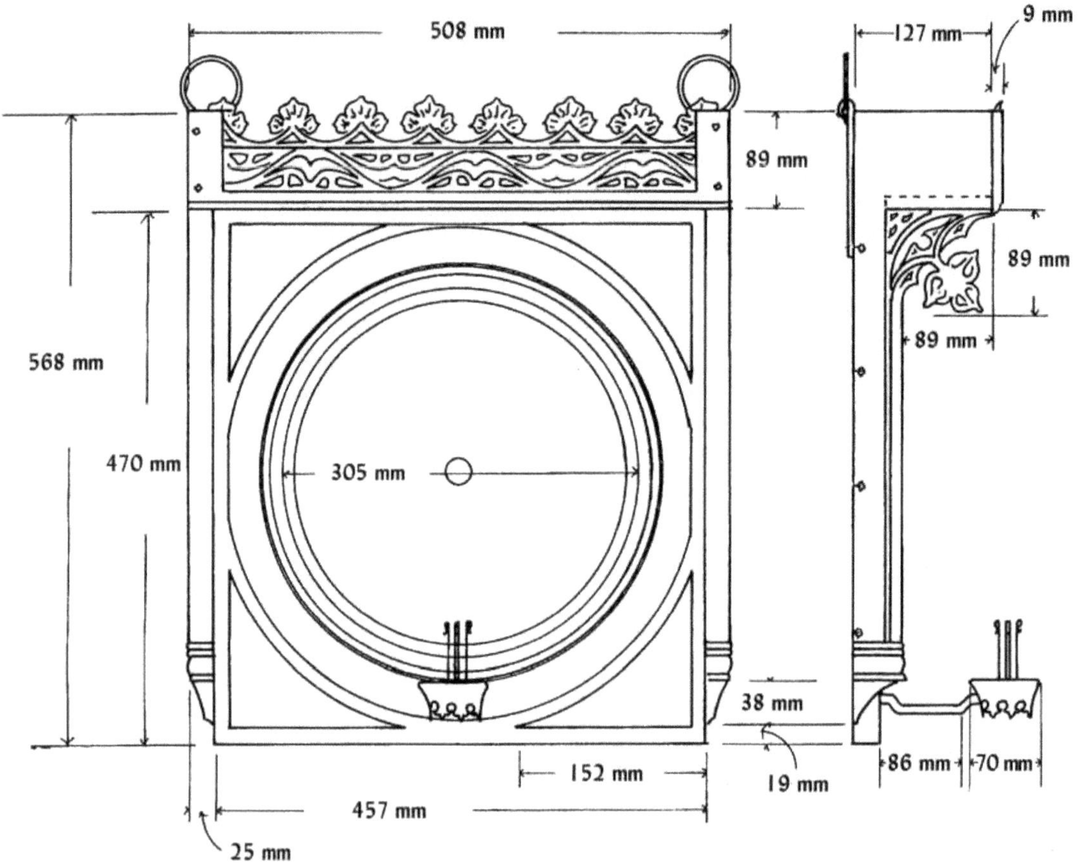

508 mm
127 mm
9 mm
89 mm
89 mm
89 mm
568 mm
470 mm
305 mm
38 mm
19 mm
86 mm
70 mm
152 mm
457 mm
25 mm

Querschnitt

13 mm
13 mm
16 mm
152 mm
19 mm
38 mm
25 mm
22 mm
19 mm
6 mm
12 mm

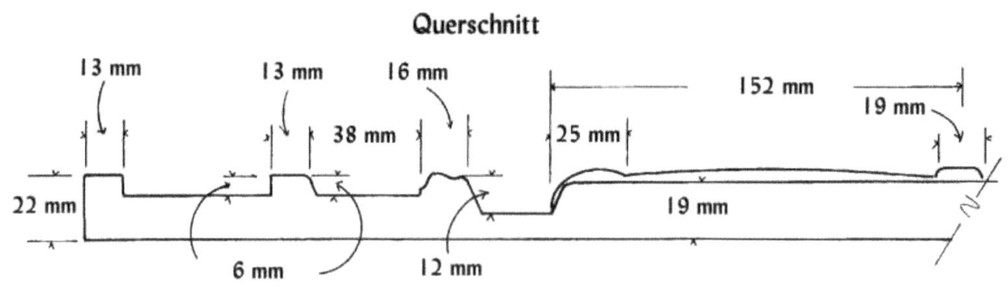

Schnitzereien am Seitenteil

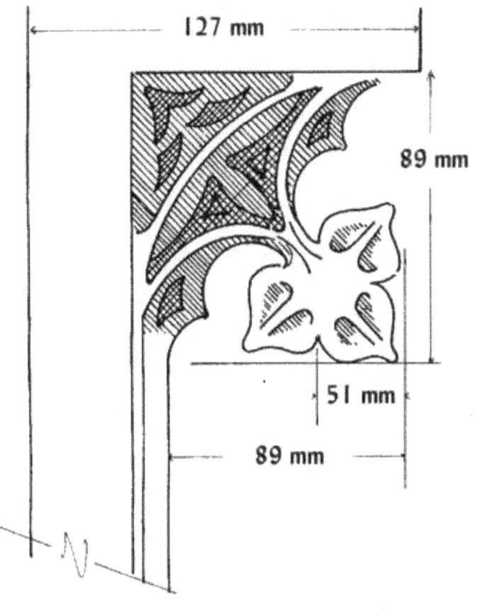

Seitenteil, Schnittzeichnung

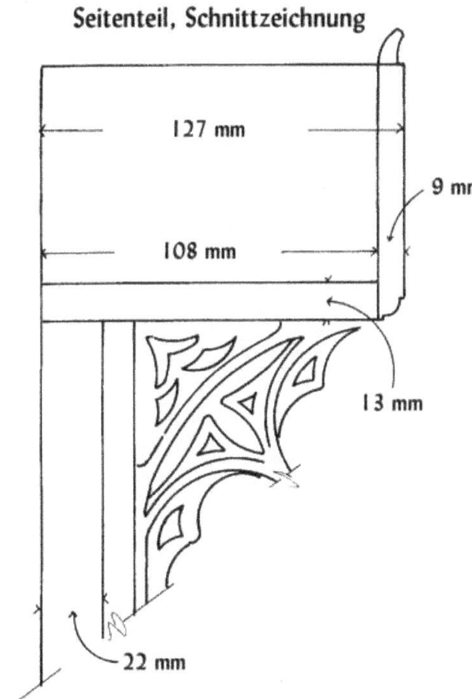

Oberteil

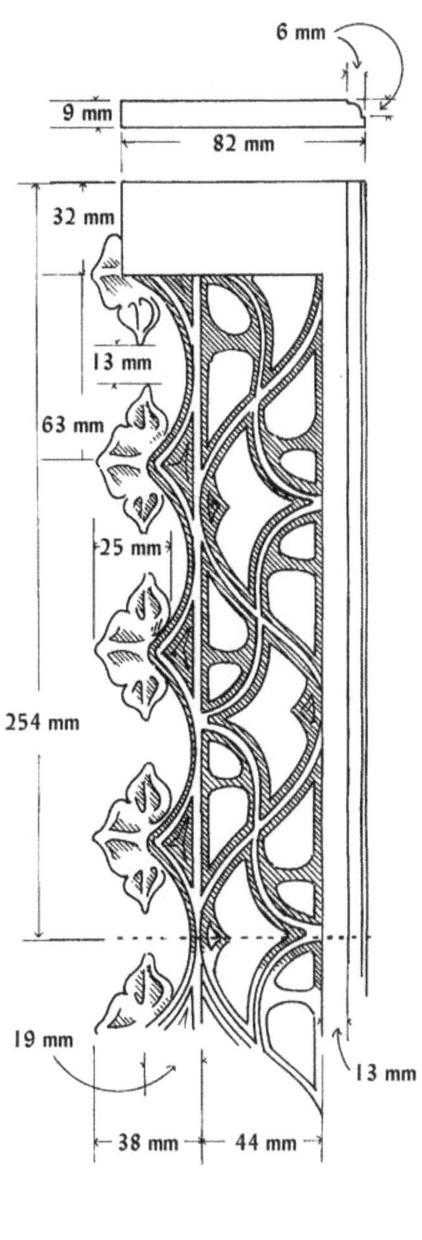

Metallteile

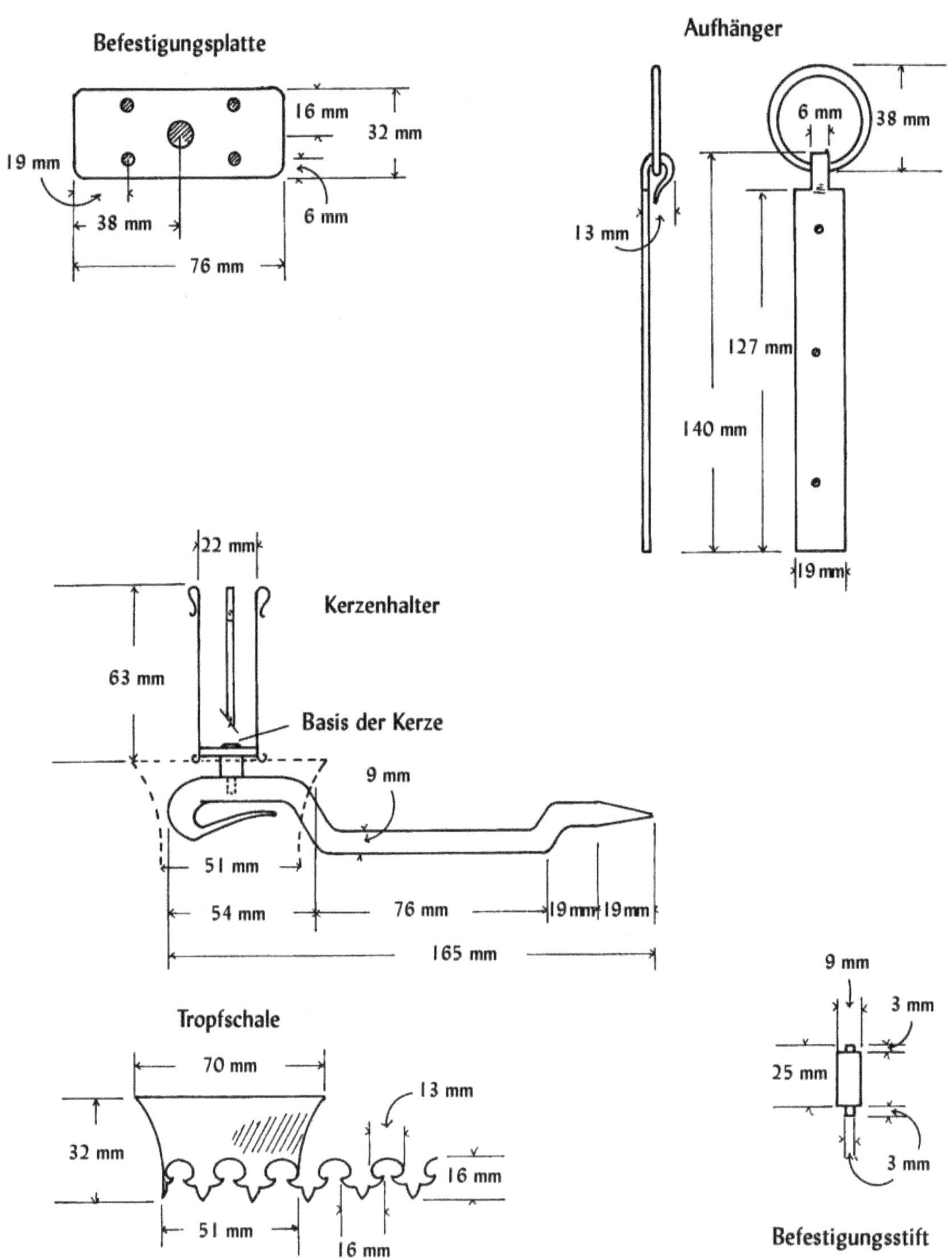

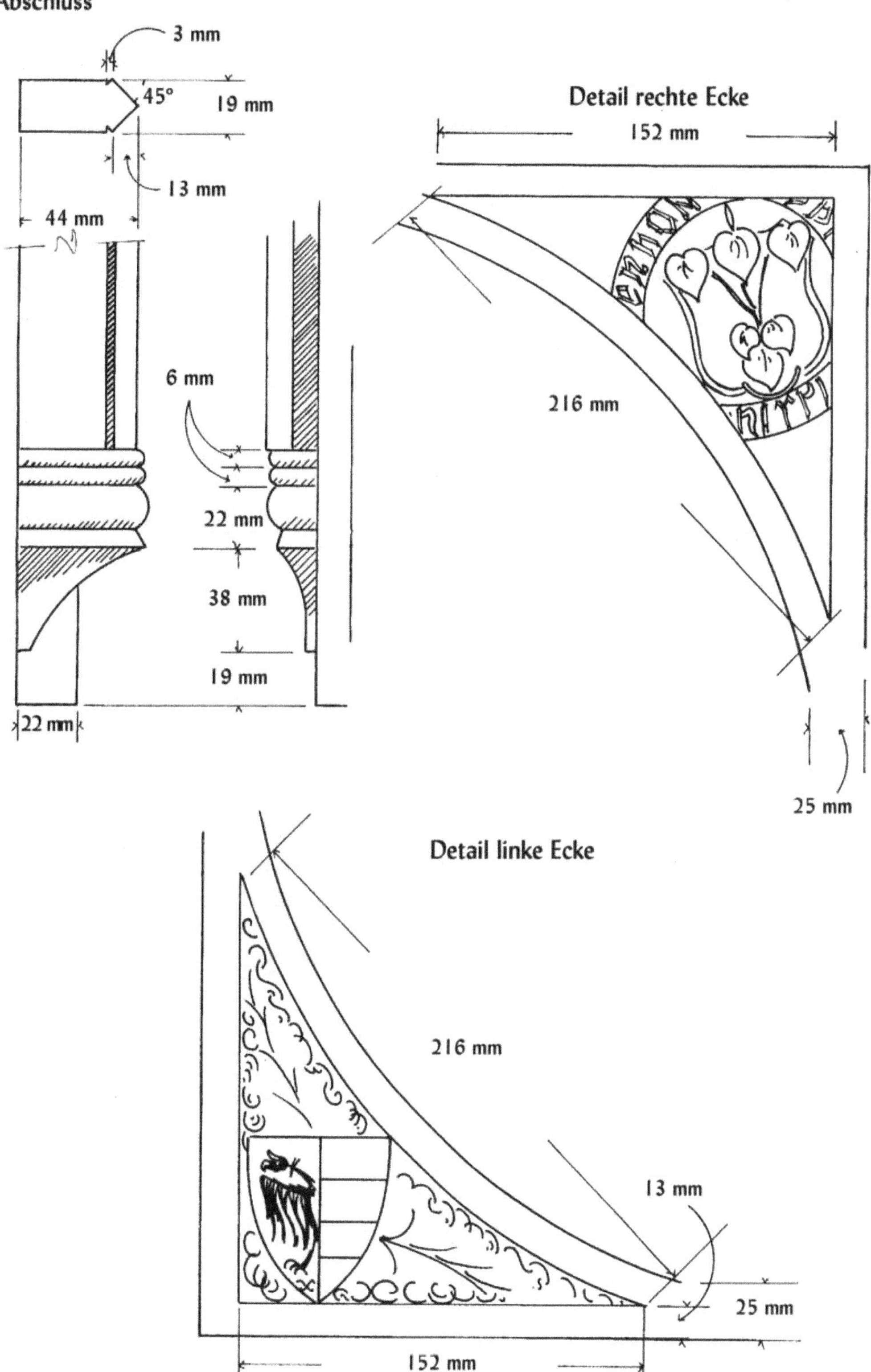
Unterer Abschluss
3 mm
45°
19 mm
13 mm
44 mm
6 mm
22 mm
38 mm
19 mm
22 mm
Detail rechte Ecke
152 mm
216 mm
25 mm
Detail linke Ecke
216 mm
13 mm
25 mm
152 mm

Anhang
Herkunft der Möbel

Bank aus dem 15. Jahrhundert, Kerzenständer und Wandleuchter mit Reflektor

Diese drei Stücke befinden sich heute, zusammen mit vielen anderen mittelalterlichen Kunstgegenständen in The Cloisters, einer Abteilung des Metropolitan Museum of Art in New York. Dabei handelt es sich um einen klosterartigen Komplex, der aus historischen Bauten zusammengestellt wurde und eine hervorragende Sammlung sakraler Kunst beherbergt. Man findet The Cloisters an der nördlichen Spitze Manhattans im Fort Tryon Park.

Lesepult aus dem 14. Jahrhundert

Dieses Pult gehört zur kleinen aber dafür umso feineren Sammlung des Philadelphia Museum of Art, die mittelalterliche Kunstgegenstände und Waffen umfasst. Viele dieser Stücke sind einzigartig und das Museum hat sich voll und ganz ihrer Erhaltung und Restauration gewidmet.

Bankettisch, Kleidertruhe und Vorratsschrank

Diese drei Stücke gehören zu einer erstaunlichen Sammlung mittelalterlicher und Renaissancemöbel auf Haddon Hall. Das Schloss wurde im 12. Jahrhundert erbaut und bis ins 16. Jahrhundert immer wieder verändert und gehört zum Besitz des Herzogs von Rutland. Haddon Hall ist für Besucher geöffnet und war sogar schon in Filmen wie "Die Braut des Prinzen" und "Jane Eyre" zu sehen.

Truhe

Diese Truhe befindet sich, seit sie gebaut wurde, im Besitz des Merton College der Universität von Oxford. Obwohl die Truhe von Touristen nicht besichtigt werden kann, lohnt sich ein Besuch des Merton College wie auch der Universität von Oxford allemal.

Scherenstuhl

Hierbei handelt es sich um eine Reproduktion, die von Daniel Mehn angefertigt wurde.

Himmelbett und Tür aus dem 15. Jahrhundert

Ein Mönch der Abtei Mount Grace lebte nicht nur von der Welt, sondern auch von seinen Mitbrüdern isoliert, ganz für sich allein in seiner Zelle. Die Abtei wurde seinerzeit vor der Zerstörung bewahrt, als Heinrich VIII. die Auflösung der Klöster Englands befahl. Heute ist Mount Grace wieder zu besichtigen und der Besucher kann sich an der rekonstruierten Ausstattung der Mönchszellen erfreuen.

Fensterrahmen aus dem 15. Jahrhundert

Dieser Fensterrahmen gehört zur ausgezeichneten Sammlung des Victoria and Albert Museum in London, ist allerdings derzeit nicht ausgestellt.

Weinschrank und Gotische Wiege

Die Adresse des mittelalterlichen Kaufmannshauses lautet: 58 French Street, Southampton. Es handelt sich hier um das Haus eines Weinhändlers aus dem Jahre 1290, welches vollständig restauriert und mit hervorragenden Möbelreproduktionen ausgestattet wurde, sodass man glauben könnte, wieder in die Zeit vor fast 800 Jahren versetzt worden zu sein.

Glastonbury-Stuhl

Die Kopie des Glastonbury-Stuhles steht im George and Pilgrim Hotel in der 1 High Street, Glastonbury, Somerset, das sich nur wenige Meter vom Eingang zu den Ruinen der Abtei von Glastonbury entfernt befindet und ursprünglich eine Pilgerherberge war. Heinrich VIII. nahm dort Quartier und beobachtete von dort aus, wie seine Truppen das Kloster brandschatzten.

Das Original des Stuhles, der einmal John Arthur Thorne gehörte, befindet sich im Bischofspalast von Wells, wo er zwar besichtigt, aber nicht fotografiert werden kann.